中欧燃气具标准对比研究：
家用燃气快速热水器

编　著　关健成

华中科技大学出版社

中国·武汉

内 容 简 介

本书主要介绍了家用燃气快速热水器的产品结构、市场现状、发展趋势、监管情况和标准体系，详细解读了中国的《家用燃气快速热水器》(GB 6932—2015)、《家用燃气快速热水器和燃气采暖热水炉能效限定值及能效等级》(GB 20665—2015)和欧盟的《家用燃气快速热水器》(EN 26:2015)、《燃气热水器 第1部分:热水性能评价》(EN 13203-1:2015)和《燃气热水器 第2部分:能源消耗评价》(EN 13203-2:2022)等标准中的所有条款，并对比解析中欧标准的差异，为从事燃气热水器研发、生产或出口认证的技术人员、检验人员、采购人员等提供一本全面、准确、可靠的技术手册，方便相关从业人员查询。

图书在版编目(CIP)数据

中欧燃气具标准对比研究:家用燃气快速热水器/关健成编著.—武汉:华中科技大学出版社,2023.8
ISBN 978-7-5680-9685-0

Ⅰ.①中…　Ⅱ.①关…　Ⅲ.①燃气设备-热水器具-标准-对比研究-中国、欧洲　Ⅳ.①TU996.7-65

中国国家版本馆 CIP 数据核字(2023)第 112985 号

中欧燃气具标准对比研究:家用燃气快速热水器　　　　　　　　　　　　关健成　编著
Zhong Ou Ranqiju Biaozhun Duibi Yanjiu:Jiayong Ranqi Kuaisu Reshuiqi

策划编辑:简晓思
责任编辑:简晓思
封面设计:原色设计
责任监印:朱　玢
出版发行:华中科技大学出版社(中国·武汉)　　　电话:(027)81321913
　　　　　武汉市东湖新技术开发区华工科技园　　　邮编:430223
录　排:武汉正风天下文化发展有限公司
印　刷:武汉市洪林印务有限公司
开　本:787mm×1092mm　1/16
印　张:16.25
字　数:395千字
版　次:2023年8月第1版第1次印刷
定　价:88.00元

前　言

　　进入 21 世纪以来,我国的城镇燃气产业获得了长足的发展,尤其是城镇天然气,普及率逐年提高。据不完全统计,目前我国城镇天然气管道已达 113.5 万千米,用气人口为 5.3 亿人,预计在未来的 15～20 年,我国的城镇燃气产业还将进一步发展。伴随着城镇燃气产业蓬勃发展的是家用燃气具行业,其中家用燃气快速热水器(简称"燃气热水器")是重要的燃气具产品之一,相比于电热水器,它有着加热快、出热水量大、即开即用等优点。目前,我国是世界上最大的燃气热水器研发、生产和加工基地,每年生产的燃气热水器除满足国内需求外,还出口到世界各地,产量占全球的 70% 以上。同时,我国目前也是全球最大的燃气热水器市场,市场份额占全球的 50% 以上。

　　自第一台燃气热水器引入中国至今,燃气热水器产品的发展已超过 40 年。目前,我国的燃气热水器,无论是产品的结构、材料、功能和安全性,还是产品标准的技术水平,均已处于世界前列,行业已涌现了一批如万和、万家乐、美的、海尔、华帝、方太等世界知名的企业,并形成了从零部件配套到整机研发生产的完整产业链。

　　燃气热水器是涉及人身财产安全的产品,世界各国对该产品的技术要求和监管都十分严格,在发达国家均实施强制性的市场准入制度。我国燃气热水器自 2019 年 10 月 1 日起开始实施强制性产品认证制度(即 3C 制度),在此之前是实行生产许可证制度。标准是评价产品质量水平及实施市场准入的重要依据。与燃气热水器产品相关的国家标准主要是产品标准《家用燃气快速热水器》(GB 6932—2015)和能效标准《家用燃气快速热水器和燃气采暖热水炉能效限定值及能效等级》(GB 20665—2015)。欧盟对燃气热水器实施的是 CE 认证制度,其评价产品的质量水平和市场准入采用的是指令/法规加协调标准的体系。相比于北美和日本,欧盟的指令/法规加协调标准的体系更为全面和严谨。作为目前全球最大的燃气热水器研发、生产、出口和销售基地,为进一步提升我国燃气热水器的产品质量,拓展燃气热水器在国内和国际的销售市场,从事燃气热水器的研发、检验、认证等工作的工程技术人员迫切需要了解以欧盟为代表的先进经济体对燃气热水器的标准要求和技术壁垒,以及其与中国标准的异同。

　　本书主要介绍了家用燃气快速热水器的产品结构、市场现状、发展趋势、监管情况和标准体系,详细解读了中国的《家用燃气快速热水器》(GB 6932—2015)、《家用燃气快速热水器和燃气采暖热水炉能效限定值及能效等级》(GB 20665—2015)和欧盟的《家用燃气快速热水器》(EN 26:2015)、《燃气热水器 第 1 部分:热水性能评价》(EN 13203-1:2015)和《燃气热水器 第 2 部分:能源消耗评价》(EN 13203-2:2022)等标准中的所有条款,并对比解析中欧标准的差异,为从事燃气热水器研发、生产或出口认证的技术人员、检验人员、采购人员等提供一本全面、准确、可靠的技术手册,方便相关从业人员查询。

　　本书的编写得到了佛山市质量计量监督检测中心(国家燃气用具产品质量检验检测中心(佛山))的大力支持,同时也得到了广东省燃气用具产品标准化技术委员会的鼎力帮助,在此对他们表示由衷的感谢。

本书由佛山市质量计量监督检测中心(国家燃气用具产品质量检验检测中心(佛山))的关健成(第1章、第2章、第3章和第8章部分内容)、胡业龙(第5章、第9章)、戴奕艺(第4章)、李智勇(第6章)、黄桦(第7章部分内容)、苏运坤(第8章部分那样)、郑睿(第7章部分内容)、张师林(第8章部分内容)等人编写；全书由冼志勇和张明伟负责审核。特别感谢郑帅、赵海岩、梅方友、戴书生和许倩等在本书编写和测试方法验证过程中给予的支持和帮助。

由于编者水平有限,错误之处在所难免,望读者予以指正,不胜感谢。

编者

2023 年 7 月

目　　录

第1章 家用燃气快速热水器及标准概述

1.1 家用燃气快速热水器概述

1.1.1 概述

家用燃气热水器广义上主要分为燃气容积式热水器和家用燃气快速热水器,狭义上则主要指家用燃气快速热水器。燃气容积式热水器是热水器内部具有储热水的容器并作为热水器整体的一个部分的热水器,如图1-1所示。燃气容积式热水器的储水罐储水量大,能够满足大量、持续、舒适的热水使用需求,一般用于酒店、公寓、宾馆、学校或别墅等场所,以商用为主。家用燃气快速热水器是具有水气联动装置控制燃气燃烧的开关,利用燃气燃烧放出的热量快速加热,通过热交换器内流动的水来制备热水的器具,如图1-2所示。相对于配有大容量储水容器的燃气容积式热水器而言,家用燃气快速热水器具有体积小、加热快的特点,主要以家用为主,是目前最常见的淋浴、盆浴、洗涤时的热水制备器具之一。从使用的地域来看,北美由于别墅型住房较多,空间充裕,因此可以满足大量、持续、舒适热水的燃气容积式热水器更受青睐,有报道说燃气容积式热水器在北美的市场份额甚至高达50%;而在欧洲、日本、韩国和中国,由于以公寓型住房为主,空间限制较多,因此体积更小的家用燃气快速热水器才是市场的主流。

应用于酒店   应用于学校

图1-1 燃气容积式热水器(以商用为主)

家用燃气快速热水器(此后简称燃气热水器)的结构和类型很多。例如,按烟气中水蒸气的利用分类,可以分为非冷凝式燃气快速热水器和冷凝式燃气快速热水器,如图1-3和图1-4所示。非冷凝式燃气快速热水器燃烧燃气释放热量,利用主热交换器将冷水加热后,燃烧产生的高温烟气通过烟管排放到室外,非冷凝式燃气快速热水器的热效率一般在89%～91%之间,普遍可以达到能效2级,且使用方便,价格合理,是目前市场上的主流产品。冷凝式燃气快速热水器除了有主热交换器,还有一个冷凝热交换器,它可以进一步利用高温烟气中水蒸气冷凝时释放的汽化潜热,将燃气快速热水器的热效率提高至99%～105%(按燃气

安装在厨房

安装在浴室

图 1-2　家用燃气快速热水器（以家用为主）

低热值计算），达到能效 1 级。据报道，部分优秀的冷凝式燃气快速热水器热效率甚至可以达到 107％以上（热效率理论值最高为 110.1％，以燃气低热值计算）。冷凝式燃气快速热水器节能效果明显，属于燃气快速热水器中的高端产品，价格较高，且使用时需要排放冷凝水，在安装和使用上较非冷凝式燃气快速热水器复杂，这在一定程度上限制了其普及。但近年来，随着居民收入水平的提高和节能意识的增强，冷凝式燃气快速热水器的市场占比提升明显。

图 1-3　非冷凝式家用燃气快速热水器及其能效标签

　　家用燃气快速热水器按燃烧室的压力分类，还可以分为正压燃烧和负压燃烧两种燃烧系统。正压燃烧的燃气快速热水器采用直流风机下置安装的方式，如图 1-5 所示，使燃烧室燃烧时处于微正压。为防止高温烟气的溢出，正压燃烧的热水器采用密闭式燃烧室，因此较

图 1-4　冷凝式家用燃气快速热水器及其能效标签

有利于燃烧和传热的强化。与密闭燃烧室匹配的直流风机可根据风压的大小自动调节转速,使空气与燃气的配比始终处于较优的范围值之内,保证了燃气的充分燃烧与控温的稳定性。但因其燃烧室燃烧时始终处于正压状态,为防止燃烧室被烧穿后泄漏高温烟气引发安全事故,此类热水器均要求安装燃烧室损失安全装置以保证用户的使用安全。负压燃烧的燃气快速热水器采用风机上置安装的方式,如图 1-6 所示,使燃烧室燃烧时处于微负压。由

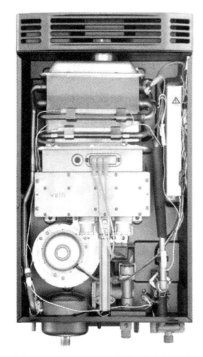

图 1-5　正压燃烧的燃气快速热水器　　　图 1-6　负压燃烧的燃气快速热水器

于无须担心高温烟气的泄漏,因此该类型的燃气快速热水器使用结构较简单的非密闭式燃烧室,与之匹配的通常是恒速交流风机,但该类风机在风压变化时转速无法作出相应调整,因此燃气与空气的配比较难控制,燃烧效率与控温稳定性都较正压燃烧的燃气快速热水器更为逊色。但近年来随着直流调速风机在负压燃烧的燃气快速热水器上开始普遍使用,已能很好地解决负压燃烧的燃气快速热水器在风压变化时燃气与空气的匹配问题,但由于仍使用非密闭式燃烧室,在燃烧效率和热交换强度方面,正压燃烧的燃气快速热水器仍然要优于负压燃烧的燃气快速热水器。

家用燃气快速热水器还可以按给排气方式和安装位置分类。不同的国家根据居民的使用习惯和房屋结构特点,分类方法也各不相同。在中国,燃气快速热水器可以分为自然排气式(D式)、强制排气式(Q式)、强制给排气式(G式)、自然给排气式(P式)和室外型(W式),如图1-7所示。在日本,燃气快速热水器可以分为自然排气式(CF型)、强制排气式(FE型)、自然给排气外壁式(BF-W型)、自然给排气室内式(BF-C型)、自然给排气公共排烟管式(BF-D型)、强制给排气外壁式(FF-W型)、强制给排气室内式(FF-C)和强制给排气公共排烟管式(FF-D型)。由于中国标准早期主要参照日本标准制定,因此中国燃气快速热水器的分类方法与日本燃气快速热水器的分类方法较为接近。而在欧盟地区,燃气快速热水器则可以分为A型、B型和C型,按照烟管类型和风机位置的不同,每个类型下还可以划分出多种子类型,例如相当于自然排气式的B11型,相当于强制排气式的B12型(负压)和B13型(正压),以及相当于强制给排气式的C1型。欧盟燃气快速热水器按给排气方式和安装位置的分类方法,可详见本书的第2章"适用范围及分类"。

1.1.2 发展史

由于以燃气作为燃料,因此燃气热水器注定是工业文明的产物。直到1895年,世界上第一台燃气热水器才在德国博世集团诞生,而到了1979年,荷兰才成功研制出第一台冷凝式燃气热水器。从世界上第一台燃气热水器出现到现在也不过百余年历史,但燃气热水器无论从安全性还是外观和功能上,均已取得了巨大的进步。燃气热水器近百年来的发展,是人类工业文明发展的证明之一。

燃气热水器在中国出现的历史更短,但发展更快。19世纪末的中国,人民生活困苦,工业基础落后,社会发展缓慢,根本无力发展燃气具这类与民生相关的工业产品,直到20世纪50年代,社会环境发生翻天覆地的变化,中国第一台燃气灶具才在上海煤气表具厂制造成功,由此拉开了中国燃气具发展的序幕。然而,处于起步阶段的中国燃气具工业发展仍然是缓慢的,从20世纪50年代到20世纪60年代,始终未能生产出结构较燃气灶具更为复杂的燃气热水器,直到20世纪70年初期,周恩来总理到欧洲访问,回程途经香港时,获得一位爱国进步人士赠送的两台5升直排式热水器,回到北京后,周总理即责成相关部门开发类似产品,由此,具有现代意义的燃气热水器进入中国普通百姓家的门才算是慢慢打开了。1979年,南京玉环热水器厂克服了研究条件落后、专业生产设备缺乏等重重困难,制造出了中国第一台燃气热水器。该产品是中国燃气热水器行业里程碑式的产品,标志着中国人民的洗浴生活开始进入自动出热水的时代。

由于家用燃气快速热水器解决了用户日常的洗浴和家庭生活热水供应问题,市场需求

自然排气式（D式）
（特点：使用干电池；可安装在室内，
但不能安装在浴室内）

强制排气式（Q式）
（特点：使用交流电；使用单管排烟管；
可安装在室内，但不能安装在浴室内）

强制给排气式（G式）
（特点：使用交流电；使用同轴排烟管；
安装在室内）

室外型（W式）
（特点：使用交流电；没有排烟管；
安装在室外）

图 1-7　中国家用燃气快速热水器按给排气方式分类

迅速打开,产业规模不断扩大,逐渐发展成如今国内年销售额近 400 亿、年销售量超过 1 800 万台(2022 年末数据)的庞大产业。回顾中国燃气热水器的发展历程,大致可以分为三个阶段。

1) 起步阶段(1979 年至 20 世纪 90 年代中期):解决自动出热水"从无到有"的需求问题

由南京玉环热水器厂燃气热水器引领,1979 年全国燃气热水器产量即达到 20 多万台。此后,随着行业规模的不断扩大,广东和浙江等地的民营企业也开始进入燃气热水器的行业阵营,并逐渐发展出"万家乐""神州""玉环""沈乐满"四大品牌企业。珠三角地区由于拥有"万家乐"和"神州"两大品牌企业,对上下游产业链的形成带动明显,同时也由于位处改革开放的前沿,无论从技术引进还是从吸引人才方面,都较具优势,因此慢慢地形成了珠三角燃气具产业集群。时至今日,珠三角地区仍然是中国燃气具行业的产业重镇。起步阶段的技术发展主要体现在由常明火点火—热电式熄火保护安全形式转变为水控点火—离子式熄火保护安全形式的转变,解决自动出热水"从无到有"的需求问题。

该阶段的燃气热水器产品主要是直排式燃气热水器。该产品的出现,首先满足了消费者对自动出热水"从无到有"的需求问题,并大大提高了消费者洗浴时区别于以往开锅烧水的舒适体验。但由于发展初期燃气热水器小作坊企业较多,产品质量参差不齐,同时直排式燃气热水器自身也存在一定缺陷,因此消费者在洗浴时由直排式燃气热水器引发的一氧化碳中毒事故时有报道,尤其是在冬天,因消费者洗澡时门窗紧闭,该类事故更为频发。为解决直排式燃气热水器的安全问题,"万家乐"于1988年率先推出了第一台带熄火保护安全装置、带防止不完全燃烧装置、20分钟提示关机等功能的直排式燃气热水器,有效提升了燃气热水器的安全性。

2) 发展阶段(20世纪90年代中期至2005年):以"安全第一"作为行业首要目标

鉴于直排式燃气热水器结构特点对消费者造成的安全隐患,1996年,中国五金制品协会燃气具分会高举"技术创新"和"安全第一"的旗帜,联合业内3家骨干企业作出承诺:停产直排式燃气热水器,推广强排式燃气热水器。随后,国家轻工业局、国家国内贸易局颁布《关于禁止生产、销售浴用直排式燃气热水器的通知》,规定从1999年10月1日起禁止生产直排式燃气热水器,从2000年5月1日起禁止销售直排式燃气热水器。2001年,国家标准《家用燃气快速热水器》(GB 6932—2001)发布,其中删除了有关直排式燃气热水器的全部技术内容,并针对燃气热水器的安全事故多与安装使用不当有关,增加了家用燃气快速热水器的安装技术要求等内容。

此后,通过各燃气热水器企业的大力推广及社会对燃气热水器安全性认知度的提升,强制排气式、强制给排气式(平衡式)家用燃气快速热水器逐渐成为市场的主流产品。

3) 快速成长阶段(2005年至今):强调节能环保和舒适性能

随着社会的发展和人民生活水平的提高,全社会的能源消耗量和污染排放物也在快速增长,在此背景下,国家开始积极倡导"节能减排"。2004年8月,国家发展和改革委员会与国家质量监督检验检疫总局联合制定并发布了《能源效率标识管理办法》;2007年7月1日,《家用燃气快速热水器和燃气采暖热水炉能效限定值及能效等级》(GB 20665—2006)标准实施,标志着家用燃气快速热水器纳入能效标签产品目录;自2008年6月1日起,国家规定在中国境内生产、销售的家用燃气快速热水器产品必须粘贴能效标签。能效标签的等级分为3级,能效3级是燃气热水器热水器的入门级,达不到能效3级的热水器将不被允许在市场上销售;能效2级是燃气热水器的节能等级;能效1级是燃气热水器热水器热效率最高的等级,只有冷凝式燃气热水器才能达到。目前,对于市场上的非冷凝式燃气热水器,达到能效2级似乎是进入市场的最低门槛,否则根本就很难获得消费者的认可。而达到能效1级的燃气热水器则属于高端产品,尽管其由于结构复杂而价格更高,但由于节能效果更好,同样在市场上占据有重要份额。总体来说,通过实施能效标签制度,引导企业尽可能提高燃气热水器的热效率,使目前市场上的燃气热水器基本能达到能效2级以上。多年来,燃气热水器行业通过提升能效对全社会节约能源作出的贡献相当明显。

除了强调"节能",燃气热水器还强调"减排"。随着人们对"雾霾""PM$_{2.5}$"等的关注,作为污染物排放源之一的燃气热水器,其排放物中所含有的一氧化碳和氮氧化物,也被进一步要求降低排放含量。各燃气热水器生产企业除进一步优化燃烧技术,降低一氧化碳的排放外,近年来还陆续引进和开发全预混燃烧、浓淡火焰燃烧、金属催化等一系列降低氮氧化物排放的新技术,并取得了相当良好的"减排"效果。

消费者在追求"低碳"生活的同时,对燃气热水器沐浴的舒适性也提出了更高的要求。相对于燃气容积式热水器出热水流量稳定、水温度恒定、热水即开即有的优点,家用燃气快速热水器往往具有易受管网水压影响,水量"忽大忽小"、水温"忽冷忽热"、水压低无法启动、开水后需放很长时间冷水的缺点。为此,燃气热水器的生产企业相继有针对性地开发了燃气比例阀加水量伺服器实现"水气双调"、内置增压泵实现"瀑布浴"、内置循环泵实现"零冷水"等技术以解决上述问题,尽可能地提高消费者热水沐浴的舒适性。

燃气热水器作为人们日常生活中不可缺少的器具之一,近十多年来的发展,体现了我国科学技术的进步,反映了我国人民生活质量的提高。

1.1.3　市场现状

我国目前是全世界最大的燃气具生产基地,燃气具产量约占全球产量的70%。燃气具生产企业分布在广东、浙江等十多个省市,但主要集中在长三角和珠三角地区,其中又以珠三角地区所在的广东省企业数量最多,且多数集中在广东省的佛山市和中山市,两地燃气具企业的产量和产值,约占全国的三分之二。而广东省的燃气热水器生产企业,相比于燃气灶具和燃气采暖热水炉等其他燃气具生产企业,集中度更为显著。截至2022年底,广东省的燃气热水器生产企业约占全国的80%,产量约占全国的50%以上。

在国内市场,燃气热水器的主要大型生产企业包括万和、万家乐、美的、海尔、华帝、方太、樱花、林内、能率、A.O.史密斯和博世等知名企业。大型企业一般有较完善的生产和质量保证体系,因此在历次的国家、省、市和流通领域的监督抽查中,极少发现产品存在严重的质量问题;同时,大型企业有较充足的研发投入,在原材料的使用、产品核心技术和关键制造工艺上不断创新,因此也是燃气热水器历次技术革新的引领者,例如国内冷凝式燃气热水器的开发、"水气双调"和"零冷水"技术的应用等等。大型企业的产品目前在市场上已占据主导地位,据估计,其产量已占到全国产量的70%以上。除大中型企业外,燃气热水器行业中还存在大量的小微型企业,该类型企业在进货检验、过程检验和整机出厂检验方面对质量的控制能力普遍较弱。随着社会经济水平的发展和消费者质量意识的提高,可以预见,该类企业的市场占比会逐渐减小。

1.1.4　发展趋势

从世界上第一台燃气热水器诞生至今,尽管只有120多年的历史,但燃气热水器无论从安全性、环保性和舒适性方面,均已达到了极高的技术水平。燃气热水器在中国出现的历史更短,只有40多年,但发展更快,如今已基本达到国际先进技术水平,甚至在部分技术领域,中国的燃气热水器生产企业已走在世界的最前端。展望未来,燃气热水器将会继续在以下多个方面寻求技术突破。

1. 更安全

安全性始终是燃气热水器最受关注也是最为重要的性能之一。每年因燃气热水器安装或使用不当造成的一氧化碳中毒事故、漏电事故和燃气泄漏事故时有发生,造成不同程度的人员伤亡。因此,更安全可靠的燃气热水器肯定仍是未来燃气热水器的研究重点之一。目前,一氧化碳报警器、燃气泄漏报警器已开始安装在部分较高端的燃气热水器上,燃气热水器上安装漏电保护开关也已较为普及,而引发一氧化碳中毒事故最多的排烟管式燃气热水器也被强制要求安装防止不完全燃烧安全装置。随着技术研发的深入,我们期待有更多可有效防止一氧化碳中毒、漏电和燃气泄漏事故发生的安全装置可以安装在燃气热水器上,尽可能将安全事故的发生率降至零。

2. 更卫生

产生更清洁、安全和健康的卫浴用水,一直是所有燃气热水器追求的目标之一。尽管我国标准并无规定燃气热水器产生的生活热水需达到饮用水标准,但由于燃气热水器产生的热水除用于洗浴外,也会用于清洁碗碟、水果或蔬菜,这就使燃气热水器产生的热水的水质有可能会影响人们的身体健康。目前,除了通过使用高纯度无氧铜水箱和铜质水路管件抑制水路中细菌的生长,部分燃气热水器企业还引入了银离子灭菌技术,使最终的抑菌率达到了99.9%[图1-8(a)];还有部分企业为燃气热水器创新性地引入了新材料技术,使水中氢氧分解,从而产生可以高效溶解于流动的水中的活性氧,实现除菌、祛异味、去农残等功能。可以预料,随着消费者对生活热水水质要求的提高,更多的新技术将会应用于提升燃气热水器的水质卫生上。

3. 更节能、更环保

随着低碳时代的来临,"节能减排"将会是燃气热水器未来发展中最为瞩目和最能吸引各大企业研究的课题。能有效"节能减排"的燃气热水器,一方面可以创造巨大的社会效益,另一方面也确实可以为消费者带来实实在在的经济效益。在"节能"技术方面,二次冷凝换热是目前技术的主流,但结合全预混燃烧的一次冷凝换热,可能会是未来技术发展的趋势;而在"减排"方面,强化燃烧技术在降低一氧化碳排放上,已获得广泛应用。而在降低氮氧化物排放方面,目前在燃气热水器上应用的技术还较少,但随着对氮氧化物这种有毒污染物的重视,未来企业对该领域的研发投入必将增加。全预混燃烧技术、浓淡火焰燃烧技术和水冷燃烧器技术,是目前降低氮氧化物排放最有潜力的三个技术发展方向。

4. 更舒适

随着社会的发展和人民生活水平的提高,消费者购买燃气热水器不再仅是为了洗一个热水澡,而是更强调在使用过程中的便捷性和舒适性。未来,如果无法有效解决消费者在使用过程中遇到的"痒点""痛点",无法为消费者带来舒适体验的产品,将不会获得消费者的青睐。因此,近年来燃气热水器生产企业开始着力研发"水气双调"、低水压启动、"零冷水"[图1-8(b)]等技术,尝试解决燃气热水器困扰消费者多年的水量"忽大忽小"、水温"忽高忽低"、水压低无法启动、开水后需放很长时间冷水的问题,并取得了很好的市场效果。可以预见,类似的可以为消费者带来舒适使用体验的新技术,还会被不断地开发出来。

5. 更智能

在工业4.0、5G、物联网、大数据、云计算、语音识别、人工智能等技术的加持下,燃气热水器不再是一个孤立的个体,而是智能家居的一部分,是一整套生活解决方案中的关键元素之一[图1-8(c)]。通过网络,它可以与手机、平板、电脑等实现互联互通,实现数据共享或远程控制。通过连接网络,操控燃气热水器也不再限于传统的按键或触屏,语音控制、手机App 控制已经成为现实。另外,机器学习技术也会让燃气热水器变得更智能,原来的恒温热水器只会按照设定温度来控制水温,未来的燃气热水器很有可能通过感知不同的季节或室外温度,自动将设定温度调至舒适值;燃气热水器未来还有可能记住或学习用户的用水习惯或水压变化规律,从而对可能出现的水流变化进行预调节,使用户尽可能享受恒定水流量的沐浴感受。总之,智能技术的应用将会使燃气热水器迎来新的机遇和发展。

（a）抑菌技术

（b）"零冷水"技术

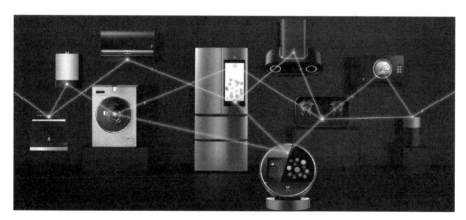

（c）智能联网

图 1-8　家用燃气快速热水器的新技术

1.2　家用燃气快速热水器产品安全监管体制

1.2.1　欧盟家用燃气快速热水器产品安全监管体制

1985 年 5 月 7 日,欧洲共同体(1993 年欧洲共同体更名为欧洲联盟,简称"欧盟",为叙述方便,后文统一称作"欧盟")发布了《技术协调与标准的新方法决议》(85/C136/01),该文件规定,欧盟发布的指令是对成员国有约束力的法律,欧盟各国需制定相应的实施法规,且各成员国政府有责任将本国的法律与指令取得协调一致。指令内容只限于产品不危及人类、动物和货品的安全方面的基本安全要求,而不是一般质量要求。指令只规定基本要求,具体内容由技术标准规定。这些技术标准被称为"协调标准"。协调标准由欧洲标准化委员会制定。各成员国的国家标准必须与协调标准一致,或修订,或废止。

欧盟指令的根本目的是消除欧盟成员国之间的贸易技术壁垒,实现产品在成员国之间的自由流通。商品的自由流通是建立单一市场的基石,实现商品自由流通的机制就是加贴CE标志,这个机制建立在欧盟各国之间避免产生新的贸易壁垒、相互认可和技术标准协调之上。其原则如下。

① 协调统一的法律文件(即欧盟指令)规定的内容仅限于产品的基本要求,以利于产品在欧盟范围内自由流通。

② 欧盟协调标准包含了指令的基本要求。

③ 欧盟协调标准和其他标准的适用是自愿的,产品可以选择适用欧盟协调标准,也可以适用别的技术规范以满足指令规定的基本要求。

④ 产品满足了欧盟协调标准,当然地确认为满足了指令的基本要求。

为了使单一市场的原则在实践中得到贯彻,欧盟进一步规定了产品是否符合指令规定的基本要求的可靠评估方式,即俗称的CE认证。产品在投放市场和投入服务前都必须满足所有适用欧盟指令的基本要求,选择适当的产品评估程序进行产品评估,合格后标记CE标志。凡是标记CE标志的产品都被认为已经满足了欧盟的所有指令,各成员国必须采取积极措施保证其在单一市场自由流通,除非有明确的证据表明该产品并不满足适用指令里的基本要求,或该产品存在尚未被现有指令规定的某种显著危险。

CE标志的意义在于:表示加贴CE标志的产品已通过相应的合格评定程序和(或)制造商的合格声明,符合欧盟有关指令规定,并以此作为该产品被允许进入欧盟市场销售通行证。有关指令要求加贴CE标志的工业产品,若没有加贴CE标志,不得上市销售;已加贴CE标志并进入市场的产品,被发现不符合安全要求,要责令从市场收回;持续违反指令有关CE标志规定的,将被限制或禁止进入欧盟市场或被迫退出市场。CE标志不是一个质量标志,它是一个代表该产品已符合欧洲的安全/健康/环保/卫生等系列的标准及指令的标记,在欧盟销售的所有产品都要强制性加贴CE标志。

CE认证是当今世界上最先进的产品符合性评估模式之一,它率先引入模块概念,一种适用CE标志的产品的评估由评估模块和相应的评估程序组成。一般来说,评估模块有以下几种。

① 自我声明(由生产者自我声明,并提供产品关键技术资料)。

② 型式测试(由欧盟公告机构进行产品全面测试)。

③ 公告机构针对生产产品的工厂进行审查。

④ 公告机构针对产品生产及其质量管理体系的工厂进行审查。

⑤ 公告机构针对质量管理体系对贸易商等中间商进行审查。

⑥ 公告机构针对进口欧盟上岸的批量产品进行审查。

⑦ 公告机构对于进口欧盟的尚未进行型式测试的产品进行包括型式测试的全面审查。

不同的指令对于应该由哪些模块组成评估程序作出了规定。例如,低电压指令(LVD)、电磁兼容性(EMC)指令可以由①组成;燃气具指令(GAD)由②＋③、②＋④、②＋⑤或②＋⑥组成。

CE 标志必须由制造商或其授权代表加贴在产品上。CE 标志必须按照其标准图样,清楚且永久地贴在产品或其铭牌上。如果公告机构参与了产品的认证,则 CE 标志必须带有公告机构的公告号。制造商有义务起草 EC 符合性声明,并在其上签字以证明产品满足 CE 要求。

为了能确保 CE 标志认证实施过程中的要求得以满足,欧盟法律要求位于欧洲经济区(欧洲经济区(EEA),包括欧盟(EU)及欧洲自由贸易协议(EFTA)的 30 个成员国)盟国境外的制造商必须在欧盟境内指定一家欧盟授权代表(authorized representative),以确保产品投放到欧洲市场后,在流通过程及使用期间产品"安全"的一贯性;技术文件必须存放于欧盟境内供监督机构随时检查;对被市场监督机构发现的不符合 CE 要求的产品,或者使用过程中出现事故但是已加贴 CE 标签的产品,必须采取补救措施(譬如暂时从货架撤下,或从市场中永久地撤除);已加贴 CE 标签之产品型号在投放到欧洲市场后,若遇到欧盟有关的法律更改或变化,其后续生产的同型号产品也必须相应地加以更改或修正,以便符合欧盟新的法律要求。

家用燃气快速热水器属于燃气具产品,要获得 CE 认证,与其相关的指令主要包括燃气具指令((GAD))(Directive 2009/142/EC)、低电压安全指令(LVD)(Directive 2006/95/EC)、电磁兼容性(EMC)指令(Directive 2004/108/EC)、与能源相关产品的生态设计(ErP)指令(Directive 2009/125/EC)、能效标签指令(2010/30/EU)。

从 2016 年开始,与家用燃气快速热水器相关的指令陆续升级为欧盟法规或新的指令。如,燃气具指令((GAD))(Directive 2009/142/EC)于 2018 年 4 月 21 日升级为燃气具法规((GAR))(Regulation (EU)2016/426)。低电压指令(LVD)(Directive 2006/95/EC)和电磁兼容性(EMC)指令(Directive 2004/108/EC)于 2016 年 4 月 20 日升级为新的低电压指令(LVD)(Directive 2014/35/EU)和新的电磁兼容性(EMC)指令(Directive 2014/30/EU)。

指令和法规是有所区别的。欧盟指令是欧洲议会提出的一项法律行为,要求成员国完成一系列特定的目标,而不是指明这样做的目的。然后,国家机构(通常是议会)的任务是将指令纳入国家立法并拿出自己的规则来实现指令的本质。而法规是对成员国有直接影响的欧盟立法行为,不需要进一步审议。从某种意义上说,它们被视为每个成员国的议会行为,因为它们立即适用,并且可以像任何地方立法一样通过法律强制执行。法规与欧盟的每个成员国同样相关。欧盟指令与法规之间的具体差异可以总结为三个方面。

① 通过指令,成员国可以更加灵活地实施立法行为的主题。它们可以按自己的步伐开展工作,以实施手段和其他必要的立法行动。

② 法规是更直接、更灵活的立法。关于欧盟法规的实施,不需要或不允许进一步审议,它们一经欧盟议会批准就会生效。

③ 在其立法权力方面,法规与欧盟法律书籍的任何其他组成部分无法比拟。但是,指令的立法权力并不相同。就指令和法规的影响程度而言,欧盟的每个成员国都制定了相关法规,而指令虽然也适用于每个欧盟国家,但有时它们可以针对单个欧盟成员或其中的一组。

如前所述,欧盟的指令(法规)根据重要性分为可自我声明和不可自我声明两类。对于安全性要求高而显得重要的指令是不允许制造商自我声明的。例如,燃气具指令(法规)必须要由独立第三方机构来执行,即公告机构执行。欧盟的每个成员国可以指定一个或者多个公告机构来完成燃气具的产品认证,例如,荷兰的其中一个公告机构是 Kiwa。欧盟各国燃气具监管部门及其职责也大同小异,主要由消费品安全管理部门进行监管,例如,荷兰是食品和消费品安全管理部(Voedsel en Waren Autoriteit,VWA)根据产品适用指令(法规)进行执法监管。

1. 欧盟家用燃气快速热水器产品相关的指令或法规

1) 燃气具指令和燃气具法规

燃气具指令包括的产品范围:以气体燃料为主要能源,用于烹饪、加热、热水、制冷、照明或洗涤的器具,以及用于这些器具的安全控制部件或组件。纯工业用途的燃气燃烧设备不属于燃气具指令范围。

排除项:专门应用在工业生产及工业楼宇的器具应排除在其范围之外。

为实现燃气具指令的目的,应符合下列定义。

① "器具"是指燃烧气体燃料,用于做饭、取暖、生产热水、制冷、照明或洗涤的设备。强制通风燃烧器和配备此类燃烧器的加热体也应被视为器具。

② "部件"是指安全装置、控制装置或调节装置及其子组件。这些装置可设计成被燃气器具使用,或组装成燃气器具。

③ "气体燃料"是指在 1 bar(0.1 MPa)的绝对压力下以及 15 ℃的温度下呈气体状态的任何燃料。

器具被认为可"正常使用"时,应满足以下条件。

① 按照制造商的说明书正确安装并定期保养。

② 使用质量正常变化和供气压力正常波动的燃气。

③ 按照预期的目的或可预期的方式使用。

2016 年 3 月 31 日,欧盟制定的燃气具法规在欧盟官方公报(Official Journal of the European Union)正式发布。该法规于 2016 年 4 月 21 日开始进入生效期,并于 2018 年 4 月 21 日取代燃气具指令正式实施应用,此后,基于燃气具指令的 CE 型式试验证书失效。

燃气具法规相对于燃气具指令发生的主要变化如下。

① 法规不需要每个成员国的单独批准。

② 法规对欧盟符合性声明(DOC)进行了新的规定。

③ 法规对能效的要求部分和 ErP 指令协调统一。

④ 法规强制要求带电燃气具进行 LVD 和 EMC 测试。

⑤ 法规对企业、进口商和分销商的责任和义务进行了明确定义。

⑥ 法规要求企业自己做一份风险评估报告,明确需要进行 CE 标识的部件。

⑦ 法规减小了成员国在转化过程中的歧义空间,确保法规在欧盟内部实施的一致性。

⑧ 法规新增了材料安全要求,即不能污染食物和饮用水。

⑨ 在一氧化碳或其他有毒气体限制方面,最显著的变化就是制造商应保证燃气具的设计和结构在其正常使用时,不会产生有害健康的超量一氧化碳或其他有害物质。这点在以

前只涉及无排烟管空间加热器,现在其他形式的器具也需要进行此测试,这适用于室内空间使用的器具,必须设计制造成在所有可能导致危险的情况下均可防止未燃烧气体的释放。具体而言,火焰安全装置不再作为一个基本要求。

⑩ 法规要求产品设计和安全防护必须考虑老年人的反应时间。

法规实施应用的例外情况:第 4 章、19～35 章、42 章以及附录Ⅱ从 2016 年 10 月 21 日开始实施应用;第 43 章中第(1)条从 2018 年 3 月 21 日开始实施应用。在 2018 年 4 月 21 日之后,符合燃气具法规要求将是强制性的,因此保持对这些变化的动态跟踪非常重要。

体现燃气具法规对家用燃气快速热水器基本要求的欧盟产品标准(协调标准)主要包括 EN 26、EN 13203-1、EN 13203-2 等。

2) 低电压指令

低电压指令覆盖额定输入电压在交流电 50～1 000 V 或直流电 75～1 500 V 的普通电器产品。其目标为确保低电压设备在使用时的安全性。这里所谓的"低电压"并非指 3 V、5 V 或 12 V。依指令第一条的说明:本指令所称之"电气设备",是指额定电压为交流电 50～1 000 V 或直流电 75～1 500 V 的电气设备,但不适用于以下设备。

① 在爆炸环境中使用的电气产品。

② 在腐蚀或医疗环境中使用的电气产品。

③ 货用或客用电梯的电气部件。

④ 电表。

⑤ 家用插头和插座。

⑥ 电围栏的控制器。

⑦ 无线电干扰。

⑧ 符合由欧盟成员国参与的国际机构制定的安全规定,使用在船舶、飞机或铁路中的专用电气产品。

⑨ 专业人员使用的,仅用于研发场所的作为研发用途的定制评估装备。

LVD 包含设备的所有安全规则,包括防护由机械原因造成的危险。设备的设计和结构应保证其按预定用途,在正常工作条件下和故障条件下使用时不会出现危险,特别是需要对电击(electric shock)、危险能量(energy hazard)、火灾(fire)、机械和热的危险(mechanic and heat hazard)、辐射危险(radiation hazard)、化学的危险(chemical hazard)等危险进行评估。

2014 年 3 月,欧盟官方公报发布新的 LVD,并规定其必须在 2016 年 4 月 20 日后执行,各欧盟成员国在 2016 年 4 月 19 日之前须将其转化为国家法律。符合旧的 LVD 的电气产品可以继续投放欧盟市场,直到 2016 年 4 月 19 日。

与旧指令相比,新指令的主要变化如下。

① 新增第 2 章(经济运营商义务)。

a. 澄清了制造商或进口商的义务;

b. 制造商应确保产品上标有型号、批次、序列号或其他可以识别的要素,或者如果不能标在产品上,应标在包装或随附文件上;

c. 制造商和进口商应在产品上标是自己的名称、注册的商标名称或商标标志和地址;或者如果不能标在产品上,应标在包装或随附文件上。地址应当是单一地点。

② 附录1：产品设计除了考虑对人员和财产的防护，还要考虑对家养动物的防护。

③ 附录2：新增的豁免条款"专业人员使用的，仅用于研发场所的作为研发用途的定制的评估装备"。

④ 附录3（内部产品控制）：制造商的技术文档中需要额外增加产品风险评估文件。

⑤ 合格评定程序要求，应优先采用欧盟官方公报上公布的协调标准，其次可以采用IEC标准，如果没有IEC标准，可以采用合适的国家标准。

⑥ 合格性评定是制造商的义务，公告机构不再介入。

按照燃气具法规，如果家用燃气快速热水器产品使用了市电，则必须满足低电压指令的要求。

体现低电压指令对家用燃气快速热水器基本要求的欧盟产品标准（协调标准）主要包括EN 60335-1、EN 60335-2-102、EN 60529等。

3）电磁兼容性指令

电磁兼容性指令的目的是确保电子电气设备正常运行，不被其他设备释放出的电磁干扰所影响，并且不会产生可能干扰其他设备安全运行的电磁能量。与其他欧盟指令相同，EMC指令制定了电子电气设备电磁兼容性相关的广泛要求（"基本要求"），并且基于相关的标准，提供详细的技术规范。欧盟委员会定期公布标准目录，这些目录可被作为判断产品是否符合指令基本要求的一种评估基础，同时，欧盟委员会还会定期更新目录，及时纳入最新适用标准。

2014年3月29日，欧盟官方公报发布了新的EMC指令，用以替换旧的EMC指令。新指令于2016年4月20日起执行。各成员国须在2016年4月19日前完成立法程序。基于旧的EMC指令的符合性声明自2016年4月20日起将不被接受。

与旧指令相比，新指令更新的内容如下。

① EMC指令不包含仅用于研究和开发的专业定制评估套件。

② 新增"制造商""进口商""分销商"和"授权代表"等定义。

③ 新增经营者责任要求（例如，符合性标志、标签和产品可追溯性）。

④ 制造商和进口商的名称、注册商号或注册商标和地址必须出现在设备上，而当设备尺寸或设备性质不允许时可出现在包装或用户手册上。

⑤ 用户手册应包括器具用途和符合指令的使用方法。例如，装配、安装、维护、使用和操作环境。

⑥ 在符合性证明中电子手段的应用更广泛。

⑦ 成员国将采取所有适当的措施限制或禁止被证实不符合要求的器具在市场上销售或确保其从市场被召回。

对于不符合要求的状况，新指令中也有列出，具体如下。

① CE标志的标贴方法不符合法规765/2008第30章或指令第17章要求。

② 没有标贴CE标志。

③ 没有起草欧盟符合性声明。

④ 起草的欧盟符合性声明不正确。

⑤ 技术文档提供不了或不完整。

⑥ 第 7 章第 6 条或第 9 章第 3 条信息缺少、伪造或残缺(这些信息包括产品型号、批号或系列号、制造商和进口商的名称、注册商号或注册商标和地址信息)。

⑦ 没有履行第 7 章或第 9 章其他行政管理要求(例如,产品型号、批号或系列号缺失;产品不符合要求或出现风险时没有采取措施或通知相关管理部门)。

按照燃气具法规,如果家用燃气快速热水器产品存在由于电磁兼容现象而引发燃气相关的风险,则必须满足电磁兼容性指令的要求。

体现电磁兼容性指令对家用燃气快速热水器基本要求的欧盟产品标准(协调标准)主要包括 EN 60335-1、EN 60335-2-102、EN 298 等。

4)生态设计指令和能效标签指令

2009 年 10 月 21 日,欧盟发布了能源相关产品生态设计指令。ErP 指令的目标是降低能源的消耗,实现对环境的保护。为此,ErP 指令要求将能源相关产品在产品生命周期内对环境的影响考虑在内,并对产品提出了生态设计(eco-design,简称 Eco 设计)的要求。ErP 指令目前和 EMC 指令、LVD 等一样,属于欧盟 CE 认证的强制性指令。能效标签指令是对 ErP 指令的补充,它支持现有的代表条例,并用简单可读的能效标签向消费者展示实施的情况。

ErP 指令和能效标签指令涵盖的产品种类很多,包括电视机、洗衣机、洗碗机等,每一类产品都有具体的实施法规。家用燃气快速热水器适用的具体实施法规是生态设计法规(Eco-design Regulation)((EU) NO 814/2013)和能效标签法规(Energy Labelling Regulation)((EU) NO 812/2013)。为体现这两项法规的具体技术要求,欧洲标准化委员会(CEN)在 2015 年发布了经修订的家用燃气快速热水器标准(EN 26:2015)。修订的标准增加了与 Eco 设计和能效标签相关的技术要求。Eco 设计的技术要求主要体现在 NO_x 排放、声功率等级和能源效率三个方面。按照能效标签法规的规定,从 2015 年 9 月 26 日开始,家用燃气快速热水器应使用如图 1-9 所示的能效标签;而从 2017 年 9 月 26 日开始,家用燃气快速热水器则应改为使用如图 1-10 所示的能效标签。从图中可见,对家用燃气快速热水器的能效等级要求,从 2015 年的 A 级到 G 级,升级为 2017 年的 A＋级到 F 级。

目前,体现生态设计法规和能效标签法规对家用燃气快速热水器基本要求的欧盟产品标准(协调标准)主要包括 EN 26、EN 13203-1、EN 13203-2、EN 15036-1 等。

5)欧盟的消费者保护制度和保护机构

欧盟的消费者权益保护法律和政策的制定可以分为三个阶段:1957 年《罗马条约》签署时有关消费者权益保护的法律和政策;1993 年对《罗马条约》修改以后有关消费者权益保护的法律和政策;1997 年再次修订《罗马条约》时有关消费者权益保护的法律和政策。欧盟对消费者权益保护的法律和政策主要体现在欧盟条约和指令中。在 1997 年修订的《罗马条约》中规定,"在制定和实施欧盟其他政策和行动时,应考虑保护消费者的要求。"除了与产品相关的指令或法规,欧盟在与消费者权益保护有关的问题上还制定了《普遍产品安全》《关于消费者协议中的不公正协议条款》《消费品的销售和保障》等消费者权益保护指令。

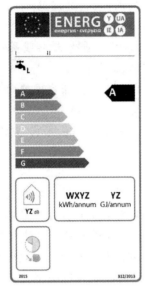

图1-9　2015年9月开始使用的家用
燃气快速热水器能效标签

图1-10　2017年9月开始使用的家用
燃气快速热水器能效标签

欧盟有关消费者权益保护的机构和法规具体如下。

（1）欧洲消费者法律研究中心

欧洲消费者法律研究中心设在比利时鲁文大学法学院,其宗旨是研究探索有关消费者权益保护的所有课题,并就这些课题进行世界范围的培训。

（2）国际消费者法律协会

国际消费者法律协会旨在全世界范围内建立一个联系网络,以促进消费事业的共同探讨和发展。合作内容包括:讲课人员、研究员和学术交流,资料和出版物交流,为交流人员提供进一步培训,举办研讨会和交流会等。

（3）欧盟24局

欧盟委员会下设30个司、局。这些司、局负责不同的事项,其中24局专门负责消费者政策与消费者健康保护。欧盟24局下设5个部门,分别是健康风险评估部、消费者政策部、科学健康咨询部、国际关系部、食品和兽医办公室。欧盟24局的主要职能:起草消费者保护政策和法规;监督和检查各成员国是否贯彻执行相关政策和法规,并让消费者了解欧盟的政策和法规;对因未执行消费者保护法而使消费者利益受到侵害的欧盟成员国在欧洲法院进行起诉,赔偿消费者,并禁止该成员国的违禁产品出口;帮助各成员国完善其消费者法律,并将该项法律融入各国经济发展的全局考虑。

（4）消费者保护法

为了保护消费者的合法权益,维护社会经济秩序稳定,促进社会经济健康发展,欧盟各成员国均制定了《消费者保护法》。例如英国《消费者保护法》(Consumer Protection Act,以下简称《保护法》)于1987年通过。《保护法》分为两部分:第一部分主要收录了欧盟的《产品责任指令》方面的内容,于1988年5月1日开始生效;第二部分是关于消费者安全标准方面的条款,该部分条款于 1987 年 10 月 1 日开始生效。1999 年,欧盟发布新的产品责任指令(1999/34/EC)对原有指令进行修改。英国的《保护法》也做了相应的修改,并从 2000 年 12 月 4 日开始生效。

《消费者保护法》对产品质量监管所做的规定较多。该法明确地对安全进行了界定,即在任何时候,在商品及商品装配、保存使用、消费等方面均不存在造成任何人死亡或人身伤害的危险。该法相应规定,供应不符合一般安全要求的消费品,提供或许诺提供这类商品、为销售而展示或占有这类商品的行为均属于犯罪。执法机关在有合理理由怀疑商品不符合安全规定的情况下,可发出中止通知,禁止被通知人自该通知指定之日起的六个月内未经执法机关允许不得从事供应或允诺供应该商品,或为展示、占有该商品等活动提供商品。中止通知中应对商品进行描述,说明怀疑理由,并通告被通知人可提出上诉及上诉的方式。该法还规定,国务大臣有权向任何人发出禁止通知,告知禁止供应、提供或许诺供应列入不安全通知的商品。该法明确指出,供应、提供或许诺供应任何禁止的商品,制造、加工任何禁止的商品,以标识或其他方式提供与禁止商品有关的各种特定资料等均构成犯罪。同时,国务大臣有权向任何人发出警告通知,要求厂商按照通知中规定的形式、方法和地点,并自己承担费用,就其提供的被认为不安全的产品向公众发布警告,违者可视为犯罪。

2. 欧盟燃气具产品的监管机构

欧盟对燃气具产品的安全监管非常严格,在欧盟销售的燃气具产品,必须先取得 CE 认证。产品通过 CE 认证后,才可以在产品上加贴 CE 标识,同时制造商或欧盟进口商还必须签署一份"产品已经符合相关欧盟指令"的确认书供欧盟监管机构随时查询。

欧盟现拥有 27 个成员国(英国已于 2020 年 1 月退出),不同国家有不同的市场监管机构,如德国是联邦消费者保护与食品安全办公室(BVL),荷兰是食品和消费品安全管理部(VWA)等。此外,各成员国的入境口岸的检验机构有时也会要求进口商对进口产品做进一步的检验,以履行进口商合理注意和勤勉义务。

欧盟燃气具的监管方式一般是监管机构委托燃气具 CE 认证的公告机构在市场上进行抽查。目前欧盟的燃气具 CE 认证公告机构主要包括 Kiwa、TÜV、IMQ、SGS 等。

1) Kiwa

Kiwa 成立于 1929 年,总部位于荷兰的阿培尔顿。Kiwa 一直专注于为燃气应用行业提供独立的第三方安全监督及测试认证服务,如今已拥有 300 多位资深燃气安全专家,服务扩展到全球 30 多个国家并拥有超过 3500 家客户,被公认是欧洲乃至全球燃气安全检测领域最权威的认证机构之一。

目前,Kiwa 获得燃气具法规授权的公告机构有 3 家,分别为 Kiwa Nederland B.V.(公告代码:0063 ex-0560,0620,0956)、Kiwa Cermrt Italla S.P.A.(公告代码:0476)和 Kiwa Belgelendirme Hizmetleri A.Ş.(公告代码:1984)。

Kiwa 认证的产品包括烧烤炉、燃气灶、户外取暖器、热水器、锅炉(两用壁挂炉)、燃气设备的零件、露营用的燃气具、(花园或户外)壁炉、燃气输配系统等,简而言之,就是所有与燃气相关的产品及组件。

欧洲标准化委员会在燃气具标准化领域共成立了 21 个技术委员会,而 Kiwa 参与了大多数燃气具 EN 标准的制定工作,并在许多技术委员会中担任技术秘书的角色。Kiwa 还在燃气具指令顾问委员会担任技术秘书处的工作，负责起草《燃气具指令实施指导》(Gas Appliance Directive Guideline)。另外，在国内，Kiwa 与国家燃气用具产品质量检验检测中心(佛山)及上海市燃气安全和装备质量监督检验站均有合作。

2) TÜV

德国莱茵 TÜV 集团(TÜV Rheinland Group)是一所国际性的检测认证机构，是国际上领先的技术服务供应商。TÜV 集团成立于 1872 年，总部位于德国科隆，集团已在 65 个国家和地区的 500 个服务网络拥有超过 16 000 名员工。在产品检验和认证领域，TÜV 集团拥有 140 年的经验。服务范围涵盖工业服务、交通服务、产品服务、生命科学服务、培训与咨询服务、管理体系服务等，产品涵盖燃气具、玩具、通用机械产品、家具、卫生洁具等。

TUV 集团拥有多家公告机构，其中获得燃气具法规授权的公告机构为 TÜV SÜD Product Service GmbH(公告代码：0123)。

3) IMQ

意大利质量标志院(IMQ)成立于 1951 年，是一个独立的、非营利性的机构，主要负责电工和燃气具及其材料的检查和认证工作。在意大利，支持 IMQ 的团体和组织有全国研究委员会(CNR)、内务部、工业部、公共工程部、劳动部、邮政部、运输部、外贸部和国防部。在 IMQ 常务成员中，除主要城市的电力局以外，还有对产品认证感兴趣的有关委员会、局、协会等。IMQ 成员的这种地位和资历很好地保证了检测工作的独立性和公正性。

目前，IMQ 获得燃气具法规授权的公告机构为 IMQ ISTITUTO ITALIANO DEL MARCHIO DI QUALITÀ S.P.A.(公告代码：0051)。

4) SGS

SGS 是 Societe Generale de Surveillance S.A. 的简称，译为"通用公证行"。

它创建于 1878 年，是世界上最大、资格最老的民间第三方从事产品质量控制和技术鉴定的跨国公司。其总部设在瑞士日内瓦，在世界各地设有 1800 多家分支机构和专业实验室，拥有 59000 多名专业技术人员，在 142 个国家开展产品质检、监控和保证活动。

SGS 的服务范围覆盖农产、矿产、石化、工业、消费品、汽车、生命科学等多个行业的供应链上下游。近年来，在环境、新能源、能效和低碳等领域，SGS 致力于以专业的检测和认证服务，为企业、政府及机构提供全方位、可持续的解决方案。

目前，SGS 获得燃气具法规授权的公告机构有 2 家，分别为 SGS ROMANIA SA(公告代码：2726)和 SGS Supervise Gözetme Etüd Kontrol Servisleri A.Ş.(公告代码：2218)。

1.2.2 我国家用燃气快速热水器产品安全监管体制

1. 我国家用燃气快速热水器的安全监管制度

1) 生产许可证管理制度

生产许可证制度是指国家对直接关系公共安全、人体健康、生命财产安全的重要工业产品核发生产许可证，实行生产许可证制度，生产这些产品的企业要获得生产许可证后方可生产、销售产品。基于对燃气具安全性的重视，国家质量监督检验检疫总局于 1995 年将家用燃气热水器列入了工业产品生产许可证目录，设立了燃气热水器审查部，审查部受全国工业产品生产许可证办公室的委托，承担家用燃气快速热水器产品生产许可证换(发)证工作的有关事宜,并对燃气热水器生产企业进行生产许可证管理。通过发证审查和证后监管,淘汰了一大批不符合生产条件、管理混乱的生产企业。2019 年 8 月生产许可证停止颁发,全国家用燃气快速热水器获得生产许可证的企业总数为 422 家(不含燃气采暖热水炉)。

2)强制性产品认证制度(3C 认证)

2019 年 7 月 9 日,国家市场监督管理总局发布《市场监管总局关于防爆电气等产品由生产许可证转为强制性产品认证管理实施要求的公告》。该公告规定防爆电气、家用燃气器具等产品正式由生产许可转为强制性产品认证(简称 3C 认证)管理。家用燃气快速热水器属于家用燃气器具,意味着家用燃气快速热水器也从生产许可转为 3C 认证管理。公告规定认证实施日期自 2019 年 10 月 1 日起,过渡期为 1 年,从 2020 年 10 月 1 日起,未获得 3C 认证的家用燃气快速热水器不得出厂、销售,否则就属于违法行为。

家用燃气快速热水器要从生产许可证管理转变为 3C 认证管理,主要是因为该产品直接关系人民生命财产安全,采用 3C 认证管理更有利于保障产品质量和人民生命安全。3C 认证和生产许可证的监管要求是完全不同的,3C 认证要求所有型号的出厂产品都必须经过第三方指定实验室的检测和认证机构的认证方能销售,并强调出厂产品与初始送检产品保证一致;而生产许可证管理更偏重对企业的生产条件和管理水平的监管,获得生产许可证后即代表企业满足了监管要求,并不要求后续所有型号的出厂产品都必须经过第三方实验室的检测。

与 3C 认证有关的法律法规包括《中华人民共和国产品质量法》《中华人民共和国认证认可条例》《强制性产品认证管理规定》《强制性产品认证实施规则:家用燃气器具》(CNCA-C24-01:2021)等,认证依据的产品标准为《家用燃气快速热水器》(GB 6932—2015)。3C 认证检验项目并非产品标准中的全部检验项目,仅为与安全相关的部分检验项目,如燃气系统的气密性、火焰稳定性、烟气中 CO 含量、防干烧安全装置等 28 项安全检验项目。

家用燃气快速热水器产品强制性认证的认证模式为:产品检测＋初始工厂检查＋获证后监督。获证后监督是指获证后的跟踪检测、生产现场抽取样品检测或者检查、市场抽样检测或者检查三种方式之一或组合。目前,国家认证认可监督管理委员会指定的 4 家 3C 认证机构分别是中国质量认证中心、北京鉴衡认证中心有限公司、中国市政工程华北设计研究总院有限公司、广东质检中诚认证有限公司。关于家用燃气快速热水器的强制性认证的认证委托、认证实施和获证后监督的规定,具体可见各认证机构的家用燃气器具强制性产品认证实施细则。

3)地方政府的市场准入管理

除了生产许可证管理和强制性认证制度,部分省、直辖市还会通过地方法规的形式对在本区域销售的燃气器具实施管理。例如,在燃气具列入工业产品生产许可证管理之前,上海市通过《上海市燃气管理条例》对燃气器具实施准销证管理,要求进入上海市场销售的燃气器具产品符合相关国家标准,生产企业需建立一定的质量管理体系。后根据行政管理法规的要求,改为产品销售备案管理。其他地区,如北京、山东、江苏、安徽等省、直辖市的燃气管理条例中均有规定,进入本地区销售的燃气器具产品应符合国家和地方相关标准,并应委托检测机构进行气源适配性检测,同时应在当地设立或委托设立售后服务站点方能销售。深圳市地方法规规定燃气管理部门委托燃气协会负责公布深圳市场燃气器具销售目录的发布。

4）监督检查制度

监督检查制度，即国家对产品质量实行以抽查为主要方式的监督检查制度。产品质量监督抽查制度是国家和地方产品质量监督部门按照产品质量监督计划，定期在生产领域和流通领域抽取产品样本进行质量监督检查，按期发布产品质量监督抽查公报，并对抽查产品不合格的企业采取处理措施的国家监督活动。抽查的产品主要是可能危及人体健康和人身、财产安全的产品，影响国计民生的重要工业产品，以及消费者和有关组织反映有质量问题的产品。根据监督抽查的需要，可以对产品进行检验，抽查发现产品质量不合格的，依法处理。

2. 我国产品质量相关法律法规

经过多年产品质量监管、法制建设，我国的产品质量法律基本上形成了一套比较完整的体系，即形成了以《中华人民共和国产品质量法》为主，配套的法规（行政法规和地方性法规）、规章（部门规章和地方政府规章）等分类组合而成的具有内在联系、相互协调的统一体。我国产品质量法律法规体系主要如下。

1）产品质量法律

产品质量法律包括《中华人民共和国产品质量法》《中华人民共和国标准化法》《中华人民共和国计量法》《中华人民共和国消费者权益保护法》等。《中华人民共和国产品质量法》是调整产品质量法律关系的一般法律，对除建设工程和军工产品外的所有经过加工、制作，用于销售的产品的质量监督管理作了一般规定，与国外通常制定专门的产品责任法不同的是，《产品质量法》包括了产品质量监督和产品质量责任的内容。

2）产品质量行政法规

产品质量行政法规包括《中华人民共和国生产许可证管理条例》《中华人民共和国标准化法实施条例》《中华人民共和国进出口商品检验法实施条例》《中华人民共和国认证认可条例》等。

3）产品质量部门规章

产品质量部门规章包括《强制性产品认证管理规定》《市场监督管理投诉举报处理暂行办法》《产品质量仲裁检验和产品质量鉴定管理方法》《产品质量国家监督抽查管理办法》《国家标准管理办法》等。

此外，产品质量地方性法规和地方政府规章也是产品质量法律体系的重要组成部分。

3. 我国产品安全监管机构

我国产品质量监管的机构，根据监管范围和工作内容可以分为国务院部门以及地方部门。

1）国务院部门

根据《中华人民共和国产品质量法》的规定，国务院市场监督管理部门主管全国产品质量监督工作。国务院有关部门在各自的职责范围内负责产品质量监督工作。县级以上地方市场监督管理部门主管本行政区域内的产品质量监督工作。县级以上地方人民政府有关部门在各自的职责范围内负责产品质量监督工作。

目前,负责产品质量安全监督工作的国务院相关机构是国家市场监督管理总局。

国家市场监督管理总局是将原国家工商行政管理总局的职责、国家质量监督检验检疫总局的职责、国家食品药品监督管理总局的职责、国家发展和改革委员会的价格监督检查与反垄断执法的职责、商务部的经营者集中反垄断执法以及国务院反垄断委员会办公室等职责整合组建而成的,对外保留国家认证认可监督管理委员会、国家标准化管理委员会牌子。

国家市场监督管理总局是国务院直属机构,负责市场综合监督管理,统一登记市场主体并建立信息公示和共享机制,组织市场监管综合执法工作,承担反垄断统一执法,规范和维护市场秩序,组织实施质量强国战略,负责工业产品质量安全、食品安全、特种设备安全监管,统一管理计量标准、检验检测、认证认可工作等。

2)地方部门

负责产品监管的地方部门是地方各级市场监督管理局。地方产品质量监督部门在本行政区域内行使职责,其行使职责的范围由本级人民政府根据地方各级人民代表大会的决定规定其职责,地方人民政府有关部门应当根据职责承担产品质量安全监督的责任。

1.3　家用燃气快速热水器标准体系情况

家用燃气快速热水器属于燃气器具中一类十分重要的产品,对于其生产、销售、使用,国家都有严格的标准,并和上游的技术法规、下游的零部件生产,以及相关的技术法规、标准相配套,形成体系。本书所述标准体系异于《标准体系构建原则和要求》(GB/T 13016—2018)的通用原则,仅讨论强制标准中的技术内容。

1.3.1　欧盟家用燃气快速热水器标准体系

欧盟与家用燃气快速热水器相关的产品标准主要有《家用燃气快速热水器》(EN 26:2015)、《燃气热水器 第1部分:热水性能评价》(EN 13203-1:2015)、《燃气热水器 第2部分:能源消耗评价》(EN 13203-2:2022)、《使用燃气或液体燃料的燃烧器和燃气具的自动控制系统》(EN 298:2012)等。此外,与燃气热水器所用燃气种类和燃气压力的相关的标准是《试验燃气、试验压力、器具目录》(EN 437:2021),与燃气热水器给排气方式相关的标准是《根据排烟方式的燃气具欧盟分类图示(类型)》(CEN/TR 1749:2014)。

欧盟家用燃气快速热水器标准体系包含的标准见表1-1。

表1-1　欧盟家用燃气快速热水器标准体系

序号	标准号	标准名称
1	EN 26:2015	Gas-fired Instantaneous Water Heaters for the Production of Domestic Hot Water 家用燃气快速热水器
2	EN 13203-1:2015	Gas-fired Domestic Appliances Producing Hot Water-Part 1: Assessment of Performance of Hot Water Deliveries 燃气热水器 第1部分:热水性能评价

序号	标准号	标准名称
3	EN 13203-2：2022	Gas-fired Domestic Appliances Producing Hot Water-Part 2：Assessment of Energy Consumption 燃气热水器 第2部分：能源消耗评价
4	EN 298：2012	Automatic Burner Control Systems for Burners and Appliances Burning Gaseous or Liquid Fuels 使用燃气或液体燃料的燃烧器和燃气具的自动控制系统
5	EN 60335-1：2002	Household and Similar Electrical Appliances-Safety-Part 1：General Requirements 家用和类似用途电器的安全 第1部分：通用要求
6	EN 60335-2-102：2006	Household and Similar Electrical Appliances-Safety-Part 2-102：Particular Requirements for Gas，Oil and Solid-fuel Burning Appliances Having Electrical Connections 家用和类似用途电器的安全 第2部分102：使用燃气、燃油和固体燃料的带有电气连接的燃烧器具的特殊要求
7	EN 60529：1991	Degrees of Protection Provided by Enclosures（IP Code） 外壳防护等级（IP代码）
8	EN 15036-1：2006	Heating Boilers -Test Regulations for Airborne Noise Emissions from Heat Generators-Part 1：Airborne Noise Emissions from Heat Generators 采暖锅炉、发热体产生的空气噪声的试验程序 第1部分：发热体产生的空气噪声
9	EN 437：2021	Test Gases-Test Pressures-Appliance Categories 试验燃气、试验压力、器具目录
10	CEN/TR 1749：2014	European Scheme for the Classification of Gas Appliances According to the Method of Evacuation of the Combustion Products（Types） 根据排烟方式的燃气具欧盟分类图示（类型）

1.3.2 我国家用燃气快速热水器标准体系

我国与家用燃气快速热水器相关的产品标准主要是《家用燃气快速热水器》（GB 6932—2015）、《家用燃气快速热水器和燃气采暖热水炉能效限定值及能效等级》（GB 20665—2015）、《家用燃气用具通用试验方法》（GB/T 16411—2008）等。此外，与燃气热水器所用燃气种类和燃气压力相关的标准是《城镇燃气分类和基本特性》（GB/T 13611—2018），与燃气具安全管理相关的是《家用燃气燃烧器具安全管理规则》（GB 17905—2008）。

我国家用燃气快速热水器标准体系包含的标准如表1-2所示。

表 1-2　中国家用燃气快速热水器标准体系

序号	标准号	标准名称
1	GB 6932—2015	家用燃气快速热水器
2	GB 20665—2015	家用燃气快速热水器和燃气采暖热水炉能效限定值及能效等级
3	GB/T 16411—2008	家用燃气用具通用试验方法
4	GB 4706.1—2005	家用和类似用途电器的安全 第 1 部分:通用要求
5	GB/T 4208—2017	外壳防护等级(IP 代码)
6	GB/T 13611—2018	城镇燃气分类和基本特性
7	GB 17905—2008	家用燃气燃烧器具安全管理规则

1.3.3　家用燃气快速热水器标准体系差异分析

欧盟家用燃气快速热水器的标准比较完备,其中《家用燃气快速热水器》(EN 26:2015)是主标准,基本涵盖了欧盟各种给排气方式的家用燃气快速热水器的结构和性能要求;《燃气热水器 第 1 部分:热水性能评价》(EN 13203-1:2015)用于评价热水舒适性品质,采用星级评定,分为无星、一星、二星和三星四个级别,其中三星为热水舒适性品质最优;《燃气热水器 第 2 部分:能源消耗评价》(EN 13203-2:2022)和《采暖锅炉、发热体产生的空气噪声的试验程序 第 1 部分:发热体产生的空气噪声》(EN 15036-1:2006)是基于 ErP 指令,分别评价热水器的能效等级和声功率水平;《家用和类似用途电器的安全 第 1 部分:通用要求》(EN 60335-1:2002)和《家用和类似用途电器的安全 第 2 部分 102:使用燃气、燃油和固体燃料的带有电气连接的燃烧器具的特殊要求》(EN 60335-2-102)主要用于评价热水器的电气安全;《外壳防护等级(IP 代码)》(EN 60529:1991)用于评价热水器的外壳防护等级;而《使用燃气或液体燃料的燃烧器和燃气具的自动控制系统》(EN 298:2012)则主要是评价热水器的控制系统是否满足安全要求,尤其是在控制器的电磁兼容安全和故障安全等级方面。

我国家用燃气快速热水器标准构建之初,从给排气方式到热水器的结构和性能要求均主要参考日本标准,同时根据国内的实际情况作出相应的修改,因此,与欧盟标准相比,两者对家用燃气快速热水器的结构和性能要求上差异较大。但随着国内家用燃气快速热水器行业的发展,我国热水器标准也逐渐加入部分等同或类似欧盟标准的技术要求。例如,电气安全部分采用《家用和类似用途电器的安全 第 1 部分:通用要求》(GB 4706.1—2005)(对标欧盟标准《家用和类似用途电器的安全 第 1 部分:通用要求》(EN 60335-1:2002))的部分条款和《外壳防护等级(IP 代码)》(GB/T 4208—2017)(对标欧盟标准《外壳防护等级(IP 代码)》(EN 60529:1991))的要求和试验方法,控制器的电磁兼容安全部分采用了欧盟标准《使用燃气或液体燃料的燃烧器和燃气具的自动控制系统》(EN 298:2012)的电磁兼容性能要求条款。目前,我国家用燃气快速热水器标准体系与欧盟标准体系较为显著的技术差异主要体现在以下几个方面。

1. 能效测试

我国家用燃气快速热水器的能效标准是《家用燃气快速热水器和燃气采暖热水炉能效

限定值及能效等级》(GB 20665—2015),能效等级测试的是燃气热水器在两个特定工况条件下的热效率;欧盟燃气热水器的能效标准是基于 ErP 指令的《燃气热水器 第 2 部分:能源消耗评价》(EN 13203-2:2022),能效等级测试的是在 24 小时内热水器在综合工况条件下的热效率。

2. 噪声测试

我国家用燃气快速热水器标准体系中的噪声测试结果采用的是声压值,欧盟燃气热水器标准体系中的噪声测试结果采用的是声功率值,且有燃气具专用的声功率测试标准《采暖锅炉、发热体产生的空气噪声的测试程序 第 1 部分:发热体产生的空气噪声》(EN 15036-1:2006)。

3. 判废年限

我国标准《家用燃气燃烧器具安全管理规则》(GB 17905—2008)规定,燃具从售出当日起,使用人工煤气的快速热水器,判废年限应为 6 年;使用液化石油气和天然气的快速热水器,判废年限应为 8 年;燃具的判废年限有明示的,应以企业产品明示为准,但是不应低于以上的规定年限。欧盟标准中并没有类似的规定。

第2章　适用范围及产品分类

2.1　适 用 范 围

2.1.1　中国标准 GB 6932—2015 的规定

条款号:1。

中国标准《家用燃气快速热水器》(GB 6932—2015)中对于家用燃气快速热水器适用范围的规定如下。

本标准规定了家用燃气快速热水器的术语和定义、分类及型号、材料及结构要求、性能要求、试验方法、检验规则和标志、安装、包装、运输、贮存。

本标准适用于额定热负荷不大于 70 kW 的家用供热水燃气快速热水器(以下简称供热水热水器);额定热负荷不大于 70 kW,最大供暖工作水压不大于 0.3 MPa、供暖水温不大于 95 ℃的室内型强制给排气式、室外型家用供暖燃气快速热水器(以下简称供暖热水器)和家用两用型燃气快速热水器(以下简称两用热水器),包括冷凝式的供热水热水器、供暖热水器和两用热水器的特殊要求。

本标准不适用于燃气容积式热水器。

注1:本标准所指燃气,是《城镇燃气分类和基本特性》(GB/T 13611)、《人工煤气》(GB 13612)规定的燃气,使用(GB/T 13611)规定以外的燃气时,试验用燃气按产品设计提供的燃气进行,压力范围参照(GB/T 13611)的有关规定。

　2:家用供热水燃气快速热水器、家用供暖燃气快速热水器、家用两用型燃气快速热水器统称为家用燃气快速热水器(以下简称热水器)。

2.1.2　欧盟标准 EN 26:2015 的规定

条款号:1。

欧盟标准《家用燃气快速热水器》(EN 26:2015)中对于家用燃气快速热水器适用范围的规定如下。

本标准规定了燃气快速热水器(以下简称"热水器")的结构、安全性、能源的合理利用、适用性和试验方法,以及产品的分类和标识。

本标准适用于以下热水器:

① 按照 CEN/TR 1749 分类为 A_{AS}、B_{11}、B_{11BS}、B_{12}、B_{12BS}、B_{13}、B_{13BS}、B_{14}、B_{22}、B_{23}、B_{32}、B_{33}、B_{44}、B_{52}、B_{53}、C_{11}、C_{12}、C_{13}、C_{21}、C_{22}、C_{23}、C_{32}、C_{33}、C_{42}、C_{43}、C_{52}、C_{53}、C_{62}、C_{63}、C_{72}、C_{73}、C_{82} 和 C_{83} 型的热水器;

② 装有大气式燃烧器的热水器;

③ 装有风机辅助进气或排烟的大气式燃烧器,或全预混燃烧器;

④ 使用三种燃气族中的一种或多种燃气的热水器,且所用燃气压力符合 EN 437 的规定;

⑤ 额定热输入不超过 70 kW 的热水器;

⑥ 装有点火燃烧器或对主火燃烧器直接点火的热水器。

本标准中,热输入的计算使用低热值(H_i)。

本标准不包含以下所有必须要求的产品:

① 沸水器;

② 连接机械式排烟装置的热水器;

③ 具有供暖和供卫生热水双重功能的热水器;

④ 利用燃烧产物中冷凝水余热的热水器;

⑤ B_{21}、B_{31}、B_{41}、B_{42}、B_{43} 和 B_{51} 型热水器。

本标准仅覆盖风机(如果有的话)是器具整体部分之一的热水器。

除此以外,本标准还有下列要求:

① 不适用于不连接排烟管时没有大气感应装置的热水器;

② 已考虑到技术报告 CR1472:1994 中关于标识的信息。

2.1.3 中欧标准差异分析

中国标准和欧盟标准的适用范围均包含额定热负荷不大于 70 kW 的家用燃气快速热水器,除此以外,中国标准还包含额定热负荷不大于 70 kW,最大供暖工作水压不大于 0.3 MPa、供暖水温不大于 95 ℃的室内型强制给排气式、室外型家用供暖燃气快速热水器和家用两用型燃气快速热水器,也就是我们常说的燃气采暖热水炉产品,因此,中国标准较欧盟标准的产品范围更广。

但是,欧盟标准相比中国标准,对于燃气热水器给排气方式分类更多,也更细致,这是由欧盟燃气热水器多样化的安装环境决定的;且相对于中国标准规定燃气热水器只能使用一种燃气和一种压力,欧盟标准允许燃气热水器可使用 2 种或 3 种不同的燃气和压力,这也是由欧盟国家多样化的供气种类和供气压力决定的。

2.2 产品分类

2.2.1 中国标准 GB 6932—2015 的规定

条款号:4.1.2、4.1.3。

中国标准《家用燃气快速热水器》(GB 6932—2015)中对于家用燃气快速热水器产品的分类如下。

1. 按使用燃气种类分类

按使用燃气种类分为人工煤气热水器、天然气热水器、液化石油气热水器。各种燃气的分类代号和额定供气压力见表 2-1。

表 2-1　燃气分类

燃气种类	代号	燃气额定供气压力/Pa
人工煤气	3R、4R、5R、6R、7R	1 000
天然气	3T、4T、6T	1 000
	10T、12T	2 000
液化石油气	19Y、20Y、22Y	2 800

2. 按安装位置及给排气方式分类

按安装位置及给排气方式分类见表 2-2。

表 2-2　安装位置及给排气方式分类

名称		分类内容	简称	代号	示意图
室内型	自然排气式	燃烧时所需空气取自室内,通过排烟管在自然抽力下将烟气排至室外	排烟管式	D	图 2-1
	强制排气式	燃烧时所需空气取自室内,在风机作用下通过排烟管强制将烟气排至室外	强排式	Q	图 2-2
	自然给排气式	将给排气管接至室外,利用自然抽力进行室外空气供给和将烟气排至室外	平衡式	P	图 2-3
	强制给排气式	将给排气管接至室外,利用风机强制进行室外空气供给和将烟气排至室外	强制给排气式	G	图 2-4
室外型		只可以安装在室外的热水器	室外型	W	图 2-5

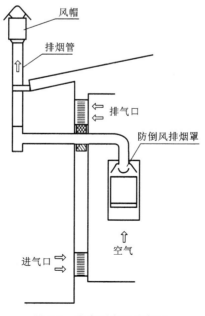

图 2-1　室内型自然排气式

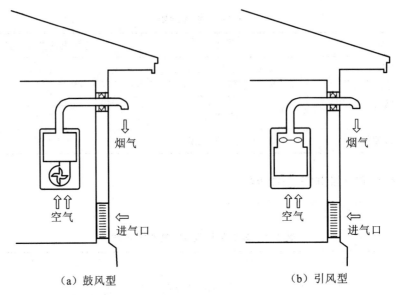

（a）鼓风型　　　　　　　　　（b）引风型

图 2-2　室内型强制排气式

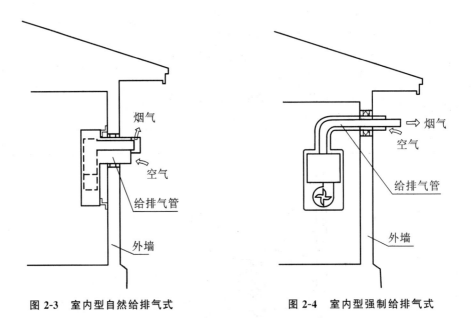

图 2-3　室内型自然给排气式　　　　　图 2-4　室内型强制给排气式

2.2.2　欧盟标准 EN 26:2015、EN 437:2021 和 EN 1749:2020 的规定

欧盟标准 EN 26:2015、EN 437:2021 和 EN 1749:2020 中对于家用燃气快速热水器产品的分类如下。

1. 按使用燃气种类分类

在欧盟市场上销售的燃气具，按使用的燃气和燃气压力，分为不同的燃气具目录。

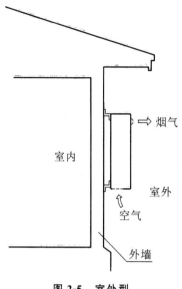

图 2-5　室外型

目录的标识由以下组成：

① 罗马数字，表示可用的燃气族数目；

② 阿拉伯数字下标，表示燃气族，例如，1 表示第一族燃气，2 和 3 分别表示第二族燃气和第三族燃气；

③ 下标处紧跟数字的字母，表示所用的燃气组（欧盟的燃气族和燃气组分类，详见本书的第 3 章）。

罗马数字的下标表示对燃气具可用的所有燃气族和燃气组，而供气压力可以按照双重压力的原则设置。有双重压力的燃气组可以表示成在燃气组字母后加"＋"，或是对于组 B/P 在数字 3 加"＋"。在后一个例子中，族本身可以用数字 3 代替，表示第三族燃气。

例如：

目录 I_{1a} 表示在指定的供气压力下仅能使用第一族 a 组燃气的燃气具。

目录 I_{2H} 表示在指定的供气压力下仅能使用第二族 H 组燃气的燃气具。

目录 I_{2L} 表示在指定的供气压力下仅能使用第二族 L 组燃气的燃气具。

目录 I_{2E} 表示在指定的供气压力下仅能使用第二族 E 组燃气的燃气具。

目录 I_{2E+} 表示仅能使用第二族 E 组燃气的燃气具，燃气具能在不做调节的情况下以双重压力方式工作。燃气具的压力调节装置（如果有的话），不能在双重压力的两个额定压力之间的压力下工作。

目录 I_{2N} 表示在指定的供气压力下仅使用第二族 N 组燃气的燃气具，且它能自动调节适应所有的第二族燃气。

目录 I_{2R} 表示具有一个压力调节器的燃气具，且调压器能手动调节以适应 H、E、L 和 LL（燃气组 LL 具体可见 EN 437:2003）燃气组。

目录 $I_{3B/P}$ 表示在指定的供气压力下仅能使用第三族燃气（丙烷和丁烷）的燃气具。

目录 I_{3+} 表示仅能使用第三族燃气（丙烷和丁烷）的燃气具，燃气具能在不做调节的情况下以双重压力方式工作。但是,对于特定标准中规定的某种类型的燃气具,当从丙烷转化为丁烷或是从丁烷转化为丙烷时,调节一次空气是允许的。此类燃气具上不允许装有压力调节装置。

目录 I_{3P} 表示在指定的供气压力下仅能使用第三族 P 组(丙烷)燃气的燃气具。

目录 I_{3B} 表示在指定的供气压力下仅能使用第三族 B 组(丁烷)燃气的燃气具。

目录 I_{3R} 表示装有一个压力调节器的燃气具,它能使用所有第三族的燃气,且调压器能手动调节以适应当地供气条件的第三族某一组里的各种燃气。

目录 II_{1a2H} 表示仅能使用第一族 a 组燃气和第二族 H 组燃气的燃气具。第一族燃气在与目录 I_{1a} 相同的条件下使用,第二族燃气在与目录 I_{2H} 相同的条件下使用。

目录 $II_{2H3B/P}$ 表示仅能使用第二族 H 组燃气和第三族燃气的燃气具。第二族燃气在与目录 I_{2H} 相同的条件下使用,第三族燃气在与目录 $I_{3B/P}$ 相同的条件下使用。

目录 II_{2H3+} 表示仅能使用第二族 H 组燃气和第三族燃气的燃气具。第二族燃气在与目录 I_{2H} 相同的条件下使用,第三族燃气在与目录 I_{3+} 相同的条件下使用。

目录 II_{2H3P} 表示仅能使用第二族 H 组燃气和第三族 P 组燃气的燃气具。第二族燃气在与目录 I_{2H} 相同的条件下使用,第三族燃气在与目录 I_{3P} 相同的条件下使用。

目录 $II_{2L3B/P}$ 表示仅能使用第二族 L 组燃气和第三族燃气的燃气具。第二族燃气在与目录 I_{2L} 相同的条件下使用,第三族燃气在与目录 $I_{3B/P}$ 相同的条件下使用。

目录 II_{2L3P} 表示能使用第二族 L 组燃气和第三族 P 组燃气的燃气具。第二族燃气在与目录 I_{2L} 相同的条件下使用,第三族燃气在与目录 I_{3P} 相同的条件下使用。

目录 $II_{2E3B/P}$ 表示能使用第二族 E 组燃气和第三族燃气的燃气具。第二族燃气在与目录 I_{2E} 相同的条件下使用,第三族燃气在与目录 $I_{3B/P}$ 相同的条件下使用。

目录 $II_{2E+3B/P}$ 表示能使用第二族 E 组燃气和第三族燃气的燃气具。第二族燃气在与目录 I_{2E+} 相同的条件下使用,第三族燃气在与目录 $I_{3B/P}$ 相同的条件下使用。

目录 II_{2E+3+} 表示能使用第二族 E 组燃气和第三族燃气的燃气具。第二族燃气在与目录 I_{2E+} 相同的条件下使用,第三族燃气在与目录 I_{3+} 相同的条件下使用。

目录 II_{2E+3P} 表示能使用第二族 E 组燃气和第三族 P 组燃气的燃气具。第二族燃气在与目录 I_{2E+} 相同的条件下使用,第三族燃气在与目录 I_{3P} 相同的条件下使用。

目录 II_{2R3R} 表示带有调压器的燃气具,它能使用所有第二族或与第二族相联系的燃气以及所有第三族的燃气,它能手动调节以适应当地条件的第二族一组里的所有燃气。第二族燃气在与目录 I_{2R} 相同的条件下使用,第三族燃气在与目录 I_{3R} 相同的条件下使用。

目录 III 表示能使用三个燃气族燃气的燃气具,目录 III 仅在某些特定国家使用。

2. 按安装位置和给排气方式分类

按照欧盟标准 EN 1749:2020,热水器按给排气方式分类,可分为 A 型、B 型和 C 型,分类方法见表 2-3。热水器可安装在建筑物内部或建筑物外部有局部防护的位置。

表 2-3　热水器按给排气方式分类

类型	说明
A 型	烟气不通过烟管或排气装置排到室外的热水器
B 型	烟气通过烟管排到室外,燃烧所需空气取自室内的热水器
C 型	给气管、排气管、热交换器和燃烧室相对于器具安装房间密封的热水器

　　按照使用的排烟方式和风机位置的不同,每个类型下还有更细致的分类。分类代号由1个大写字母和2个下标数字组成。大写字母表示热水器的分类类型;第一个下标数字表示热水器具体的排烟方式,当第一个下标数字超过"9",就会在第一个下标数字外加括号,以表示它是第一个下标数字;最后一个数字表示是否存在风机或风机的位置。例如 B_{12}、C_{13}。如果最后一个数字是"1",表示给气管或排气管不存在风机;如果存在风机,这个数字是2、3或4,这3个数字用于确定风机的位置。

　　另外,如果 A 型和 B 型热水器装有大气感应装置(缺氧保护装置),加下标字母"AS"表示,例如 A_{1AS}、B_{11AS};如果 A 型和 B 型热水器装有间隙监控装置,加下标字母"BS"表示,例如 B_{11BS};如果 B 型热水器可以连接柔软的非金属排烟管,加下标字母"D"表示,例如 B_{22D}、B_{23D};如果 B 型热水器可以连接一个正压的排烟管系统,加下标字母"P"表示,例如 B_{22P}、B_{23P}、B_{52P}、B_{53P}、B_{14P}、B_{44P};如果 C 型热水器可将烟管安装到屋顶的水平端子上,加下标字母"R"表示,例如 C_{11R}、C_{12R}、C_{13R}。

　　按照照欧盟标准 EN 26:2015 的适用范围,以下仅给出 A 型、B_2 型、B_3 型、B_4 型、B_5 型、C_1 型、C_2 型、C_3 型、C_4 型、C_5 型、C_7 型和 C_8 型的详细分类图示(表 2-4 至表 2-16),另外,由于 C_6 型在市场上并无排烟管系统,因此没有给出详细图示。

表 2-4　A 型热水器分类图示

类型	A 型		
说明	烟气不通过烟管或排气装置排到室外的热水器		

| A_1 | A_2 | A_3 |

表 2-5　B₁ 型热水器分类图示

类型	B₁			
说明	装有防倒风排气罩的 B 型热水器			

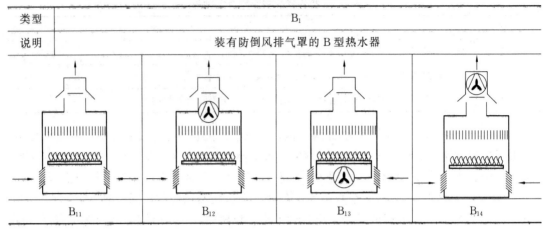

表 2-6　B₂ 型热水器分类图示

类型	B₂		
说明	没有安装防倒风排气罩的 B 型热水器		

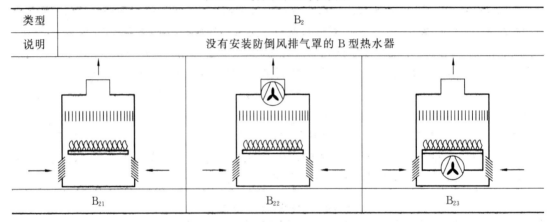

表 2-7　B₃ 型热水器分类图示

类型	B₃
说明	没有安装防倒风排气罩的 B 型热水器，但可连接公共排烟管。此公共排烟管由单个自然进风排烟管组成。热水器中有压力的排气部分完全由热水器的给气包围。热水器燃烧所需空气通过连接排烟管的同轴烟管取自室内，空气通过烟管上的孔进入

B₃₂	B₃₃

表 2-8　B₄型热水器分类图示

类型	B₄			
说明	装有防倒风排气罩,且烟管连接排烟末端的 B 型热水器			

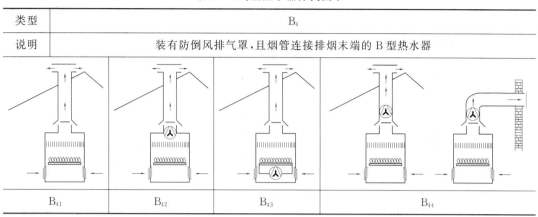

B₄₁	B₄₂	B₄₃	B₄₄

表 2-9　B₅型热水器分类图示

类型	B₅		
说明	没有装防倒风排气罩,且烟管连接排烟末端的 B 型热水器		

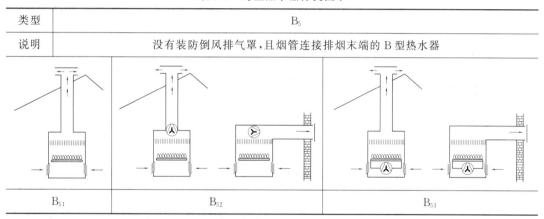

B₅₁	B₅₂	B₅₃

表 2-10　C₁型热水器分类图示

类型	C₁		
说明	烟管可连接水平排烟末端,且可通过同轴烟管或足够接近的两根烟管同时从室外获取燃烧所需空气及排出烟气到室外的 C 型热水器		

C₁₁	C₁₂	C₁₃

表 2-11 C₂ 型热水器分类图示

类型	C₂
说明	连接给气管和排气管到公共排烟管系统的 C 型热水器。此公共排烟管系统可连接多台热水器，且仅由 1 根管组成，它同时用于为热水器提供燃烧所需空气和排出烟气

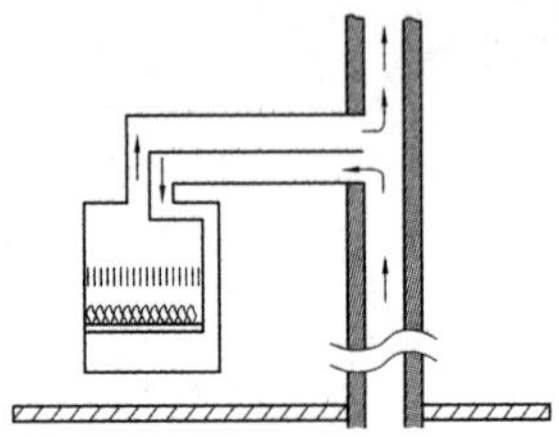

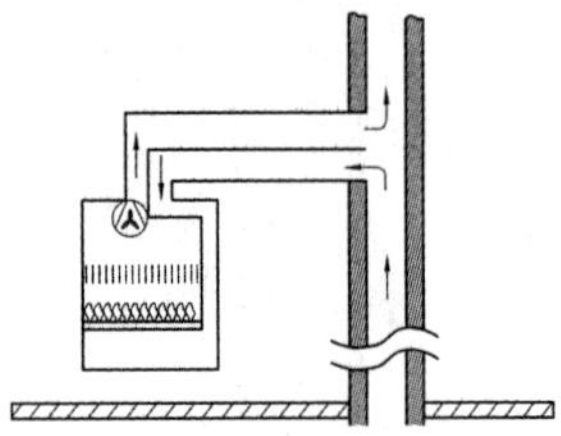

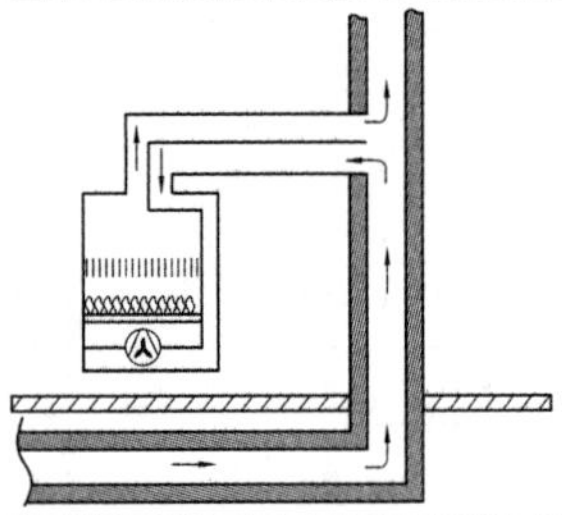

C₂₁　　　　　　　　C₂₂　　　　　　　　C₂₃

表 2-12 C₃ 型热水器分类图示

类型	C₃
说明	烟管可连接垂直排烟末端，且可通过同轴烟管或足够接近的两根烟管同时从室外获取燃烧所需空气及排出烟气到室外的 C 型热水器

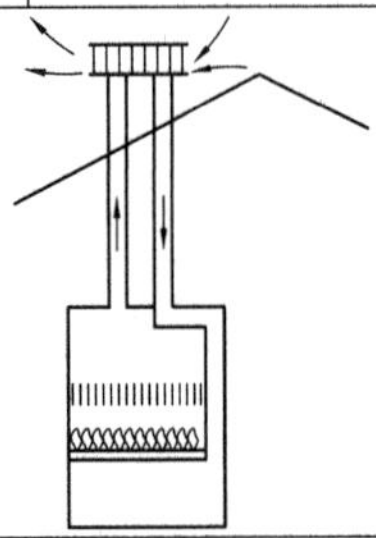

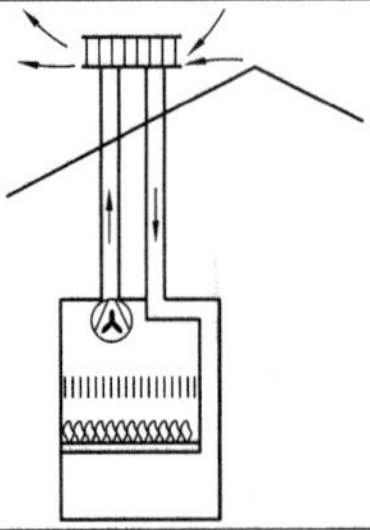

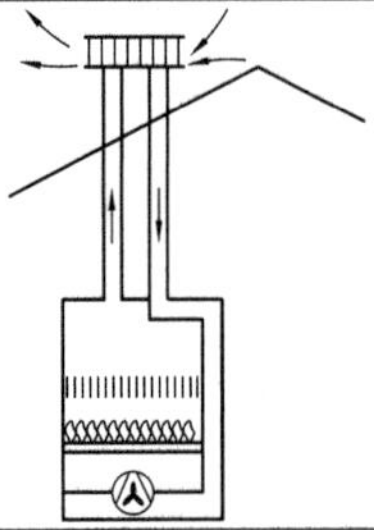

C₃₁　　　　　　　　C₃₂　　　　　　　　C₃₃

表 2-13 C₄ 型热水器分类图示

类型	C₄
说明	连接给气管和排气管到公共排烟管系统的 C 型热水器。此公共排烟管系统可连接多台热水器，且由两根管组成，并连接至一个末端。它可通过同轴烟管或足够接近的两根烟管同时从室外获取燃烧所需空气及排出烟气到室外

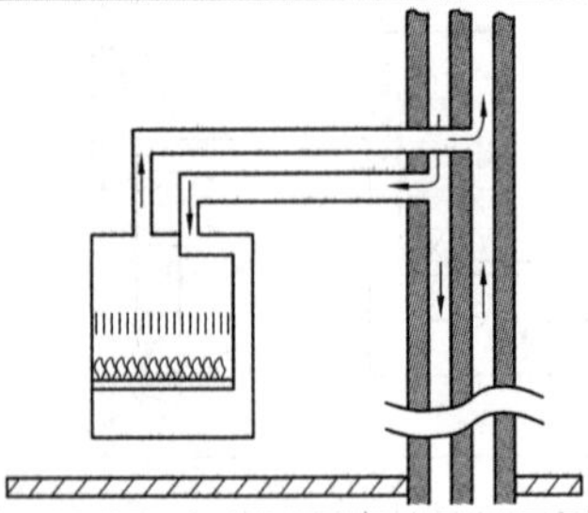

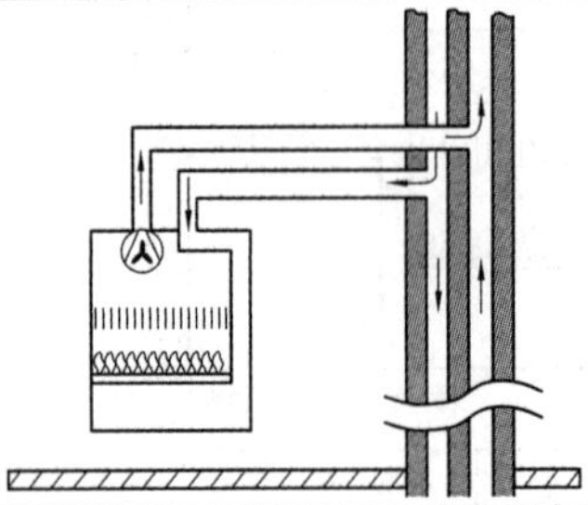

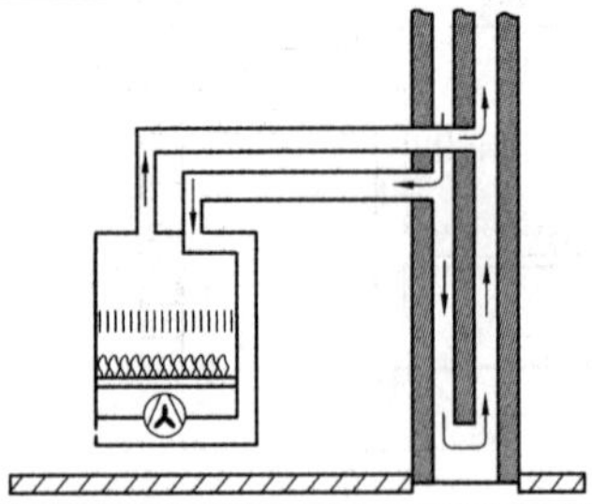

C₄₁　　　　　　　　C₄₂　　　　　　　　C₄₃

表 2-14　C₅型热水器分类图示

类型	C₅		
说明	一种 C 型热水器,连接分离的两根烟管到分离的两个末端,一个用于获取燃烧所需空气,一个用于排出烟气。这些烟管可能会位于不同的压力区域		
	C₅₁	C₅₂	C₅₃

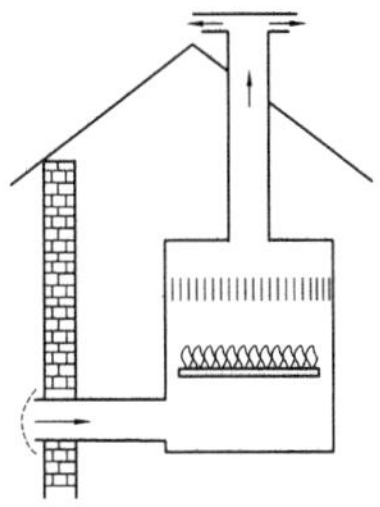

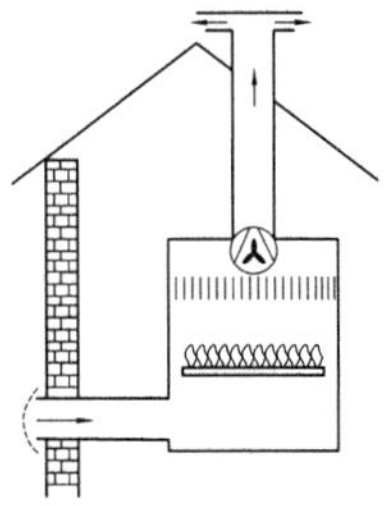

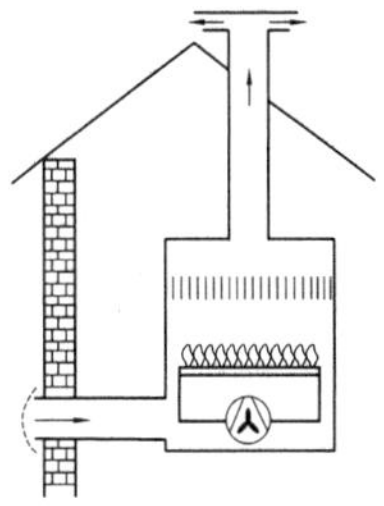

表 2-15　C₇型热水器分类图示

类型	C₇		
说明	一种 C 型热水器,其中燃烧空气供给和烟气排出由两个垂直管道提供。燃烧空气取自阁楼,烟气排在屋顶上。在排烟管里燃烧空气入口小孔的上方有防倒风排气罩		
	C₇₁	C₇₂	C₇₃

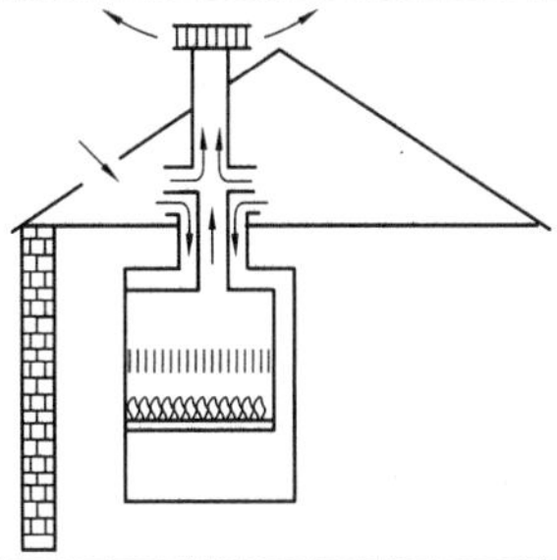

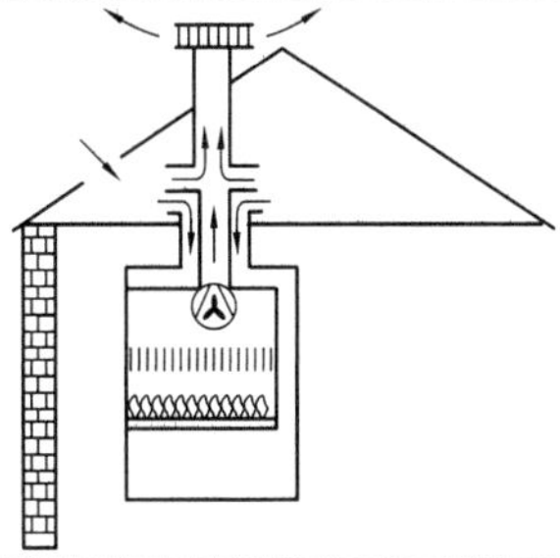

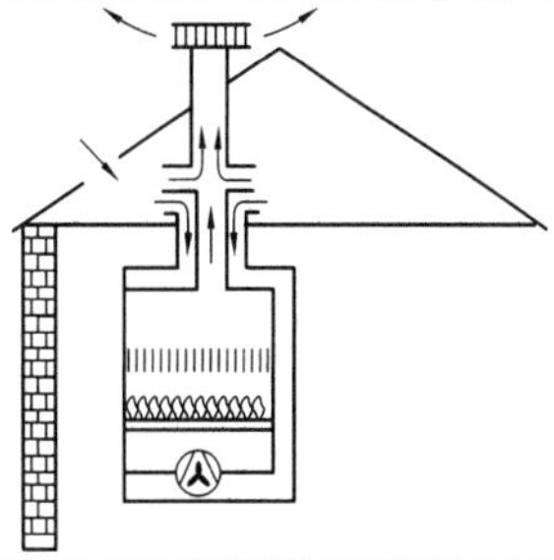

表 2-16　C₈型热水器分类图示

类型	C₈		
说明	连接一根烟管到单个或公共排烟管系统的 C 型热水器。此排烟管系统由单个自然排风管(例如,不采用风机)组成,用于排出烟气。热水器的另一个烟管连接一个末端,用于从室外为热水器提供空气		
	C₈₁	C₈₂	C₈₃

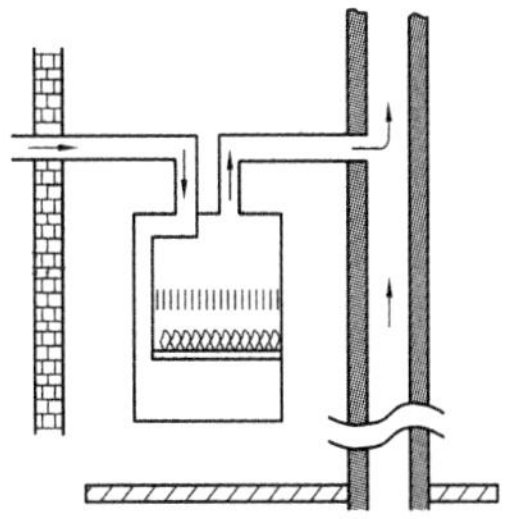

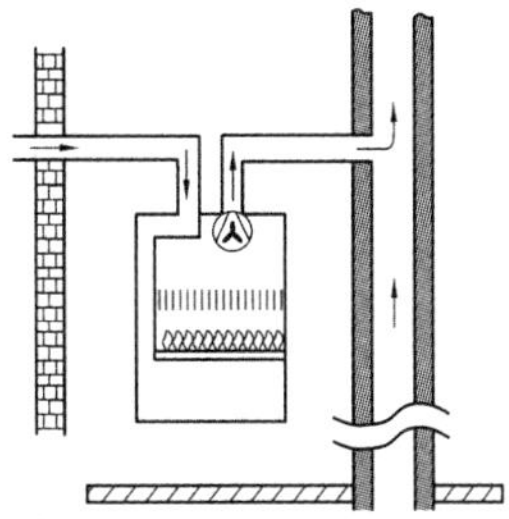

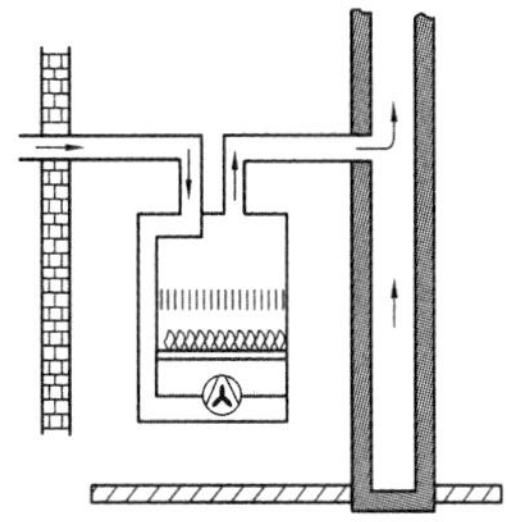

3. 按水压分类

热水器按最大供水压力分类,可分为低水压热水器、常水压热水器和高水压热水器。低压器具的最大工作水压是 2.5 bar(0.25 MPa),常压器具的最大工作水压是 10 bar(1.0 MPa),高压器具的最大工作水压是 13 bar(1.3 MPa)。

2.2.3 中欧标准差异分析

从燃气种类分类看,中国标准的分类方法较简单,欧盟标准的分类方法较复杂,它包含可使用一种燃气、两种燃气和三种燃气的燃气热水器分类,对于第一次接触这种分类方法的相关专业技术人员,可能不太容易理解。

从给排气方式看,中国标准参照日本标准,仅规定了 5 种燃气热水器的给排气方式,分别是室内型自然排气式、室内型强制排气式、室内型自然给排气式、室内型强制给排气式和室外型。欧盟标准则按空气来源的位置和烟气排放的位置将燃气热水器分为了 A、B、C 三类,其中 A 类是不安装烟管把烟气排到室外的,包含中国标准已禁止的直排式;B 类大致相当于自然排气式和强制排气式;C 类相当于自然给排气式和强制给排气式。此外,欧盟标准没有明确规定可以安装在室外的燃气热水器类型,仅有可以安装在有部分防护位置的热水器。除 A、B、C 三类给排气方式外,欧盟标准还通过分类字母下的 2 个阿拉伯数字详细地规定了燃气热水器适用的不同安装排烟管类型和风机安装位置(燃烧室压力)。总的来说,欧盟标准的给排气方式分类较中国标准的复杂,但也更为详细。

欧盟标准对燃气热水器还按水压进行了分类,但中国标准并无此分类。

第3章 试验条件及气源

3.1 实验室条件、安装要求及试验仪器设备

3.1.1 中国标准 GB 6932—2015 的规定

条款号:7.1、7.3。

中国标准《家用燃气快速热水器》(GB 6932—2015)中对于家用燃气快速热水器实验室条件、安装要求及试验仪器设备的规定如下。

1. 实验室条件

实验室应符合以下条件。

① 室温为(20±5)℃;进水温度(20±2)℃,进水压力(0.1±0.04)MPa;大气压力 86～106 kPa。

② 室温的确定:在距热水器 1 m 处将温度计固定在与热水器上端大致等高位置,测量前、左、右三个点,三点平均温度即为室温。测温点不应受到来自热水器的烟气、辐射热等直接影响。

③ 通风换气良好,室内空气中 CO 含量应小于 0.002%,CO_2 含量应小于 0.2%,且不应有影响燃烧的气流(空气流速小于 0.5m/s);

④ 实验室使用的交流电源,电压波动范围在 ±2% 之内;

⑤ 试验用燃气种类按 GB/T 13611 所规定的燃气要求,在试验过程中燃气的华白数变化应不大于 2%,热水器停止运行时的供气压力应不大于运行时压力的 1.25 倍。

⑥ 燃气基准状态:温度 15 ℃、101.3 kPa 条件下的干燥燃气状态,燃气压力波动不大于 ±2%,燃气流量变化不大于 ±1%。

⑦ 按照安装说明书涉及的所有配件,包括排烟管、给排气管标准配置等安装,安装在垂直的木质试验板上、落地式安装在水平的木质试验板上。

⑧ 除非另有声明,试验应在热水器最大热负荷状态下进行。

⑨ 使用 GB/T 13611 规定以外的燃气时,试验用燃气按产品设计提供的燃气进行,压力范围参照 GB/T 13611 的有关规定。

2. 试验系统和检测仪器、仪表及试验设备

试验系统示意图见图 3-1。

单位：mm

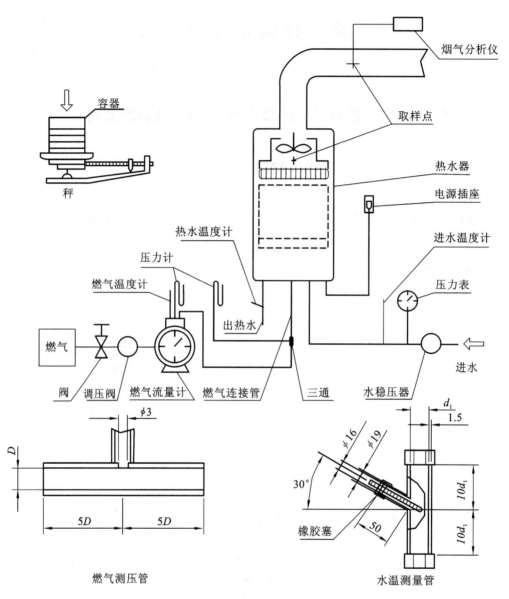

说明：$D = (1 \sim 1.1)d$，D——三通的内径；d——燃气管的内径；d_1——出水管内径。热水器安装为
使用状态。燃气连接管的长度和水温测量管与出热水口连接距离应小于 10 mm，不得有弯折
及影响流通面积的变形。试验过程中燃气测压管的压力变化小于 ±20 Pa。

图 3-1 试验系统示意图

检测用主要仪器仪表见 3-1,试验设备见表 3-2。

表 3-1 检测仪器仪表

项目		仪器仪表名称	规格或范围	精度/最小刻度
温度	环境温度	温度计	0～50 ℃	0.1 ℃
	水温	低热惰性温度计, 如水银温度计或 热敏电阻温度计	0～50 ℃ 50～100 ℃ 100～150 ℃	0.1 ℃
	排烟温度	热电偶温度计	0～300 ℃	2 ℃
	表面温度	热电温度计或 热电偶温度计	0～300 ℃	2 ℃
湿度		湿度计	0～100％RH	1％RH
压力	大气压力	动槽式水银气压计 定槽式水银气压计 盒式气压计	81～107 kPa	0.1 kPa
	燃气压力	U 型压力计或气压表	0～6000 Pa	10 Pa
	燃烧室,给排气管压力	微压计	0～200 Pa	1 Pa
	水压力	压力计	0～0.6 MPa	0.4 级
			0～2.5 MPa	0.5 级
流量	燃气流量	湿式或干式气体流量计	0～3.0 m³/h	0.1 L
			0～6.0 m³/h	0.2 L
			0～23 m³/h	1.0 级
	水流量	电子秤	0～50 kg	20 g
		数字式水流量计	0～1.5 m³/h	1 L/h
	空气流量	干式气体流量计	0～20 m³/h	1.0 级
气密性		气体检漏仪	皂膜流量计或 气密检漏仪	—
烟气分析	CO 含量	红外仪或吸收式气体分析仪或燃烧效率测定仪	0～0.2％	(1)≤±5％的测量/ (1×10⁻⁶) (2)测量值的最大 波动值≤4％ (3)反应时间≤10 s
	CO_2含量	CO_2分析仪	0～25％	±5％的测量值
	O_2含量	热磁仪、红外仪	0～25％	±1％
空气中CO_2		CO_2分析仪	0～25％	0.1％

续表

项目		仪器仪表名称	规格或范围	精度/最小刻度
燃气分析	燃气成分	色谱仪或吸收式气体分析仪	—	—
	燃气相对密度	燃气相对密度仪	—	—
	燃气热值	热量计或色谱仪	—	—
时间	1h 以内	秒表	—	0.1 s
	超过 1h	时钟	—	—
	噪声	声级计	40～120 dB	1 dB
	微压	微压计、动压管	0～200 Pa	1 Pa
	气体流速	风速计	0～15 m/s	0.1 m/s
	质量	衡器	0～200 kg	20 g
	力矩	手动扭力扳手	0～1.5 N·m	0.02 N·m
	力	推拉型指针式测力计	0～100 N	0.1 N
	冷凝水 pH 值	酸度计	0～14	±0.05
电气安全	耐电压强度	耐压试验仪	—	—
	绝缘电阻	绝缘电阻测试仪	—	—
	接地电阻	接地电阻测试仪	—	—
	泄漏电流	泄漏电流测试仪	—	—
电磁兼容	电压暂降和短时中断抗扰度	电压暂降、瞬断和电压变化模拟器	符合 GB/T 17626.11 要求	
	浪涌抗扰度	浪涌/冲击模拟试验仪	符合 GB/T 17626.5 要求	
	电快速瞬变脉冲抗扰度	快速瞬变模拟器	符合 GB/T 17626.4 要求	

以上试验仪器仪表仅为试验的最基本条件,应尽量采用同等性能或更高性能的其他试验仪器仪表。

表 3-2　试验设备

用途 （试验项目）	试验装置名称	种类及规格	
		种类	备注
试验气配制	配气装置	—	—
热负荷测定	燃气耗量测定装置	燃气调压器、流量计、温度计、压力计、测定压力用的三通	—
燃气系统气密性试验	气密性试验装置	气体检漏仪、试验火的燃烧器	—

续表

用途 （试验项目）	试验装置名称	种类及规格	
		种类	备注
耐久性试验	燃气阀门的耐久性试验装置	—	2～20 次/min
	电点火耐久性试验装置	—	2～20 次/min
	燃气稳压器耐久性试验装置	—	在 2～3 s 间隔中通、断
	熄火保护装置耐久性试验装置	—	2 min 的加热，3 min 的冷却
	电磁阀的耐久性试验装置	—	2～30 次/min
结构部件的耐热试验	恒温槽	恒温槽	70～150 ℃
振动试验	振动试验装置	振动试验台	振动频率：10 Hz，全振幅 5 mm 上下、左右
电气安全	耐压试验仪、泄漏电流测试仪、绝缘电阻测试仪、接地电阻测试仪	—	—
电磁兼容	电压暂降、瞬断和电压变化模拟器，浪涌/冲击模拟试验仪，快速瞬变模拟器	—	—
密封结构的漏气量试验	密封结构的漏气量试验装置	送风机、流量计、压力计、温度计	压力 0.1 kPa，流量 20 m^3/h
自然排气式热水器燃烧状态试验	排烟管试验装置	排烟管、送风机、送风管、风速计、露点板	2.5 m/s 及 5 m/s 的上下气流，热球风速仪或叶轮风速仪
强制排气式热水器燃烧状态试验	强制排气式试验装置	调压箱、精密压力计、流量计、温度计、压力计、露点板	—
自然给排气式与强制给排气式热水器有风状态试验	有风状态试验装置	旋转试验台、CO_2分析仪	—
		送风装置	吹出口直径 850 mm 以上，风速 2.5～15 m/s
喷淋状态试验	喷淋状态试验装置	安装台、喷淋器	喷水量为（3±0.5）mm/min
室外型热水器有风状态试验	室外型有风试验装置	旋转试验台、送风装置	—
自然排气式热水器防止不完全燃烧状态试验	有风条件下试验装置，堵塞条件下试验装置	试验箱、风速仪、CO 分析仪、送风机、送风管	—

仪器使用前应按有关规定校正。

3.1.2 欧盟标准 EN 26:2015 的规定

条款号:3.2.1、6.1.6。

欧盟标准《家用燃气快速热水器》(EN 26:2015)中对于家用燃气快速热水器实验室条件、安装要求及试验仪器设备的规定如下。

1. 基准条件(见 **3.2.1**)

除非另有说明,否则基准条件一律为 15 ℃,1 013.25 mbar。

2. 一般试验条件(见 **6.1.6**)

1) 一般要求

除非另有说明,否则热水器应在下列条件下试验。

2) 试验房间

除非另有说明,热水器应安装在通风良好、自由排气的房间(空气流速小于 0.5 m/s),环境温度为(20±5)℃。

热水器应避免太阳的直接辐射。

3) 安装条件

热水器依据生产厂商说明书安装。

A_{AS} 型热水器应装有 5.1.8.2 规定的导流器。

B 型热水器(B_4 型和 B_5 型热水器除外)应可承受 0.5 m 高、壁厚不超过 1 mm 的试验烟管产生的气流。除非另有说明,否则热水器应安装说明书中声明的最小直径试验烟管,必要时还可以使用合适的接头。

B_4 型和 B_5 型热水器安装排烟管和排烟管末端进行试验,但不安装排烟管末端防护。

除非另有说明,否则 B_4 型和 B_5 型热水器应安装说明书声明的最小压力损失的最短排烟管,如果有必要,外部的可伸缩排烟管可按安装说明书密封。

除非另有说明,否则 C_{11} 型热水器应在无风状态下试验,并安装空气供给和排烟管,以及按照安装说明书安装所需的排烟管末端,安装的墙体厚度为 350 mm。如果安装说明书中说明在特定情况下需要安装排烟管末端防护,一般来说仍在不安装排烟管末端防护的状态下进行试验,除非在相关的测试中另有特别说明。

C_{21} 型热水器在无风状态下试验,并按照安装说明书安装连接排烟管总成,但不连接至公共试验排烟管。

对于所有试验,除非特定的条款另有说明,否则热水器、排烟管、排烟管适配器和排烟管末端(如果有的话)应按安装说明书的规定安装、使用和操作。

壁挂式热水器应按照安装说明书信息安装在垂直的测试板上,测试板使用胶合板或具有类似热特性材料制造。胶合板厚度应为(25±1)mm 并涂成哑光黑色。测试板的尺寸应至少比热水器的尺寸大 50 mm。

除非另有说明,否则热水器应连接说明书中声明的具有最小压力损失的最短排烟管。如果有必要,外部可伸缩式烟管可按照说明书密封。无须安装排烟管的末端防护。

C_1、C_3 和 C_5 型热水器安装排烟管和排烟管末端进行试验，C_1 型热水器应安装适用于厚度为 30 cm 墙体的排烟管进行试验。

C_2、C_4 和 C_8 型热水器安装排烟管和排烟管适配器进行试验，但不连接至试验排烟管。

C_6 型热水器安装限流器以模拟说明书中声明的最小压力损失和最大压力损失，试验用的排烟管应与热水器一起提供。

C_7 型热水器安装 1 m 长的垂直次级排烟管进行试验。

烟气取样应在垂直于烟气气流方向的平面上抽取，且取样平面与排烟管末端的距离为 L。

① 对于圆形排烟管，L 按式(3-1)计算：
$$L = D_i \tag{3-1}$$

② 对于矩形排烟管，L 按式(3-2)计算：
$$L = \frac{4S}{C} \tag{3-2}$$

式中：D_i——排烟管内径，单位为 mm；

　　 S——排烟管横截面积，单位为 mm^2；

　　 C——排烟管周长，单位为 mm。

取样探头的位置应取得有代表性的烟气样品。

4）供水

热水器的供水压力控制在所需压力的 ±4% 内。声明的水压是指热水器进口和出口之间的压差，且包括热水器的阀门。

进水温度不应超过 25 ℃，并且当出水温度需要被测量时，进水温度在试验期间的变化不应超过 ±0.5 ℃。

进水温度在进水接口的上游直接测量，除非另有说明，否则出水温度在出水接口的下游直接测量，或如果热水器在装有喷口式水龙头的情况下，可通过浸没式的温度测量装置测量。例如，在与热水器喷口装置的最小长度相同的管道的出口安装 U 形管。

热水温度应由低惰性温度计测量。

低惰性温度计是指当测量装置的传感器插入平静的水中时，在 15～100 ℃ 的范围内，对于最终温升的 90%，其反应时间应在 5 s 以内。

5）测量的不确定度

除非在特殊段落另有说明，否则测量不确定度不应超出以下声明。

不确定度对应两个标准偏差。

实验室评估这些标准偏差应考虑各种不确定度来源，如设备、重复性、校准、环境条件等。

① 大气压：±5 mbar。

② 燃烧室和试验排烟管压力：±5% 或 0.05 mbar。

③ 燃气压力：±2%。

④ 水压损失：±5%。

⑤ 水流量：±1%。

⑥ 燃气流量:±1%。

⑦ 时间:1 h 内为±0.2 s,超过 1 h 为±0.1%。

⑧ 辅助电气能量:±2%。

⑨ 温度。

a. 环境:±1 ℃;

b. 水:±2 ℃;

c. 燃烧产物:±5 ℃;

d. 燃气:±0.5 ℃;

e. 表面:±5 ℃。

⑩ CO、CO_2 和 O_2:±6%。

⑪ 燃气热值:±1%。

⑫ 燃气密度:±0.5%。

⑬ 质量:±0.05%。

⑭ 扭矩:±10%。

⑮ 作用力:±10%。

对于密封性试验中泄漏量的确定,可以使用体积法直接读出泄漏率,但其偏差不应超过 0.01 dm^3/h。试验装置可按图 3-2 所示,或使用其他可以给出等效结果的装置。

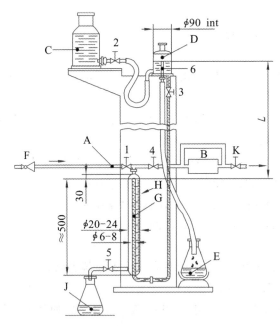

A—进口;B—待试验样品;C—水容器;D—恒水位容器;E—从恒水位容器溢流出的水;F—调压器;
G—管子;H—滴定管;J—从滴定管收集溢流出的水;K—调节阀;1~5—手动调节阀;6—ϕ10~12 的管

图 3-2 燃气管路密封性试验装置

声明的测量不确定度对应单个测量,对于由多个测量组成的试验(例如,效率试验),单个测量可能需要更小的测量不确定度,以保证满足总不确定度的要求。

CO 的测量应使用可以测量体积含量在 $5 \times 10^{-5} \sim 100 \times 10^{-5}$ 的试验设备。在使用范围内，其方法应可选择至测量体积含量在 5×10^{-5} 内且精度达到体积含量 $\pm 2 \times 10^{-5}$。

CO_2 的测量应使用保证测量不确定度在试验值的 5% 以内的方法。

6）热水器的调节

（1）燃气流量的预调节

应为热水器使用的每种基准气安装合适的连接部件，使其可以工作在正常的试验压力下。

如果调压器或燃气流量预设调节装置不适用于试验燃气，应使其不起作用。

如果有必要，应按照安装说明书调节热水器。

除非测试有不同的试验条件，否则热水器应按照 6.1.5 规定的正常压力使用基准燃气，且工作在最大负荷状态。

在按照正常压力使用基准燃气在额定热负荷状态试验前，应进行必要的调节，以保证按照 6.3.1.1 中计算获得的实测热负荷与额定热负荷的偏差在 $\pm 2\%$ 以内。调节方式可以是改变预设燃气流量调节装置的设置，或者满足下列条件。

① 如果热水器有调压器但没有预设燃气流量调节装置，可以使调压器不起作用并调节燃气供气压力。

② 如果热水器既没有调压器也没有预设燃气流量调节装置，或这些装置在使用试验燃气时不起作用，可以调节燃气供气压力。

使用界限气的试验应使用相应的喷嘴并按界限气所属标准气燃气组进行调节。

燃气试验压力应维持在 ± 0.2 mbar 内。

对于在最小燃气压力和最大燃气压力下的所有试验，使用（EN 437）规定的压力无须按照以上要求修正。

（2）水流量和水温

除非另有规定，否则热水器应按以下条件调节。

热水器的供水压力为 2 bar。

在额定热负荷下，应满足以下条件。

① 正常水温：尽可能调节水流量，使进水温度低于 25 ℃ 时，额定热负荷下的水温升为 (40 ± 1) K。

② 最大水温：可能的话，调节水流量和任何水温调节装置，使热水器在额定热负荷状态下可获得最大水温。

在最小热负荷下，应满足以下条件。

① 热水器根据额定热负荷下正常水温的条件对最小热负荷下正常水温进行初调或是根据额定热负荷下最大水温条件对最小热负荷下最大水温进行初调。

② 对于输出可调的热水器，手动燃气流量调节装置设置在最小开度位置处。

③ 对于输出自动变化的热水器，减小水流量直到得到最小热负荷。

7）试验条件

除非另有说明，否则测试应在温度状态下进行。

8）供电

除非另有说明，否则热水器按额定电压供电。

3.1.3 中欧标准差异分析

中国标准和欧盟标准对燃气热水器的实验室条件、安装规定及试验仪器设备的要求大致相同,但欧盟标准规定燃气热水器试验时的供水压力为 2 bar(0.2 MPa),而中国标准规定燃气热水器试验时的进水压力为(0.1±0.04)MPa,欧盟标准的要求较中国标准的高,这可能是由于欧盟和中国供水管路压力差异导致的。另外,中国标准规定试验时的进水温度为(20±2)℃,而欧盟标准规定的进水温度不应超过 25 ℃,中国标准的要求较欧盟标准的高。

3.2 试验用燃气

3.2.1 中国标准 GB 6932—2015 和 GB/T 13611—2018 的规定

中国城镇燃气分为人工煤气、天然气、液化石油气、液化石油气混空气、二甲醚(二甲醚应仅用作单一气源,不应掺混使用)和沼气。燃气类别和试验气测试压力见表 3-3,试验用燃气及燃气压力代号见表 3-4,燃气类别及其特性见表 3-5。

表 3-3　中国燃气类别和试验气测试压力

序号	类别		额定压力/Pa	最小压力/Pa	最大压力/Pa
1	人工煤气 R	3R	1 000	500	1 500
		4R	1 000	500	1 500
		5R	1 000	500	1 500
		6R	1 000	500	1 500
		7R	1 000	500	1 500
2	天然气 T	3T	1 000	500	1 500
		4T	1 000	500	1 500
		10T	2 000	1 000	3 000
		12T	2 000	1 000	3 000
3	液化石油气 Y	19Y	2 800	2 000	3 300
		22Y	2 800	2 000	3 300
		20Y	2 800	2 000	3 300
4	液化石油气混空气 YK	12YK	2 000	1 000	3 000
5	二甲醚 E	12E	2 000	1 000	3 000
6	沼气 Z	6Z	1 600	800	2 400

表 3-4　试验用燃气及燃气压力代号

燃气种类代号	试验用燃气	燃气压力代号	试验燃气压力
0	基准气		
1	黄焰界限气	1	最高压力
2	回火界限气	2	额定压力
3	离焰界限气	3	最低压力

表 3-5　中国燃气类别及其特性($15\ ℃$，$101.325\ kPa$，干燥状态)

燃气类别	试验气	体积分数/(%)	相对密度 d	低热值 H_i/ (MJ/m^3)	高热值 H_s/ (MJ/m^3)	低热值华白数 W_i/ (MJ/m^3)	高热值华白数 W_s/ (MJ/m^3)	理论干烟气中CO_2体积分数/(%)
人工煤气								
3R	0	$CH_4=9,H_2=51,N_2=40$	0.472	8.27	9.57	12.04	13.92	4.23
	1	$CH_4=13,H_2=46,N_2=41$	0.500	9.12	10.48	12.89	14.81	5.45
	2	$CH_4=7,H_2=55,N_2=38$	0.445	8.00	9.30	12.00	13.94	3.48
	3	$CH_4=16,H_2=32,N_2=52$	0.614	8.71	9.92	11.12	12.65	6.44
4R	0	$CH_4=8,H_2=63,N_2=29$	0.369	9.16	10.64	15.08	17.53	3.71
	1	$CH_4=13,H_2=58,N_2=29$	0.393	10.35	11.93	16.51	19.03	5.22
	2	$CH_4=6,H_2=67,N_2=27$	0.341	8.89	10.37	15.22	17.76	2.94
	3	$CH_4=18,H_2=41,N_2=41$	0.525	10.31	11.76	14.23	16.23	6.63
5R	0	$CH_4=19,H_2=54,N_2=27$	0.404	11.98	13.71	18.85	21.57	6.54
	1	$CH_4=25,H_2=48,N_2=27$	0.433	13.41	15.25	20.37	23.17	7.57
	2	$CH_4=18,H_2=55,N_2=27$	0.399	11.74	13.45	18.58	21.29	6.34
	3	$CH_4=29,H_2=32,N_2=39$	0.560	13.13	14.83	17.55	19.81	8.37
6R	0	$CH_4=22,H_2=58,N_2=20$	0.356	13.41	15.33	22.48	25.70	6.95
	1	$CH_4=29,H_2=52,N_2=19$	0.381	15.18	17.25	24.60	27.95	7.97
	2	$CH_4=22,H_2=59,N_2=19$	0.347	13.51	15.45	22.94	26.23	6.93
	3	$CH_4=34,H_2=35,N_2=31$	0.513	15.14	17.08	21.14	23.85	8.79
7R	0	$CH_4=27,H_2=60,N_2=13$	0.317	15.31	17.46	27.19	31.00	7.58
	1	$CH_4=34,H_2=54,N_2=12$	0.342	17.08	19.38	29.20	33.12	8.43
	2	$CH_4=25,H_2=63,N_2=12$	0.299	14.94	17.07	27.34	31.23	7.28
	3	$CH_4=40,H_2=37,N_2=23$	0.470	17.39	19.59	25.36	28.57	9.23

续表

燃气类别	试验气		体积分数/(%)	相对密度 d	低热值 H_i/ (MJ/m³)	高热值 H_s/ (MJ/m³)	低热值华白数 W_i/ (MJ/m³)	高热值华白数 W_s/ (MJ/m³)	理论干烟气中 CO_2 体积分数 /(%)
天然气	3T	0	$CH_4=32.5, air=67.5$	0.853	11.06	12.28	11.97	13.30	13.19
		1	$CH_4=35, air=65$	0.842	11.91	13.22	12.98	14.41	13.19
		2	$CH_4=16, H_2=34, N_2=50$	0.596	8.92	10.16	11.55	13.16	15.65
		3	$CH_4=30.5, air=69.5$	0.862	10.37	11.52	11.18	12.42	11.73
	4T	0	$CH_4=41, air=59$	0.815	13.95	15.49	15.45	17.16	11.73
		1	$CH_4=44, air=56$	0.802	14.97	16.62	16.71	18.56	11.73
		2	$CH_4=22, H_2=36, N_2=42$	0.553	11.16	12.67	15.01	17.03	7.40
		3	$CH_4=38, air=62$	0.828	12.93	14.36	14.20	15.77	11.73
	10T	0	$CH_4=86, N_2=14$	0.613	29.25	32.49	37.38	41.52	11.51
		1	$CH_4=80, C_3H_8=7, N_2=13$	0.678	33.37	36.92	40.53	44.84	11.92
		2	$CH_4=70, H_2=19, N_2=11$	0.508	25.75	28.75	36.13	40.33	10.88
		3	$CH_4=82, N_2=18$	0.629	27.89	30.98	35.17	39.06	11.44
	12T	0	$CH_4=100$	0.555	34.02	37.78	45.67	50.72	11.73
		1	$CH_4=87, C_3H_8=13$	0.684	41.03	45.30	49.61	54.77	12.29
		2	$CH_4=77, H_2=23$	0.443	28.54	31.87	42.87	47.88	11.01
		3	$CH_4=92.5, N_2=7.5$	0.586	31.46	34.95	41.11	45.66	11.62
液化石油气	19Y	0	$C_3H_8=100$	1.550	88.00	95.65	70.69	76.84	13.76
		1	$C_4H_{10}=100$	2.076	116.09	125.81	80.58	87.33	14.06
		2	$C_3H_6=100$	1.476	82.78	88.52	68.14	72.86	15.05
		3	$C_3H_8=100$	1.550	88.00	95.65	70.69	76.84	13.76
	22Y	0	$C_4H_{10}=100$	2.076	116.09	125.81	80.58	87.33	14.06
		1	$C_4H_{10}=100$	2.076	116.09	125.81	80.58	87.33	14.06
		2	$C_3H_6=100$	1.476	82.78	88.52	68.14	72.86	15.05
		3	$C_3H_8=100$	1.550	88.00	95.65	70.69	76.84	13.76
	20Y	0	$C_3H_8=75, C_4H_{10}=25$	1.682	95.02	103.19	73.28	79.59	13.85
		1	$C_4H_{10}=100$	2.076	116.09	125.81	80.58	87.33	14.06
		2	$C_3H_6=100$	1.476	82.78	88.52	68.14	72.86	15.05
		3	$C_3H_8=100$	1.550	88.00	95.65	70.69	76.84	13.76

续表

燃气类别	试验气		体积分数/(%)	相对密度 d	低热值 H_i/ (MJ/m³)	高热值 H_s/ (MJ/m³)	低热值华白数 W_i/ (MJ/m³)	高热值华白数 W_s/ (MJ/m³)	理论干烟气中 CO_2 体积分数 /(%)
液混气	12YK	0	LPG=58,air=42	1.393	55.11	59.85	46.69	50.70	13.85
		1	LPG=58,air=42	1.622	67.33	72.97	52.87	57.29	14.06
		2	LPG=48,air=42,H_2=10	1.232	46.63	50.74	42.01	45.71	13.62
		3	C_3H_8=55,air=40,N_2=5	1.299	48.40	52.61	42.46	46.16	13.70
二甲醚	12E	0	CH_3OCH_3=100	1.592	55.46	59.87	43.96	47.45	15.05
		1	CH_3OCH_3=87,C_3H_8=13	1.587	59.69	64.52	47.39	51.23	14.80
		2	CH_3OCH_3=77,H_2=23	1.242	45.05	48.88	40.43	43.86	14.44
		3	CH_3OCH_3=92.5,N_2=7.5	1.545	51.30	55.38	41.27	44.55	14.96
沼气	6Z	0	CH_4=53,N_2=47	0.749	18.03	20.02	20.84	23.14	10.63
		1	CH_4=57,N_2=43	0.732	19.39	21.54	22.66	25.17	10.78
		2	CH_4=41,H_2=21,N_2=38	0.610	16.09	18.03	20.61	23.09	9.60
		3	CH_4=50,N_2=50	0.761	17.01	18.89	19.50	21.66	10.50

注1:空气(air)的体积分数:f_{O2}=21%,f_{N2}=79%。

注2:12YK-0,2 中所用 LPG 为 20Y-0 气组分。

3.2.2 欧盟标准 EN 26:2015、EN 437:2003＋A1:2009 的规定

1. 燃气种类

欧盟使用的燃气分为第一族燃气(first family gas)、第二族燃气(second family gas)和第三族燃气(third family gas),每一族燃气下还分不同的燃气组(group)。燃气族对应于中国的燃气类别,第一族、第二族和第三族燃气相当于中国的人工煤气、天然气和液化石油气;燃气组相当于中国的燃气类别,如 7R、12T、20Y 等;燃气代号则对应于中国标准中的试验气代号,如－0、－1、－2、－3 等。欧盟燃气的分类和试验用燃气热值、燃气代号等见表3-6。

表 3-6 欧盟试验用燃气(15 ℃,1013.25 mbar,干燥状态)

燃气族	燃气组	试验燃气	燃气代号	体积分数/ (%)	相对密度 d	低热值 H_i/ (MJ/m³)	高热值 H_s/ (MJ/m³)	低热值华白数 W_i/ (MJ/m³)	高热值华白数 W_s/ (MJ/m³)
第一族	a组	基准气,不完全燃烧、离焰及积碳界限气	G110	CH_4=26,H_2=50,N_2=24	0.411	13.95	15.87	21.76	24.75
		回火界限气	G112	CH_4=17,H_2=59,N_2=24	0.367	11.81	13.56	19.48	22.36

续表

燃气族	燃气组	试验燃气	燃气代号	体积分数/（％）	相对密度 d	低热值 H_i/（MJ/m³）	高热值 H_s/（MJ/m³）	低热值华白数 W_i/（MJ/m³）	高热值华白数 W_s/（MJ/m³）
第二族	H组	基准气	G20	$CH_4=100$	0.555	34.02	37.78	45.67	50.72
		不完全燃烧及积碳界限气	G21	$CH_4=87$, $C_3H_8=13$	0.684	41.01	45.28	49.60	54.76
		回火界限气	G222	$CH_4=77$, $H_2=23$	0.443	28.53	31.86	42.87	47.87
		离焰界限气	G23	$CH_4=92.5$, $N_2=7.5$	0.586	31.46	34.95	41.11	45.66
		过热界限气	G24	$CH_4=68$, $C_3H_8=12$, $H_2=20$	0.577	35.70	39.55	47.01	52.09
	L组	基准气和回火界限气	G25	$CH_4=86$, $N_2=14$	0.612	29.25	32.49	37.38	41.52
		不完全燃烧及积碳界限气	G26	$CH_4=80$, $C_3H_8=7$, $N_2=13$	0.678	33.36	36.91	40.52	44.83
		离焰界限气	G27	$CH_4=82$, $N_2=18$	0.629	27.89	30.98	35.17	39.06
	E组	基准气	G20	$CH_4=100$	0.555	34.02	37.78	45.67	50.72
		不完全燃烧及积碳界限气	G21	$CH_4=87$, $C_3H_8=13$	0.684	41.01	45.28	49.60	54.76
		回火界限气	G222	$CH_4=77$, $H_2=23$	0.443	28.53	31.86	42.87	47.87
		离焰界限气	G231	$CH_4=85$, $N_2=15$	0.617	28.91	32.11	36.82	40.90
		过热界限气	G24	$CH_4=68$, $C_3H_8=12$, $H_2=20$	0.577	35.70	39.55	47.01	52.09
第三族	B/P组、B组	基准气, 不完全燃烧及积碳界限气	G30	$n-C_4H_{10}=50$, $i-C_4H_{10}=50$	2.075	116.09	125.81	80.58	87.33
		离焰界限气	G31	$C_3H_8=100$	1.550	88.00	95.65	70.69	76.84
		回火界限气	G32	$C_3H_6=100$	1.476	82.78	88.52	68.14	72.86
	P组	基准气, 不完全燃烧、离焰及积碳界限气	G31	$C_3H_8=100$	1.550	88.00	95.65	70.69	76.84
		回火及积碳界限气	G32	$C_3H_6=100$	1.476	82.78	88.52	68.14	72.86

2. 燃气压力

欧盟由多个国家组成,每个国家的供气条件都不一样,为满足不同国家的需求,市场上销售的燃气具,有的仅可以使用一种燃气压力,有的可以使用两种燃气压力。燃气和燃气压力的对应关系见表 3-7 和表 3-8。

表 3-7　无双重压力的燃气压力　　　　　　　　　　　　　（单位:mbar）

燃气具目录代号	试验燃气	额定压力 P_n	最低压力 P_{min}	最高压力 P_{max}
第一族燃气 1a	G110、G112	8	6	15
第二族燃气 2H	G20、G21、G222、G23	20	17	25
第二族燃气 2L	G25、G26、G27	25	20	30
第二族燃气 2E	G20、G21、G222、G231	20	17	25
第二族燃气 2N	G20、G21、G222、G231、G25、G26、G27	20	17	30
	G25、G26、G27	25	20	30
第三族燃气 3B/P	G30、G31、G32	29	25	35
	G30、G31、G32	50	42.5	57.5
第三族燃气 3P	G31、G32	30	25	35
第三族燃气 3P	G31、G32	37	25	45
	G31、G32	50	42.5	57.5
第三族燃气 3B	G30、G31、G32	29	20	35

表 3-8　有双重压力的燃气压力　　　　　　　　　　　　　（单位:mbar）

燃气具目录代号	试验燃气	额定压力 P_n	最低压力 P_{min}	最高压力 P_{max}
第二族燃气:2E+	G20、G21、G222	20	17	25
	G231	25	17	30
第三族燃气:3+ (28-30⇆37 双压力)	G30	29	20	35
	G31、G32	37	25	45
第三族燃气:3+ (50⇆67 双压力)	G30	50	42.5	57.5
	G31、G32	67	50	80
第三族燃气:3+ (112⇆148 双压力)	G30	112	60	140
	G31、G32	148	100	180

3. 欧盟国家代码

适用欧盟燃气标准的国家,按照 EN ISO 3166-1:2006,其国家名称代码见表 3-9。

表 3-9　欧盟国家代码

AT	奥地利	IE	爱尔兰
BE	比利时	IS	冰岛
BG	保加利亚	IT	意大利
CH	瑞士	LT	立陶宛
CY	塞浦路斯	LU	卢森堡
CZ	捷克	LV	拉脱维亚
DE	德国	MT	马耳他
DK	丹麦	NL	荷兰
EE	爱沙尼亚	NO	挪威
ES	西班牙	PL	波兰
FI	芬兰	PT	葡萄牙
FR	法国	RO	罗马尼亚
GB	英国	SE	瑞典
GR	希腊	SI	斯洛文尼亚
HU	匈牙利	SK	斯洛伐克

3.3.3　中欧标准差异分析

　　中国与欧盟的试验燃气及试验压力体系差异较大,某些燃气,如中国的人工煤气 3R、4R、5R、6R、7R,在欧盟是没有的,欧盟的人工煤气是 1a;中国的天然气有 3T、4T、10T,而欧盟的天然气有 2L、2E,两者在组分、额定压力或界限气组分方面都是有差异的;另外,中国标准中还有二甲醚和沼气这两类燃气,欧盟也是没有的。燃气类型的差异是由两地不同的供气条件和管网体系差别决定的,但某些燃气类型,如中国的 12T 天然气与欧盟的 2H 天然气,无论是组分还是额定压力,几乎都一致,使用该类型燃气的热水器,有可能既适用于中国市场,也适用于欧盟市场。

　　另外,中国标准规定的燃气热水器仅能使用一种燃气和适用一种燃气压力,但欧盟标准规定的燃气热水器可以使用两种或三种不同的燃气和压力,这也是中国标准和欧盟标准在试验燃气和试验压力方面的一个重要差别。

第4章 材料和结构

4.1 材料要求

4.1.1 中国标准GB 6932—2015的规定

条款号:5.1。

中国标准《家用燃气快速热水器》(GB 6932—2015)中对材料的要求如下。

1. 材料的通用要求

① 热水器在正常使用寿命期间内,其材料应能够承受可预期的机械、化学和热的影响。

② 与燃气和燃烧产物接触的材料,应耐腐蚀或经过耐腐蚀处理。

③ 燃烧室的外壳应采用金属材料制造。

④ 涉及热水器安全的材料变更,其特性应由制造商予以保证。

⑤ 与酸性冷凝液接触的材料应耐腐蚀或用耐腐蚀的涂层防护。

⑥ 禁止使用含石棉的材料。

2. 与水接触的材料

① 与水接触的金属材料,在使用寿命内,材料应保证不受腐蚀影响,应能承受机械、化学和热的影响,并且不应污染水质。

② 与水接触的塑料材料,在使用寿命内,材料应满足机械、理化性能要求,耐紫外线、老化、腐蚀的影响,不应污染水质。

③ 其他与水所接触非金属和辅助材料,橡胶、密封剂、黏合剂和运动部件使用的润滑油等,不应污染水质。

3. 燃气管路材料

① 管路系统的零部件应采用耐腐蚀、熔点大于350 ℃的金属材料或非燃性材料(密封、润滑材料除外)。

② 以铜或铜制内表面处理的软制管和以碳钢制成的管用于燃气输送时,管内表面应进行防腐涂层处理,以防止燃气中硫化物的腐蚀。

③ 所采用的密封材料如油脂、密封垫等除符合密封性能规定外,还应耐燃气的腐蚀。

4. 燃烧器材料

① 燃烧器应采用耐腐蚀、熔点大于700 ℃的金属材料或非燃性材料,不得有影响使用的缺陷。

② 燃烧器火焰口部分应采用不锈钢或防腐及耐温同等级别以上的材料。

③ 喷嘴、喷嘴托架、调风板应采用熔点大于500 ℃的金属材料或非燃性材料,并具有耐

腐蚀性能。

④ 点火燃烧器供气管应采用内径不小于 2 mm、熔点大于 500 ℃的金属材料。

5. 热交换器材料

供热水热水器与燃烧室相连的热交换器,应采用耐腐蚀、熔点大于 700 ℃的金属材料。

6. 通过烟气的部件材料

① 自然排气式热水器的排烟管应采用耐腐蚀的金属材料或表面进行过耐腐蚀处理的金属材料,其耐腐蚀性能应满足在室外长期使用的抗紫外线和抗锈蚀能力,金属材料的厚度应满足必要的抗风能力(在排烟管侧施加 1.5 kN/m² 的横向载荷)。不得使用铝制波纹管作为自然排气式热水器排烟管。

② 强制排气式、自然给排气式、强制给排气式热水器所配备的排烟管或给排气管应采用厚度不小于 0.3 mm(公称尺寸)并符合 GB/T 3280 中的奥氏体型钢的不锈钢材料,或厚度不小于 0.8 mm(公称尺寸)的碳钢板双面搪瓷处理,或与之同等级别以上耐腐蚀、耐温及耐燃性的其他材料。其密封件、垫也应采用耐腐蚀的柔性材料。

7. 外壳材料

应采用耐腐蚀或表面进行过耐腐蚀处理的材料,其密封件、垫应采用耐腐蚀的柔性材料。室外型热水器的外壳同时还应符合耐紫外线要求。

4.1.2 欧盟标准 EN 26:2015 的规定

条款号:5.1.3、8.3、8.4。

欧盟标准《家用燃气快速热水器》(EN 26:2015)中对材料的要求如下。

1. 材料(见 **5.1.3**)

1) 一般要求

连接排烟管及末端的热水器按照安装说明书安装,其结构所用材料的质量和厚度应符合以下要求:在正常使用、维护和调节条件下,在合理寿命期限内材料应能承受机械、化学和热条件对其的影响。

钣金件如果不是使用耐腐蚀材料制造,应使用搪瓷工艺或另外涂一层可有效耐腐蚀的涂层。

接触燃气的锌合金,仅能使用符合 ISO 301 要求的 $ZnAl_4$(锌合金),且该部件在标准 6.5 的试验条件下不能暴露在 80 ℃以上。按照 ISO 228-1,只有进口和出口连接部分的外螺纹才可由锌合金制造。

将燃气燃烧室和大气分开的炉体部分应该由金属材料制造。

禁止使用石棉类材料。

另外,接触水的部件应该用优质材料制成,以免对水造成污染。

对于连接至 C、B_2、B_3 和 B_5 型热水器的分离式烟管,标准中 5.1.8.4 给出的要求,按照 EN 1443,也应适用。

对于要安装在局部受保护位置的器具,其结构中用到的所有材料,包括密封圈、密封垫和密封带(如果有的话),在其可以预期到的环境条件下,应能正常工作。

安装说明书应明确器具按设计可工作的最高环境温度和最低环境温度。

2）金属材料

（1）耐腐蚀

如果热水器按说明书使用，则：

① 使用耐腐蚀材料制造的部件，在热水器预期的使用寿命内，其功能不应受到腐蚀的影响。

② 无须特别的维护就可使该部件处于良好的工作状态。

（2）要求

接触生活用水的材料，在热水器的使用寿命内，应能承受机械的、化学的和热应力的影响，且不会对供水造成污染。

金属材料应耐腐蚀。金属材料如果有以下防腐措施，可以认为满足要求：

① 材料使用搪瓷工艺（一层或多层）且具有腐蚀阴极保护功能；

② 使用铬含量至少为 16％ 的不锈钢；

③ 经评估符合国家强制性法规的规定。

金属材料（钢、铜和铜合金）的选择见表 4-1 和 4-2。

表 4-1　特别型号的钢材

材料号	缩写
1.4571	X6CrNiMoTi 17 12 2
1.4435	X2CrNiMo 18 14 3
1.4539	X2NiCrMoCu 25 20 5
1.4462	X2CrNiMoN 22 5

表 4-2　铜和铜合金

材料	材料号	缩写
铜	2.0090	SF-Cu
铜镍合金	2.0872	CuNi10Fe1Mn
铜锌合金	2.0402	CuZn40Pb2
	2.0340.02	GK-CuZn37Pb
	2.0340.05	GD-CuZn37Pb
	2.0290.01	G-CuZn33Pb
铜锡锌合金	2.1096.01	G-CuSn5ZnPb
铜锡合金	2.1020	CuSn6

3）非金属材料

（1）塑料材料

由于饮用水行业使用的部件中有多种类型的塑料材料，因此要考虑不同材料的特性，例如,纵向膨胀、连接和固定技术、温度的影响、光的影响(抗 UV)、使用寿命、内部压力、内部和外部腐蚀(例如使用清洁用品),以及运输和储存的条件。

(2) 塑料材料的要求

生产热水器及其部件,对于接触生活用水的部分,仅能使用在其使用寿命内可满足机械、化学、热学、生物和卫生要求的塑料材料。这意味着使用的材料应适合直接接触食物且不会对健康造成威胁。需特别注意塑料材料的微生物学特性并防止有害物质渗出。

选用塑料材料的示例见表 4-3。

表 4-3　选用塑料材料的示例

材料	缩写	应用领域
硬聚氯乙烯	PVC-U	冷水系统
高密度聚乙烯	PE-HD	
中密度聚乙烯	PE-MD	
交联聚乙烯、	PE-X	冷水和热水系统
聚丁烯	PB	
丙烯共聚物(聚丙烯)	PP-H、PP-R	
氯化聚氯乙烯	PVC-C	
复合管道(塑料—金属—塑料)	各类型	冷水和热水系统
聚酰胺	PA、PPA	冷水和热水系统

(3) 其他工作和辅助材料

这些材料包括橡胶、密封剂、黏合剂,以及接触生活用水的移动部件上的润滑剂。只有在其使用寿命内可满足机械、化学、热学、生物和卫生要求的材料可以用于与水接触的部分。

(4) 排烟管的耐腐蚀性

排烟管的耐腐蚀性应满足以下要求之一:

① 表 4-4 的要求;

② EN 1856-1:2009 中附录 A 的耐腐蚀试验方法。

材料的实际厚度应总大于额定最小厚度的 90%。

表 4-4　金属排烟管的材料规定

材料	符号	额定最小厚度(非冷凝)[b]/mm	额定最小厚度(冷凝)[b]/mm
EN 573-1 铝代号	—	—	—
EN AW-4047A	EN AW Al Si 12(A),且 Cu<0.1%,Zn<0.15%(铸铝)	0.5	1.5
EN AW-1200A	EN AW-AL 99.0(A)	0.5	1.5

续表

材料	符号	额定最小厚度（非冷凝）[b]/mm	额定最小厚度（冷凝）[b]/mm
EN AW-6060	EN AW-Al MgSi	0.5	1.5
EN 10088-1 钢代号	EN 10088-1 钢名称	—	—
1.4401	X5CrNiMo 17-12-2	0.4	0.4
1.4404[a]	X2CrNiMo17-12-2	0.4	0.4
1.4432	X2CrNiMo 17-12-3	0.4	0.4
1.4539	X1NiCrMoCu 25-20-5	0.4	0.4
1.4401	X5CrNiMo 17-12-2	0.11[c]	0.11[c]
1.4404[a]	X2CrNiMo 17-12-2	0.11[c]	0.11[c]
1.4432	X2CrNiMo 17-12-3	0.11[c]	0.11[c]
1.4539	X1NiCrMoCu 25-20-5	0.11[c]	0.11[c]

注：a) 等效的材料 1.4404＝1.4571（符号 X6CrNiMoTi 17-12-2）。

　　b) 如果在正常使用条件下燃烧产物在管路中产生冷凝水，应使用冷凝塔（根据 3.1.4）。

　　c) 柔性衬垫（当安装在已有排烟管时）。

2. 热水器的排烟管、末端和安装配件对塑料材料的要求（见 8.3）

1）热阻

热阻要求：如果热阻未宣称为零，则安装说明书中声称的烟囱部件的热阻值，应按照 EN 13216-1 的燃烧温度过热试验来验证。

2）材料

（1）表征

① 要求。

材料应通过热学、机械和物理化学特性鉴定。

表征应包括密度和至少 5 个以上的特性。EN 14471:2013＋A2:2015 附录 A 中三组方法中的每一组至少应具有一种特性。

表征方法的选择应确保表征包括材料的相关特性。EN 14471:2013＋A2:2015 附录 B 中给出了示例。

② 试验方法。

密度应根据 EN ISO 1183 确定。

在进行表征之前，应在相对湿度为 50%、温度为 23 ℃的空气中对试样进行至少 24 h 的处理。

（2）长期耐热应力

① 要求。

材料应能够在本条款的试验条件下承受所述的额定工作温度。

拉伸模量和屈服应力应在所有情况下测量。

对于热固性塑料,还应测定弯曲模量和弯曲强度。

对于挠性管,还应确定环刚度。

其他相关特性,如密度或冲击强度等,如果它们与评估材料劣化相关,则应在暴露前后进行额外测量。

应按照附录J中的方法确定特性。

特性的改变不得超过表4-5中的规定。

如果不满足这些值,则允许在额定工作温度下在空气中暴露24 h以释放过程压力(效应),从而获得新的参考值。

这些影响已包含在8.2.5烟囱机械稳定性的要求中。

表4-5 长期耐热应力试验的标准

特性	最大允许变化
冲击强度	≤50%
拉伸模量	≤50%
屈服应力	≤50%
密度	≤2%
弯曲模量	≤50%
弯曲强度	≤50%
环刚度	≤50%

② 试验条件。

为了确定热应力的长期耐受性,将试样暴露在强制空气循环的热空气烘箱中,满足以下条件:

a. 排气速率为10 min内至少一个烘室容积;

b. 温度在烘箱体积内变化不超过1.5 K,随时间变化不超过1 K。

与试样接触的金属零件应覆盖碳氟化合物薄膜或不影响待测材料氧化稳定性的其他材料。试样的暴露时间取决于表4-6中给出的试验温度。

表4-6 高温暴露时间

试验温度/℃	暴露时间/周					
	额定燃烧产物温度/℃					
	80	100	120	140	160	200
80	21.9	—	—	—	—	—
85	13.0	—	—	—	—	—
88	10.0	—	—	—	—	—
100	—	17.2	—	—	—	—

续表

试验温度/℃	暴露时间/周					
	额定燃烧产物温度/℃					
	80	100	120	140	160	200
10	—	10.8	—	—	—	—
106	—	10.0	—	—	—	—
120	—	—	14.4	—	—	—
124	—	—	10.0	—	—	—
140	—	—	—	12.6	—	—
143	—	—	—	10.0	—	—
160	—	—	—	—	11.4	—
162	—	—	—	—	10.0	—
200	—	—	—	—	—	10.0

（3）长期耐冷凝液暴露

① 要求。

带有终端和配件的排烟管的设计应确保没有冷凝水残留。

材料应能够承受试验条件的冷凝水暴露。

在所有情况下测量拉伸模量和屈服应力。

对于热固性塑料,还应测定弯曲模量和弯曲强度。

对于挠性管,还应确定环刚度。

其他相关特性如密度或冲击强度等,如果它们与评估材料劣化相关,则应在暴露前后进行额外测量。

按照附录 J 中的方法确定特性。

特性的改变不得超过表 4-7 中的规定。

表 4-7　长期耐冷凝水试验的标准

特性	最大允许变化
冲击强度	≤50%
拉伸模量	≤50%
屈服应力	≤50%
密度	≤2%
弯曲模量	≤50%
弯曲强度	≤50%
环刚度	≤50%

注意,如果不满足这些值,则允许在额定工作温度下在空气中暴露 24 h 以释放过程压力(效应),从而获得新的参考值。

这些影响已包含在 8.2.5 烟囱机械稳定性的要求中。

如果空气供给和排烟管之前在额定温度或热应力更高的热水器上进行过试验,则该系统可被认为满足这些要求。

② 试验条件。

为了确定长期耐冷凝液暴露,将试件完全浸入试验冷凝液中。

试验冷凝液的组成应按照表 4-8 的要求。

表 4-8　腐蚀的试验冷凝液成分

组成	浓度/(mg/L)
氯化物	30
硝酸盐	200
硫酸盐	50

试验冷凝液应使用盐酸(HCl)、硝酸(HNO_3)和硫酸(H_2SO_4)制备。冷凝液温度应为 90 ℃。

如果燃烧物的额定工作温度低于 90 ℃,则应在燃烧产物额定工作温度下进行试验。

暴露于冷凝液的持续时间为 10 周。

试验结束后,验证要求是否满足。

(4) 耐冷凝或非冷凝循环

① 要求。

根据试验条件暴露后,拆开排烟管并目测,不得出现裂纹和针孔等损坏。

部件和配件的尺寸变化不得超过 2%。

拉伸模量和屈服应力应在所有情况下测量。

对于热固性塑料,还应测定弯曲模量和弯曲强度。

对于挠性管,还应确定环刚度。

其他相关特性,如密度或冲击强度等,如果它们与评估材料劣化相关,则应在暴露前后进行额外测量。

按照附录 J 中的方法确定特性。

特性的改变不得超过表 4-9 中的规定。

如果不满足这些值,则允许在额定工作温度下在空气中暴露 24 h 以释放过程压力(效应),从而获得新的参考值。

表 4-9　耐冷凝或非冷凝循环试验的标准

特性	最大允许变化
冲击强度	≤30%
拉伸模量	≤30%

特性	最大允许变化
屈服应力	≤30%
密度	≤2%
弯曲模量	≤30%
弯曲强度	≤30%
环刚度	≤30%

② 试验条件。

待试验的排烟管应由部件和配件组成。带圈安装的排烟管应带有圈。如果排烟管可以隔热,则应按照安装说明书安装。

排烟管的高度应至少为 4.5 m。

使用正常安装的所有配件。

排烟管顶部应可承受技术说明声称的最大高度排烟管的重量所代表的垂直荷载。

天然气的质量应固定为含量 60 mg/m³ 的硫和 0.025% 的氯。

热水器在满负荷条件 P_n 下运行 10 min,在 30% 部分负荷条件 $P_{30\%}$ 下运行 10 min,在待机模式下运行 10 min。循环时间应等于或大于 84 d。

或者,可根据 EN 14471:2013＋A2:2015 的 7.7.5 进行试验。

(5) 耐紫外线辐射(UV)

① 要求。

应根据试验条件对暴露在紫外线下的空气供给和排烟管的部件进行试验。

暴露试验后,应满足以下要求:

a. 附录 K 中给出的冲击强度变化不得超过 50%;

b. 对于热固性塑料,附录 J 中给出的弯曲模量和弯曲强度变化不得超过 50%。

进行上述试验时,应确保最大应力出现在试验件接受辐射的一侧。

如果塑料排放管道(末端)的自由端不超过 2D 但暴露在太阳下的最大长度为 0.4 m,则无须进行试验。

② 试验条件。

按照 EN 513 进行人工风化试验。

设备调整如下。

a. 光强:30 W/m²。

b. 暴露时间:1330 h。

c. 相对湿度:(65±5)%。

d. 黑色标准温度:(50±3)℃。

e. 喷洒周期:18/102(喷洒时间＝18 min,喷洒之间的干燥间隔＝102 min)。

f. 试件无旋转。

总辐射量应为 0.144 GJ/m²。

验证要求是否满足。

（6）几何稳定性

① 要求。

根据试验条件暴露后，管道内径或长度的变化应不超过 2%。

对于直径的每个尺寸组，应测试一个尺寸。

② 试验条件。

为了确定几何稳定性，将长度为 20 cm 的 3 节（段）排放管道用系统规定的密封件连接在一起，或将 3 个没有连在一起的样品，按照 8.3.2.2 长期耐热应力试验进行测试。

将 3 个试样放置在水平位置，在额定工作温度 T 的条件下处理 48 h。

（7）防火性能

① 要求。

应在安装说明书中按照 EN 13501-1 声明进行防火性能测试，但应等于或优于 E 级。

② 试验条件。

满足安装说明书的声明要求。

3. 排烟管、终端和安装件上弹性密封件和弹性密封剂的要求（见 8.4）

1）表征

（1）要求

材料应按照 EN 14241-1:2013 中 6.2 的方法确定的特性来表征，具体如下。

① 硬度。

② 密度。

③ 压缩形变。

④ 抗拉强度。

⑤ 100% 伸长率下的应力。

（2）试验条件

为表征材料，需确定以下特性。

① 硬度按照 ISO 7619 确定，至少 6 个试样。

② 密度按照 ISO 2781 确定，至少 6 个试样。

③ 压缩形变按照 ISO 815-1 确定，至少 3 个试样。

④ 抗拉强度按照 ISO 37 确定，至少 6 个试样。

⑤ 100% 伸长率下的应力按照 ISO 37 确定，至少 6 个试样。

2）长期耐热应力

（1）要求

材料应能够承受暴露于燃烧产物的额定工作温度。

表 4-9 中的特性，暴露 56 d 后，偏离原始值不应大于表 4-10 中 A 列给出的数值。

如果特性的改变较大，偏离原始值不应大于表 4-10 中 B 列给出的数值。另外，暴露 28～56 d 特性的改变应小于原始值和暴露 28 d 后的差值（材料的稳定性）。

表 4-10　长期耐热应力试验的标准

特性	A	B
硬度（邵氏 A）	7 单位	10 单位
抗拉强度	30%	50%
100% 伸长率下的应力	35%	45%

（2）试验条件

试验暴露在空气中 56 d，温度为燃烧产物额定工作温度。

试验按照 ISO 188 进行。

暴露后检查以下要求是否满足。

① 硬度按照 ISO 7619 确定，至少 6 个试样；

② 抗拉强度按照 ISO 37 确定，至少 6 个试样；

③ 100% 伸长率下的应力按照 ISO 37 确定，至少 6 个试样。

3）长期耐冷凝液

（1）要求

材料能承受暴露于表 4-12 描述的试验冷凝液。

表 4-11　与结构类相关的冷凝液成分

化学组分	K1 的浓度/(mg/L)	K2 的浓度/(mg/L)
氯化物	30	30
硝酸盐	50	200
硫酸盐	50	50

试验冷凝液和试验温度由以下结构类决定。

① 结构类 K1，不直接暴露于烟气或冷凝液中；

② 结构类 K2，直接暴露于烟气或冷凝液中。

表 4-11 给出的特性，暴露 56 d 后，偏离原始值不应大于表 4-12 中 A 列给出的数值。如果特性的改变较大，偏离原始值不应大于表 4-12 中 B 列给出的数值。另外，暴露 28～56 d 特性的改变，应小于原始值和暴露 28 d 后的差值（材料的稳定性）。

表 4-12　长期耐冷凝液试验的标准

特性	A	B
硬度（邵氏 A）	≤7 单位	≤10 单位
抗拉强度	≤30%	≤50%
体积	（-5～25）%	（-5～25）%
100% 伸长率下的应力	35%	45%

（2）试验条件

试样暴露于试验冷凝液 56 d，对 K1 类冷凝液是 60 ℃，对 K2 类冷凝液是 90 ℃。

试验冷凝液的成分见表 4-11。

试验按照 ISO 1817 进行。

暴露后检查以下要求是否满足，

① 硬度按照 ISO 7619 确定，至少 6 个试样，

② 抗拉强度按照 ISO 37 确定，至少 6 个试样，

③ 体积按照 ISO 1817 确定，至少 6 个试样。

④ 100％伸长率下的应力按照 ISO 37 确定，至少 6 个试样。

4）耐循环冷凝水试验

（1）要求

按照试验条件暴露后，检查试件或密封件。密封件不应受损，如破裂等。应在大约 100％伸长率下目测。如果目测其性能不适用（取决于试件的特性，例如直径、硬度），或者如果材料有任何可疑变化，则应改为检查抗拉强度和 100％伸长率下的应力变化是否超过 30％，试验按照 ISO 37 在至少 6 块试样上进行。

（2）试验条件

试验由 24 h 的循环组成。

至少 6 个试样安装在基板上，其伸长率为 25％，试样的一侧与基板接触。在整个试验过程中，基板保持水平，试样放在基板顶部。底板应由耐冷凝液影响的材料构成，最大表面粗糙度应为 5 μm。

或者，可以使用至少 3 个排烟管组件，每个组件包括 1 个密封件。

将安装在基板上的试样浸入 60 ℃冷凝水中 6 h。如果使用烟管组件，使冷凝液液位高于所有密封部件，暴露于 60 ℃下 6 h。

试验冷凝液的成分应符合表 4-8 的要求。

暴露于冷凝液后，将安装在基板上的试件从冷凝液中移除。

排空烟管组件中的冷凝水。重要的是将试样或排烟管立即转移到通风的烘箱之前，不能将试样或烟管烘干。

烤箱在 60 ℃的温度下运行 0.5 h，在额定工作温度（最高 110 ℃）下运行 17.5 h。

以上循环重复 12 次。

暴露后，检查要求是否满足。

5）松弛

（1）要求

按试验条件进行试验，应力松弛不应小于 50％。

（2）试验条件

试验按照 ISO 6914 进行。

试验在 50％伸长率和燃烧产物额定工作温度下，暴露在空气中 3 周。

检查要求是否满足。

6）压缩形变

（1）要求

在低于试验条件的情况下进行试验时，压缩变形不得超过 25％。

（2）试验条件

试验按照 ISO 815-1 进行。

试样在额定工作燃烧产物温度下暴露在空气中 24 h。

检查是否满足要求。

7）耐低温

（1）要求

根据试验条件进行试验时，压缩变形不得超过 50％。

（2）试验条件

试验按照 ISO 815-1 在至少 6 个试样上进行。

试样在 −20 ℃的空气中暴露 72 h。

检查是否满足要求。

8）弹性密封中接头

（1）耐久性

如果弹性密封件有接头，对于包括接头的试样，长期耐热应力和长期耐冷凝液应满足规定的要求。

（2）强度

① 要求。

按照试验条件进行试验时，目测正在进行拉伸的试样，应不得露出任何裂缝或断裂。

弹性密封接头始终存在风险，因此密封件不应具有多个接头。

② 试验条件。

包括接头在内的 3 个试样 100％伸长，并在 23 ℃和 50％湿度的空气中暴露 1 h。

暴露后，检查是否满足要求。

9）附录 J 确定长期耐热应力、长期耐冷凝液、冷凝或非冷凝循环和抗紫外线辐射影响的试验方法

测定暴露前后特性变化的方法如下。

① 冲击强度试验按照 EN ISO 179-1（无缺口测试棒，简支梁冲击强度）进行。

② 如果试验过程中遇到问题，可按照 EN ISO 8256 进行（无缺口测试棒，拉伸冲击强度）。

③ 拉伸模量试验按照 EN ISO 527-1 和 EN ISO 527-2 进行。

④ 屈服应力试验按照 EN ISO 527-1 和 EN ISO 527-2 进行。

⑤ 密度试验按照 EN ISO 1183 进行。

⑥ 对于热固性塑料：弯曲模量试验和弯曲强度试验按照 EN ISO 178 进行。

⑦ 对于挠性管道：

a.冲击强度、拉伸模量和屈服应力应在刚性试样上进行，尽可能接近原始制造过程制造；

b. 环刚度试验按照 EN ISO 9969 进行。

注意,塑料的机械特性恶化通常是由表面侵蚀引起的,表面的微小裂纹可能导致材料碎裂,这种缺口效应在快速弯曲载荷下表现得最好。

拉伸模量和屈服应力的任何变化都相对容易确定,并显示出各种破坏。

体积的任何变化(如收缩)都应很小。在挠性管道的情况下,肋条(如有)对其柔性和环刚度至关重要。在过高的温度下,任何残余应变都可能导致肋条消失(收缩)。

4.1.3 中欧标准差异分析

中国标准对排烟管材料有较为具体的要求,对金属材料也有熔点方面的要求,其余材料则主要是防腐蚀方面的要求,至于材料的类型,则没有明确的规定。欧盟标准对于热水器所使用的金属材料和非金属材料,有较为具体的材料类型和材料牌号选择清单,对排烟管材料的选择和厚度也有明确的规定。

4.2 结 构 要 求

4.2.1 中国标准 GB 6932—2015 的规定

条款号:5.2。

中国标准《家用燃气快速热水器》(GB 6932—2015)中对结构的要求如下。

1.结构的通用要求

① 热水器部件在设计制造时应考虑到安全、牢固和耐用性,整体结构稳定可靠,在正常操作时不应有损坏或影响使用的功能失效。

② 各部位的连接件(如螺栓等)应坚固、牢靠,热水器能方便地固定在墙上或地面上,使用中不得松动。

③ 水不应渗入燃气通路内。

④ 能产生切屑类的自攻类螺纹不能应用在与燃气通路相通的部位。

⑤ 热水器设计应易于清扫和维修,手可能接触的部位表面应光滑,必须拆卸的部位应能用一般工具拆卸。

⑥ 热水器壳体应设有观火孔,可用目视观察点火状况、点火和主火燃烧器的燃烧工况。或不设观火孔的热水器壳体,控制电路应有主火燃烧器工作状况的监视功能,并能给出必要的指示信号,在去除壳体后仍可有直接观测的观火孔。

2. 部件的结构要求

1)燃气系统气密性

① 用于安装零部件的螺钉孔、螺栓孔等不应开在燃气通路上;除测试用孔外,其他用途孔和燃气通路之间的壁厚应大于 1 mm。

② 管路系统上的所有管道、阀门、配件及连接处均应有良好的密封,其密封性能应符合标准规定。

③ 燃气入口接头应采用管螺纹连接,螺纹符合 GB/T 7306.1、GB/T 7306.2 和 GB/T 7307 规定,端面应有平整的环形面,便于密封垫的密封。使用液化石油气且热负荷小于或等于 20 kW 的热水器,也可采用如图 4-1 所示的过渡燃气入口接头与燃气专用软管直接连接,软管与过渡接头连接后应有安全紧固措施固定。

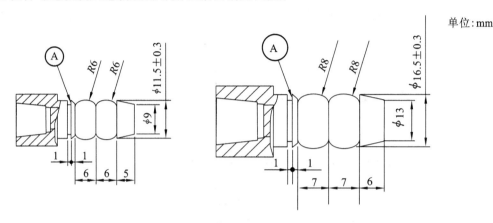

说明:Ⓐ—处沟槽应涂红色漆。

图 4-1　燃气入口接头

④ 管道燃气应使用硬管(或金属软管)连接。

2)燃气系统的组成

① 在通往主火燃烧器的任一燃气通路上,应设置不少于两道可关闭的阀门,两道阀门的功能应是互相独立的(图 4-2),点火燃烧器额定热负荷不大于 250 W,系统的气密性应符合标准规定。

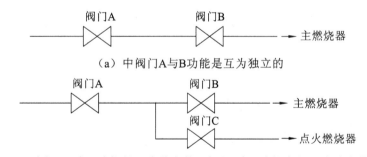

(a)中阀门A与B功能是互为独立的

(b)中阀门A与C功能是互为独立的,阀门A与B功能也是互为独立的,
在此前提下阀门B与C功能可以是联动的

图 4-2　燃气通路示意图

② 热水器应设置燃气稳压装置,其稳压性能符合标准规定。当燃气稳压装置的隔膜破裂时,在 3 kPa 压力下,空气泄漏量应不大于 70 L/h,当装置与大气连通的呼吸孔直径不大于 0.7 mm 时,被认为是符合上述要求。

③ 热水器应设有压力测试口,测试口位置应能方便检测到喷嘴前压力,测试口宜采用外径为 8.5~9 mm、长度不小于 10 mm 的测试孔口,测试孔口处最小孔径小于 1 mm。

3）燃烧系统

① 所有组件在正常运行和运输过程中，不应发生影响使用的松动和变形。

② 与燃烧器有关的部件，如喷嘴、燃烧室、点火燃烧器、点火装置和安全装置等相互间的位置应固定，在正常使用中不应松动或脱落，不应造成火焰外溢现象。

③ 燃烧器引射器和喷嘴的截面应不可调节，当改变引射器和喷嘴进行燃气转换时，应有标记防止混淆。

4）水路系统

① 水路系统的管道、阀门、配件及连接部位应保持密封性，密封性能应符合标准规定。

② 进水口和出水口应采用管螺纹连接，管螺纹应符合 GB/T 7306.1、GB/T 7306.2 和 GB/T 7307 规定，其强度应能承受热水器耐水压试验和热水温度的作用。连接件应能使用常用工具拆卸，拆装时应不影响其密封性能。

③ 热水器水路系统应设置泄压安全装置，泄压压力应大于最大适用水压并小于水路系统的耐压值（不适用于供暖、两用热水器）。

④ 进、出水阀应操作灵活、准确，采用旋转操作的阀门，逆时针为"大"的方向。

⑤ 采用排水阀作为防冻装置时，应能用手或常用工具方便地进行排水的拆装。

⑥ 水路系统应设置流量稳定或流量调节装置。

5）启动控制

① 应设置水气联动装置，燃气阀应能自动关闭和开启（采用控制电路控制的也可采用将水流信号转换为控制信号的方式启动，当水流量高于设定值时，通往燃烧器的燃气阀应能自动开启，当水流量低于设定值时，燃气阀应能自动关闭）。

② 水气联动装置应将水路和气路可靠分隔，当水路密封损坏发生泄漏时不会导致水进入燃气系统。

③ 当启动控制装置失灵时，燃气通路上的燃气阀门应处于关闭状态。

6）点火装置

① 点火装置应牢固，安装位置应固定不能改变。电极之间的间隙、电极与点火燃烧器之间、主火燃烧器与点火燃烧器火孔间的位置应准确、固定，在正常使用状态下不应松动。

② 高压带电部件与非带电金属部件之间的距离应大于点火间隙，点火操作时不应发生漏电，手可能接触的高压带电部位应有良好的绝缘。

③ 直接点燃主火燃烧器的点火装置应遵守先点火后开阀程序，电压在额定电压的 85%～110% 之间波动时，应确保安全点火。

④ 采用电池作电源或电热丝作点火源时，电池及电热丝等易损件应易于更换。

7）防倒风排烟罩

① 自然排气式热水器应设有防倒风排烟罩，作为热水器整体的组成部分，应可拆卸，便于清扫。

② 防倒风排烟罩的排烟口应是承接口，能与规定直径的排烟管相连接；防倒风排烟罩的排烟口可参照表 4-13 规定的排烟管内径设计，并且应有 15 mm 以上的承接部分。

表 4-13　排烟管规格

排烟管公称 直径/mm	50	60	70	80	90	100	110	120	130	140	160	180	200
排烟管内径/mm	50	60	70	80	90	100	110	120	130	140	160	180	200

8）排烟管

① 自然排气式热水器应随热水器配备标准排烟管（室内直管、弯头、过墙管、排水三通、室外直管、防倒风排烟罩及固定件等）。应能承受水平和垂直的载荷（在水平和垂直方向施加 1.5 kN/m² 的载荷）。

② 强制排气式热水器应随热水器配备标准排烟管（排烟管末端和弯头）。排烟管的末端排气口，不应落入直径 16 mm 的球体（在 5 N 的作用力下）。

③ 强制排气式热水器排烟管连接部位的承接长度应不小于 30 mm。排烟管直径应符合表 4-13 的规定。

9）给排气管

① 自然给排气式和强制给排气式热水器应随热水器配备安装所需的标准给排气管（给排气管末端和弯头），并满足标准中有风状态的性能要求。

② 自然给排气式和强制给排气式热水器的给排气管，应确保雨水不得流入燃烧室内。

③ 给排气管的室外给排气口，不应落入直径 16mm 的球体（在 5N 的作用力下），所排出的烟气应不会直接接触到墙面。

10）风机

① 安装应牢固，正常使用条件下手不应直接接触到旋转部分。

② 与燃烧产物接触的风机部分应有防腐蚀保护，或由耐腐蚀材料构成，应能承受燃烧产物的温度和腐蚀影响。

11）燃气/空气比例控制

① 带有燃气/空气比例控制装置的全预混燃烧方式的热水器，其结构设计应满足使用的安全性。

② 燃气/空气通路应采用可机械连接的金属材料或具有同等特性的材料制造。在产生破裂、泄漏时不会导致安全事故发生。

③ 燃气/空气通路的截面面积应不小于 12 mm²，壁厚应不小于 1 mm。

④ 通路应能避免冷凝液残留，并能防止出现变形、断裂或泄漏。如果制造商能提供相关证明并采取了预防措施避免在控制的通路中形成冷凝液，则通路的最小截面积可不小于 5 mm²。

12）遥控装置

① 遥控装置应在明显位置清晰标示防水等级，允许安装在盥洗间的遥控装置应是防水的，防水等级应不低于 IPX5。

② 遥控装置应采用安全特低电压或电池供电。

13）电源运行安全性

使用交流电源的，应确保当电源停止或恢复供电时热水器处于安全关闭状态。

3. 安全装置结构要求

1）熄火保护装置

① 热水器应设有熄火保护装置，在正常燃烧火焰熄灭时应能安全关闭燃气供给，且不受其他装置的影响。

② 保护装置应具有外部故障和内部运行自检功能。

③ 感应装置发生故障或感应装置与控制装置间的连接断路时，应确保燃气阀门关闭且不能再开启。

④ 不应使用可变形的双金属热检测器作为熄火保护装置。

2）防干烧安全装置（不适用于供暖、两用热水器）

① 热水器应设有防干烧安全装置，该装置应独立于控制装置之外，在水管路内水温超过110℃之前应能安全关闭燃气供给。

② 在正常情况下装置关闭设定值应不可调节、改变。

③ 安全装置发生故障或与控制装置间的连接断路时，应确保燃气阀门关闭且不会再开启。

3）防止不完全燃烧安全装置

① 自然排气式热水器应设有防止不完全燃烧安全装置，在使用环境CO含量超过0.03％之前应能安全关闭燃气供给。

② 热水器在正常情况下装置关闭设定值应不可调节、改变。

③ 安全装置发生故障或与控制装置间的连接断路时，应确保燃气阀门关闭且不会再开启。

4）排烟管堵塞和风压过大安全装置

① 强制排气式热水器应设置排烟管堵塞安全装置和风压过大安全装置，在排烟管排烟管被堵塞或排烟阻力过大时应能安全关闭燃气供给。

② 在正常情况下装置关闭设定值应不可调节、改变。

③ 装置发生故障或与控制装置间的连接断路时，应确保燃气阀门关闭且不会再开启。

5）燃烧室损伤安全装置

① 热水器燃烧室内压力为正压的应设置燃烧室损伤安全装置，在燃烧室内气体向外泄漏时应能安全关闭燃气供给。

② 在正常情况下装置关闭设定值应不可调节、改变。

③ 装置发生故障或与控制装置间的连接断路时，应确保燃气阀门关闭且不会再开启。

6）自动防冻安全装置

① 安装在有冻结地区的室外型热水器应设置自动防冻安全装置（不适用于供暖、两用热水器及冷凝式热水器）。

② 防冻装置采用非安全特低电压加热工作的方式时，防冻装置的电路应进行安全隔离并至少应符合基本绝缘的要求。

③ 在正常情况下装置启动的设定值应不可调节、改变。

7）再点火安全装置

① 具有再点火功能的热水器应保证在点火失败后1 s内进行再点火。

② 再点火之后应有火焰信号出现,否则系统应关闭燃气阀门。

③ 装置发生故障时应确保燃气阀门关闭且不会再开启。

4.2.2　欧盟标准 EN 26:2015 的规定

条款号:5.1(不包含 5.1.3)、5.2、5.3、8.2。

欧盟标准《家用燃气快速热水器》(EN 26:2015)中对结构的要求如下。

1. 不同燃气的转换(见 **5.1**)

1) 导言

除非另有说明,否则结构安全通过检查热水器及其技术文件确认。

2) 一般要求

(1) 导言

从一族或一组燃气转换到另一族或另一组燃气,或调节到所安装热水器的额定燃气压力,允许有以下操作。

① 调节到主火燃烧器和点火燃烧器的燃气流量(5.2.9 的情况除外)。

② 更改喷嘴或调节器。

③ 更改点火燃烧器或其部件。

④ 更改控制装置或热输出自动调节热水器的调节装置。

可能的话,还允许有以下操作。

① 更改水气联动阀或其部件。

② 移除、更改燃气调压器或其部件,或者使其失效。

这些操作应不影响热水器与其管道(燃气、水、空气供给、排烟系统,如果有的话)的连接。

要观察 4.2、5.2.3、5.2.4 和 5.3 条款给出的条件。

(2) 更换燃气时允许的操作

对于 Ⅰ$_{2Esi}$、Ⅱ$_{1c2E+}$、Ⅱ$_{1c2Esi}$、Ⅱ$_{Esi3+}$、Ⅲ$_{1c2E+3+}$ 和 Ⅲ$_{1c2Esi3+}$ 目录的热水器,在更改燃气族或燃气组时,以下操作是允许的。

① 预调节到主火燃烧器和点火燃烧器的燃气流量。

② 更改喷嘴或大气感应装置的限制器。

③ 更改点火燃烧器或其部件。

但燃气组更改时,仅以下操作是允许的。

① 更改控制装置或热输出自动调节热水器的调节装置。

② 如果需要的话,更改水气联动阀或其部件。

对于其他目录的热水器,5.1.2 条款适用。

3) 设计—组装—强度

在热水器的合理使用寿命内与正常的安装和使用条件下,结构件的构造和组装方式应使热水器的工作特性不会发生显著变化。

预置调节器螺丝的安装方式应使其不会掉到管道内,另外,其螺纹即使在多次连续操作后也不应损坏。

热水器应设计成可避免冷凝水溢出,但是,对于 C_{11} 型热水器,在启动时有冷凝水从排烟管溢出是允许的。

热水器的结构应使启动或正常操作时产生的冷凝水不会影响其安全性。

如果热水器有两个水接口,从正面看,热水出口(用红色标识)应该在热水器左边,冷水进口(用蓝色标识)应该在热水器右边。

燃气和水的接头应距离墙壁足够远,且相互之间应保持足够的空间以方便按照安装说明书使用工具。

4)接近便利性—维护便利性—安装与拆除

按照维护说明书应可以清理燃烧管路。

在维修中必须拆除的部件,不能因为替换部件而降低操作安全性。特别是,在 6.2.2 中定义的燃烧室的密封性,应能在清洁和维修安装后的重安装得以保持。

热水器应有壳体保护加热体和燃烧器,可拆除的部件有燃烧器或加热体,应可用现有的工具拆除,且热水器保持在原有的位置上。

5)燃气连接

热水器的燃气进气接口应允许刚性连接。

如果热水器使用螺纹进气接口,应符合 EN ISO 228-1 或 EN 10226-1 的要求,若符合 EN ISO 228 的要求,热水器的进气接口末端应平整且足够宽以使用密封圈。

如果使用法兰,应符合 ISO 7005 的要求。

对于 I_3 类热水器,接口可以是压缩元件,或锥形接口或平接口。

如果进气接口由铜管构成,那它至少应有一段 5 cm 长的直管部分,且应符合 EN 1057 的要求。

对于不同国家通常使用的燃气接口类型,见表 4-14。

表 4-14 燃气接口类型

国家代码	目录 I_3					其他目录			
	螺纹连接		平面连接	压紧连接	5.1.6 中的其他连接	法兰	螺纹连接		平面连接	压紧连接	法兰
	EN 10226-1[a]	EN ISO 228-1	EN 1057			EN 1092	EN 10226-1[a]	EN ISO 228-1	EN 1057		EN 1092
AT	√			√	√		√				
BE	√			√	√		√				
CH					√		√				
CZ											
DE					√		√				
DK					√		√				
ES	√	√			√			√	√		

续表

国家代码	目录 I₃						其他目录				
	螺纹连接		平面连接	压紧连接	5.1.6中的其他连接	法兰	螺纹连接		平面连接	压紧连接	法兰
	EN 10226-1ᵃ	EN ISO 228-1	EN 1057			EN 1092	EN 10226-1ᵃ	EN ISO 228-1	EN 1057		EN 1092
FI	√										
FR	√	√					√	√			
GB	√		√	√			√		√	√	
GR											
IE											
IS											
IT	√	√			√		√	√			
LU											
NL	√				√		√				
NO											
PL	√	√	√				√	√			
PT	√	√			√		√		√	√	
SE											
SI	√	√	√	√	√	√	√	√	√	√	√
SK											

注:a 锥形的公螺纹和平行的母螺纹。

6）实现密封性的方式

（1）燃气管路的密封性

用于组装部件的螺丝孔、固定钉孔等不应开孔至燃气管道中。而且，水也不能从这些孔渗透过去。

燃气管路上的部件，如果在正常维护中可能被拆卸，则其密封性应通过机械方式保证。例如，金属对金属的连接或 O 形圈连接，也就是不能使用螺纹密封材料（液体、连接胶、带等），其密封性即使在拆卸和重安装后仍应能保持。

然而，对永久性组合的组件，则可以使用密封材料，密封材料在热水器正常使用的条件下应保持有效。

对于燃气管路上非螺纹组件的密封性，其密封性不应通过软焊或黏合的方式实现。

燃气管路上非螺纹组件的密封性不应通过软焊或黏合的方式获得。

适当的话，与燃气接触的橡胶应符合 EN 549 的要求。

（2）燃烧管路的密封性

① B₁₁ 和 B₁₁ᴮˢ 型热水器。

燃烧管路的密封性,直至防倒风排气罩部分,应只能通过机械方法实现。除非是日常维护中不会被拆除的组件,这些组件可以使用密封乳或密封胶连接,以保证其在正常条件下连续使用。

② C 型热水器。

燃烧管路的密封性,直至烟管末端的连接部分(C_{11}、C_{12}、C_{13}、C_{32}、C_{33}、C_{52}、C_{53}(如果需要的话,包括 C_{62}、C_{63})C_{82} 和 C_{83} 型热水器),或直至公共排烟管或排烟管转接器(C_{21}、C_{22}、C_{23}、C_{42}、C_{43}(如果需要的话,包括 C_{62}、C_{63})、C_{82} 和 C_{83} 型热水器),应通过机械方式实现,不能使用密封乳或密封胶。

然而,对于日常维护中不会被拆除的组件,可以使用密封乳、密封胶或合适的密封带连接,以保证其在正常条件下连续使用。

热水器应按照以上方式构造以达到 6.2.2.1 的密封性要求。

7) 助燃空气的供给和燃烧产物的排放

（1）所有热水器

燃烧室进气通路的横截面面积和排烟管的横截面面积应是不可调的。

每台热水器的结构应确保在正常使用和维护条件下助燃空气的供给是有保证的。

（2）A_{AS} 型热水器

A_{AS} 型热水器应安装导流板。

燃烧产物排放口应设计和布置成不易被圆盘或类似物体堵塞。

（3）B 型热水器

① 一般要求。

排烟管的出口连接应为母接头。除非是 B_4 和 B_5 型热水器,否则安装说明书应清楚规定热水器连接排烟管出口管道的条件。

排烟管的连接不应影响烟气的排放。

插入排烟管的深度至少应为 15 mm,当尽可能插入时,排烟应不受到影响。

为热水器设计排烟管的最小直径和最大直径应在安装说明书中声明。

对于作为 B_4 或 B_5 型热水器一部分的分离式烟管,按照 EN 1443 中 5.1.8.4 的要求,以及 EN 1856-1、EN 1856-2 和 EN 1859 中的相关要求均适用。

热水器不应安装手动或自动的装置用于调节助燃空气的供给或烟气的排出,除非热水器没有安装防倒风排气罩和热水器装有燃气/空气比例控制装置。

② 装有防倒风排气罩的热水器(B_{11}、B_{11BS}、B_{12}、B_{12BS}、B_{13}、B_{13BS}、B_{14} 和 B_{44} 型热水器)。

防倒风排气罩应是热水器的一部分。防倒风排气罩的下风位置应安装一个采用母连接的排烟管出口,以方便连接排烟管。

③ 没有安装防倒风排气罩的热水器(B_{22}、B_{23}、B_{32}、B_{33}、B_{52} 和 B_{53} 型热水器)。

热水器的燃烧管路应安装调节装置以调节热水器安装时的压力损失。调节方式可以是限流器或使用工具调节至说明书中给出的预设位置。

（4）分离式排烟管

① 机械载荷下的稳定性。

排烟管应能承受水平和垂直的载荷。应考虑下列要求：

a. 抗压强度；

b. 抗拉强度；

c. 可行的话，能抵抗相当于基准风压（1.5 kN/m²）的横向载荷。

② 暴露在热源下的稳定性。

排烟管暴露在热水器所有工作条件下可能出现热源的期间和之后，其管壁的稳定性应能保证。

③ 耐腐蚀。

当存在与热水器所有工作条件相当的腐蚀载荷时，排烟管应能保持其特性。

④ 正常工作条件下的防冷凝水和防潮。

在热水器的正常工作条件下存在冷凝水和潮湿的情况，排烟管应保持其特性。

（5）C 型热水器

① 一般要求。

热水器应设计成在点火期间和安装说明书声明的整个可能的热输入范围内有足够的助燃空气供给。允许有燃气/空气比例控制装置。

带风机的热水器可以在燃烧管路安装调节装置以使热水器适应其安装条件，调节方式可以是限流器，或按照安装说明书设定调节装置到预定位置。

② 空气供给和排烟管。

安装时各部分的组装应不需要其他工作，除非调节供气供给和排烟管的长度（可能的话通过切割的方法），这种调节不应影响热水器的正常工作。

必要时，应可以仅用普通工具就能连接热水器、空气供给和排烟管以及烟管末端或烟管适配器。

空气供给和排烟的分离烟管的出口末端应满足以下要求

a. 对于 C_1 和 C_3 型热水器，可以安装在一个边长 50 cm 的方孔内；

b. 对于 C_5 型热水器，可以在不同的压力区域内终止。

分离式的空气供给和排烟管，其密封性能是不同的，应以标识明确区分。

③ 烟管末端。

没有风机的热水器的烟管末端，其开口应能防止直径 16 mm 的球体在使用 5 N 的外力作用下进入。

对于非冷凝式热水器，任何水平烟管的末端应设计成冷凝水向墙外排出。

对于冷凝式热水器，任何水平烟管的末端应设计成冷凝水流向热水器内。

④ 末端护罩。

当排烟管出口开向走道时，如果安装说明书为其指定了一个护罩，则护罩的尺寸应设计成护罩的任何部分与烟管末端的距离（壁板除外）均应超过 5 mm。护罩也不应有任何可能导致伤害的锋利边沿。

⑤ 烟管装配件。

对于 C_2、C_4 和 C_8 型热水器，烟管适配器应设计成不管公共排烟管的总厚度（包括排烟管和覆盖层）是多少，均可以实现安装说明书中规定的空气供给和排烟管末端伸到公共排烟管的距离。

（6）带风机热水器的某些部件的特定要求

① 风机。

风机的旋转部分应不能直接接触。风机接触烟气的部分应可有效耐腐蚀，除非该部分是由耐腐蚀材料制造的；另外，该部分还应可承受烟气的高温。

② 空气感应装置。

风机启动前或送风的最后阶段，应检查是否有空气气流。如果是单独的请求，则该检查应在启动时或请求后不超过 1 min 的时间内进行。如果是一系列的请求且每个请求相隔时间少于 1 min 时，则该检查应在启动时或一系列请求后不超过 1 min 的时间内进行。该要求不适用于安装燃气/空气比例控制装置的热水器。

空气感应装置应能在 10 s 内检测到足够的助燃空气。

助燃空气的供给可用下列方法检查。

a. 监测助燃空气的压力或烟气的压力。

压力监测只允许具有恒速风机的热水器在主火燃烧器工作期间应用，排烟管完全由助燃空气管包围且长度不超过 3 m。另外，还应满足以下要求：

——烟管不应有可调节或可移动的限流器；

——热交换器的压力损失不应超过 0.05 mbar。

b. 连续监测助燃空气的流量或烟气的流量。

在该系统中，监测装置由助燃空气或烟气气流直接驱动。

这也适用于有多种风机转速的热水器，其中与每种风机转速对应的气流由单独的检测装置监测。

c. 燃气/空气比例控制装置

该感应装置仅允许安装在烟气管路完全由空气供给管路包围的热水器，或对于分离式烟管，烟气管路的泄漏率在热水器所安装房间的里面和外面均满足 6.2.2.3.4 的热水器。

d. 间接监测（例如，风机转速监测），空气感应装置在每次启动时至少监测助燃空气的供给一次。

e. 使用两个流速感应装置监测空气或烟气的最小流速和最大流速。

③ 燃气/空气比例控制装置。

燃气/空气比例控制应符合 EN 88-1 的要求。控制管可由金属制造且应有适当的金属连接方式，或其他至少具有同等特性的材料。在这种情况下，在初始的密封性检查后，可以认为控制管可防止破裂、意外断开和泄漏。这时控制管可以不用承受 6.7.12.4.2.2 的试验。

当控制管由低于金属等效性能的材料制造时，其断开、破裂或泄漏不应导致不安全情况的出现。这意味着可以在没有燃气泄漏到热水器外的情况下进行锁定或安全操作。

空气或烟气的控制管的最小内横截面面积应为 12 mm²，最小内径应为 1 mm，其位置和安装方式应可避免冷凝水滞留且可防止变皱、泄漏或破裂。如果有多根控制管在使用，则其相关的连接位置应清晰明显。如果有证据表明已采取预防措施避免在控制管中产生冷凝水，则空气控制管的最小横截面面积应是 5 mm²。

8）工作状态的检查

安装人员应能目视观察到燃烧器的点火和正常工作，如果有点火燃烧器，还应能看到点火燃烧器火焰的长度。

另外,镜子或观察窗等应能继续保持其光学特性。但是,如果主火燃烧器装有火焰检测装置时,间接显示方式(例如,指示灯)也是允许的。

火焰信号不应用于显示错误信号,除非该错误信号来自火焰检测装置本身,且显示的是没有火焰。

通过观察或其他间接方式,用户应有可能(也许在开门后)在任何时间检查热水器是否工作。

9）排水

必要时,应可以通过手动或使用工具辅助的方式为热水器排水。

2. 调节、控制和安全装置（见 **5.2**）

1）一般要求

安全装置的工作不应受预设调节器和控制装置的影响。

杆或轴在壳体外应不能阻止燃气关断阀的正常关闭。

如果热水器出于安全需要安装温度感应控制装置,控制装置应符合 EN 60730-2-9 的要求。

用螺丝紧固且维护时必须移除的装置,应使用符合 ISO 262 的公制螺纹,除非不同的螺纹对于装置的正常工作和调节是必须的。

可以使用可形成螺纹但不产生金属屑的压纹螺丝,也可使用符合 ISO 262 的公制螺纹＝。

切割螺纹和产生金属屑的自攻螺丝不能用于载燃气部件总成或维护时需要移除的部件。

移动部件(例如膜片)的工作不应受其他部件的影响。在工厂中调节和密封好的包装压盖可以用于密封移动部件。

不能使用手动调节的密封压盖。

防尘装置应位于燃气进口内的第一个控制装置或关断装置前。滤网网眼的最大尺寸不能超过 1.5 mm,另外网眼也不允许 1 mm 的销规通过。

5.2 规定的所有装置或其上的多功能控制器,如果有必要清洁或替换,应可拆除或是可更换的。

控制旋钮应设计和布置成既不会安装在错误的位置,也不会自行移动。

当有多个控制旋钮时(开关、温度选择器),如果互换会影响安全,则应不能互换。

对于要安装在局部受保护位置的热水器,装置在其承受的温度下应能正常工作,并且应符合下列要求。

① 声明的最低安装温度对在局部受保护位置的热水器。

② 安装说明书声明的最终最高环境温度。

2）手动关断阀或燃气流量调节器

另外,燃气管路系统应包括可以直接切断燃气流量的手动切断阀,或 5.2.12 b)中规定的密闭阀或自动关断阀。该装置的设计和安装应便于操作。

在各开关位置应明确而清晰地进行如下标识:

①关闭：实心盘状●。

②点火：火花状☆。

③燃烧器的最大流量：大的火焰状🔥。

④燃烧器的最小流量（有的话）：小的火焰状🔥。

但是，对于带火焰检测装置的燃烧器和点火燃烧器（有的话），如果只有一个按钮操作安全装置，若不正确操作是不可能的，则无须标识。

通过旋转操作的按钮，按顺时针方向操作应为关闭。

如果有燃气流量限制控制装置，应有一个停止或凹槽的位置让用户可清晰看见。

3）预设燃气流量调节器

预设燃气流量调节器应设计成在使用热水器时，可防止用户对其误调节。

热水器中任何不能被安装人员和用户操作的部分，应采用合适的保护方式。可用涂漆的方式实现此目的，但前提是此漆应能承受热水器正常使用时产生的热量。

预设燃气流量调节器对使用多于一种第一族燃气的热水器是强制性要求，对于使用其他燃气的热水器是可选择性要求。

预设燃气流量调节器应密封，或安装说明书规定其应在安装后密封。

对于带"＋"后缀的燃气，预设燃气流量调节器应锁定或密封。

调节方式应该是连续的（调节螺丝）或分档位的（改变限制器）。

调压器可以认为是预设调节器。

调节装置的动作称为"调节燃气流量"。

这些装置应设计成正常甚至延长使用后，也能使用普通工具轻易拆卸。

4）燃气调压器

使用第一族燃气的热水器应有燃气调压器，但其他族的热水器则可有可无。

可用于双重压力的调压器，应不能在两个正常工作压力之间调节。

但是，对于双重压力的热水器，点火燃烧器可使用不可调节的调压器。

调压器的设计和装配应易于调节或停止使用，如果可能的话，调压器及其部件应可改变以转换至另一种燃气，但应采取预防措施使对调压器进行非授权的干预难以进行。

5）压力测试点

所有热水器都应有可以测量燃气进口压力的燃气压力测试孔。

安装或转换说明书，要求测量燃烧器压力的热水器应在调压器或调节器的下游位置有第二个燃气压力测试点。

对于 C_{11} 和 C_{12} 型热水器，应可在不打开燃烧系统的情况下测试燃气压力。

压力测试点的外径应为 (9.0 ± 0.5) mm，长度至少 10 mm，以保证橡胶软管的安装。

压力测试点孔口最窄处的直径不应超过 1 mm。

6）自动水气联动阀

自动水气联动阀应使进入燃烧器的燃气受进入热水器的水流控制。

如果水路的连接密封发生泄漏，水不应渗透进入燃气管路系统。在自动水气联动阀的载气和载水部件间应留有空间，该空间通过通气孔和大气相通，通气孔面积至少为 19 mm^2。通气孔可以由一个或多个孔组成，但孔的最小横向尺寸不应小于 3.5 mm。

7）点火装置

（1）点火燃烧器

点火燃烧器应布置成其燃烧产物与主火燃烧器的燃烧产物一起排出。

点火燃烧器和主火燃烧器的相对位置应不能发生改变。

如果点火燃烧器或喷嘴与所用燃气特性不匹配,则它们应有标识并易于更换,且能根据安装说明书安装。

点火燃烧器的喷嘴应由在正常使用条件下不变形的材料制造。

对于构成 A_{AS} 型热水器大气感应装置一部分的点火燃烧器,为了在冷态情况下易于点火,进入的空气量可以自动改变。

对于 A_{AS} 型热水器的永久点火器,一次空气孔的直径或最小横向尺寸应不小于 4 mm。

如果点火燃烧器的燃气流量是不受控的,点火燃烧器上的预设燃气流量调节器将在以下方面被禁止。

① 作为大气感应装置一部分的任何点火燃烧器。

② 使用第三族燃气的点火燃烧器。

（2）点火燃烧器的手动点火

应使用简单的方式点火,点火燃烧器可以直接用火柴或合适的点火装置手动点火。

点火燃烧器的点火装置应设计和安装成可正确位于相关部件或点火燃烧器上。点火燃烧器的点火装置或点火装置总成应能用目前可用的工具安装或拆卸。

对于 C 型热水器,应使用特殊的点火装置（例如电子点火器）,它应能够在燃烧室关闭的情况下点燃永久点火燃烧器。

（3）自动点火装置

所有没有安装永久点火燃烧器或交替点火燃烧器的热水器,均应安装自动点火装置。可以采用以下点火方式。

① 间歇式安全点火燃烧器。

② 间歇式点火燃烧器。

③ 中断式点火燃烧器。

④ 主火燃烧器直接点火。

一方面,燃烧器和点火燃烧器的相对位置不应改变;另一方面,点火电极也不应发生改变。

点火装置的电输出应满足整个热输入范围的需要。

8）火焰检测装置

（1）一般要求

每台热水器都应安装火焰检测装置,即:

① 对永久点火燃烧器是热电式火焰检测装置;

② 对间歇式安全点火燃烧器是火焰检测装置;

③ 燃烧器自动控制系统的火焰检测装置。

热电式火焰检测装置和点燃主火燃烧器的自动控制系统的火焰检测装置,应监测所有的燃气供应。

热负荷不超过 0.25 kW 的间歇式安全点火燃烧器的燃气供应无须监测,但这不适用于使用第三族燃气的 C 型热水器。

当感应元件或感应元件与操作控制器间的连接受损时,主火燃烧器的燃气供应应被切断。

禁止使用可变形的双金属热检测器。

(2) 永久点火燃烧器的热电式火焰检测装置

在点火燃烧器点火期间,如果热水器停止工作,到主火燃烧器的燃气通路应被关闭。仅当有信号表明永久点火燃烧器有火焰存在,燃气才被允许进入主火燃烧器。

(3) 装有不间断安全点火燃烧器热水器的火焰检测装置

电火花点火器最迟应在燃气供给至不间断安全点火燃烧器后开始工作,并且至少持续到火焰被检测到。

仅当有信号表明在不间断安全点火燃烧器上有火焰出现时,燃气才被允许进入主火燃烧器。

火焰熄灭应至少引起主火燃烧器的关闭。

但是,如果火焰熄灭时,点火燃烧器尝试自动再点火,点火装置应在 1 s 内重新通电并保持通电直到再点火。

如果火焰熄灭时,点火燃烧器不尝试自动再点火,那么在熄火安全时间和停止供水前,点火装置不应再通电。点火程序应重新开始。

(4) 燃烧器自动控制系统的火焰检测装置

除了电气防护等级、耐久性能、标识和说明书,燃烧器自动控制系统的火焰检测装置应符合 EN298 的相关操作要求。在火焰熄灭的情况下,系统应至少产生下列情况:

① 再点火;

② 再起动;

② 易失性锁定。

在再点火或再起动时,在点火安全时间 T_{SA} 的最后,如果火焰熄灭,则至少导致易失性锁定。

9) A_{AS} 型热水器的大气感应装置

A_{AS} 型热水器应由厂方安装大气感应装置,这类装置包括点火燃烧器,构成了安全装置的一部分,应是不可调的。生产时任何必要的调节器均应密封。

应验证对装置的干扰,例如密封件的破裂、部件变形等。

装置应设计和制造成便于维护,特别是管道的拆卸,其正确操作不应因维护而受影响。

按照生产厂商的安装说明书,应可以使用相同部件更换使大气感应装置正确工作的核心部件。应采取有效措施,例如在说明书上清楚标明结构或证明合格的方法,以防止使用不相同的部件进行更换。

装置应设计和制造成感应装置和关闭信号传输装置的损坏将导致燃气供给的完全中断。

装置应设计成无法被堵塞,或根据 6.8.10.3.2 在模拟堵塞的情况下,可以完全切断燃气的供给。

在大气感应装置动作完全切断供气后,将需要手动操作使热水器恢复工作状态。

反应信号的感应器和装置间的连接中断或控制感应器的毁坏应引起安全切断,可以是在一段等待时间之后进行。

10)B_{11BS}、B_{12BS} 和 B_{13BS} 型热水器的燃烧产物排放安全装置

热水器应构造成处于非正常通风条件下,且燃烧产物不应以超过危险的量排入相关的房间。

对于 B_{11}、B_{12} 和 B_{13} 型热水器,使用符合燃气具指令中 3.4.3 要求的燃烧产物排放安全装置,可以实现此功能。在这种情况下,B_{11}、B_{12} 和 B_{13} 型热水器可以分别认为是 B_{11BS}、B_{12BS} 和 B_{13BS} 型热水器。

只要那些安装在室外或在局部受保护位置或与起居室分开的并有良好通风的房间内的热水器,才不需要这类安全装置(在这种情况下,特指 B_{11}、B_{12} 和 B_{13} 型热水器)。

安全装置应不能调节,调节部件应密封。

安全装置应设计成要使用工具才可拆开。

维修后,不正确的安装应是不可能的。

安全装置应设计成电气绝缘,能承受燃烧产物排放的热应力。

感应器和与信号相关装置间连接的中断,应引起安全关闭,如果有必要,可以在一段等待时间之后进行。

如果控制装置及其连接装置布置成可移动的,或它们有可能在维护期间被破坏,那么说明书应规定一个试验,以检查维护后控制装置是否工作。

11)恒温热水器的防止意外过热保护装置

恒温热水器应设计成在 6.8.9 的条件下,即使温控器失效也不会使水温过热。若此要求通过使用过热保护装置实现,在温控器失效时,应通过一个独立于控制装置的关闭元件操作,至少切断通往燃烧器的燃气供给。重新恢复燃气供给应只能通过手动操作。

12)燃气管路的构成

主火燃烧器的燃气管路系统应至少包括以下两道串联的阀:

① 水气联动阀,它能通过水流来控制主火燃烧器的供气;

② 作为火焰检测装置一部分的密闭阀,或通过火焰监视装置工作的至少为 C 级或 C'级的自动切断阀。

这些密闭阀也可以通过过热保护装置、大气感应装置或燃烧产物排放安全装置来操作。

对于带风机的热水器,主火燃烧器的燃气管路系统应至少包括以下两道串联的阀:

① 水气联动阀,它能通过水流来控制主火燃烧器的供气;

② 作为火焰检测装置一部分的密闭阀,或通过火焰监视装置工作的至少为 C 级或 C'级的自动切断阀。

这些密闭阀也可以通过过热保护装置、大气感应装置或燃烧产物排放安全装置来操作。

对于带风机的热水器,本方案只适用带永久点火燃烧器的热水器。

主火燃烧器燃气管路系统至少应包括两个不低于 C 级或 C'级的阀门。其中一个阀门的操作依赖于通过一个合适的装置监测水流量,且由火焰监测装置控制。阀门的开启可以同时进行,也可以不同时进行,但关闭必须同时进行。如果关闭两个阀门的信号的延迟不大

于 5 s,则该信号就被认为是同时的。

另外,其中至少一道阀门由过热保护装置控制。

13）安装在局部受保护位置热水器的防冻装置

如果安装说明书声明的最小环境温度低于 0℃,安装在局部受保护位置的热水器应有防冻系统以防止被冻结。

在 6.11 的试验条件下,如果有防冻装置,应能操作。

在 6.11 的试验期间,热水器任一点的水温应维持在 0.5 ℃以上。

最低安装温度大于 0 ℃的热水器,无须安装防冻装置。

14）防止雨水进入

热水器,包括其保护外壳（如果有的话）,应满足 EN 60529 规定的外壳防护等级 IPX4D 的要求。

作为外壳防护等级 IPX4D 的试验程序,进行完 EN 60529:1991 中 14.2.4 的防水试验后,应立即启动热水器。但是,如果热水器在此试验后无法工作,热水器应按照说明书安装最低限度的防护装置,并在 6.12 的试验后立即启动。

3. 主火燃烧器（见 **5.3**）

喷嘴和火孔的横截面应不可调节。

当通过改变喷嘴进行燃气转换时,应有永久性不可磨灭的识别方式以防止混淆。

燃烧器的位置应清晰确定,且其安装方式应不可能使其安装在不正确的位置。特别地,燃烧器应正确地安装在与热源相关的位置,且按照安装说明书,其仅能安装在相应的位置。

热水器应设计成一次空气孔的横截面不可调节。

4. 结构特性（见 **8.2**）

1）水连接接头

如果与供水管连接的接头是螺纹接头,则应符合 EN ISO 228-1 的要求,且热水器接头的末端应足够平坦,以允许使用密封垫圈。

如果接头由普通铜管构成,则铜管至少应有一段 5 cm 长直管并符合 EN 1057 要求。

各国现行的水路连接条件见表 4-14。

2）预设水流量调节器

设备应配备一个预设或获得预设水流量的装置,例如预设水流量调节器、水流量调节阀或水压调节阀。

通过检查进行确认。

3）温度选择器和冬—夏开关

分段调节热水器应配备温度选择器或冬—夏开关。在后一种情况下,应能够通过冬—夏开关自动或手动对冷水温度进行补偿

通过检查进行确认。

4）排烟管系统参考温度的指定和测量

（1）燃烧产物额定工作温度

① 要求。

出于排烟管设计的目的,燃烧产物的额定工作温度应在热水器的排烟管出口处有所

记录。

② 试验方法。

根据 6.8.7.2 进行试验期间,控制装置设置在最大设定温度,连续记录燃烧产物的温度,直到温控器动作。此时燃烧产物的额定工作温度确定。

(2) 燃烧产物过热

① 要求。

出于排烟管设计的目的,燃烧产物的过热温度应在热水器的排烟管出口处有所记录。

② 试验方法。

根据 6.13.2.2 进行试验期间,连续记录燃烧产物的温度,直到合适的安全装置引起热水器的非易失性锁定且温度停止上升,燃烧产物的过热温度即为该温度值。

5) 排烟管、末端和安装配件的机械强度和稳定性

(1) 一般要求

如果空气供给和排烟管道是热水器的一部分,或由安装说明书作出规定,则排烟管、末端和安装配件应满足机械强度和稳定性的要求。

(2) 抗压强度

① 管道段和配件。

a. 要求。

由于排烟管部件的重量造成空气供给或排烟管道中出现压缩应力时,排烟管应无永久变形。

b. 试验方法。

根据安装说明书中的规定,安装最长垂直排烟管、安装配件和末端,如果不可行,可以通过增加适当的重量模拟该长度。如果在安装说明书中没有声明,热水器本身不包括在该试验装置中。

目测是否满足要求。

② 排烟管支架。

a. 要求。

试验时,支架处管道的最大位移在荷载方向上不得超过 5 mm。

b. 试验方法。

根据安装说明书中的规定,安装最长垂直排烟管、安装配件和末端,包括必要的管道支架。如果不可行,可以通过增加适当的重量模拟该长度。如果在安装说明书中没有声明,热水器本身不包括在该试验装置中。

目测是否满足要求。

③ 垂直末端。

a. 要求。

试验时末端应没有永久变形。

b. 试验方法。

根据安装说明书的规定,安装末端。垂直荷载均匀分布在末端顶部。该荷载维持 5 min。荷载为 7DN,其中 DN 为排烟管内径,单位为 mm,但荷载不超过 750 N。

检查要求是否满足。

（3）横向强度

① 弯曲抗拉强度

a. 要求。

当安装说明书说明空气供给和排烟管道不适合垂直安装时,排烟管应根据试验方法进行试验。

任何部件的挠度支架之间的距离不得超过每米 2 mm。

b. 试验方法。

排烟管、安装配件和末端的安装应以安装说明书中规定的最小水平倾斜度和相邻支架之间的最大距离进行安装。

检查是否满足要求。

② 承受风载荷的零部件。

a. 要求。

当安装说明书规定了一定长度的空气供给和排烟管道适合外部安装时,排烟管按试验方法和条件进行试验时,应不会出现永久变形。

b. 试验方法。

安装末端,包括穿透屋顶或墙壁的管道,以及安装说明书声明的最大长度的外部排烟管。

均匀分布的荷载施加在热水器排烟管的外部和末端,并均匀增加至（1.5±0.0375）kN/m²。

EN 1859:2009＋A1:2013 附录 H 中描述了一种均匀施加分布荷载的方法。使用垂直组件的其他方法也可以使用。

试验荷载由多个均匀分布的荷载施加,这些荷载从排烟管的末端开始等距分布,间距不超过（0.2±0.01）m。单个负载的差异不超过 1%。

检查是否满足要求。

4.2.3　中欧标准差异分析

中国标准和欧盟标准对燃气热水器结构要求的描述上差异较大。在具体要求上,中国标准对热水器的燃气管路和水路管路仅有螺纹连接的标准要求;欧盟标准中除了螺纹连接的标准要求,还有法律连接的标准要求。中国标准对热水器的防护等级,最低要求是 IPX2（见 GB 6932—2015 中附录 C.2）,而欧盟标准是 IPX4D,比中国标准严格。另外,欧盟标准规定如果热水器有两个水接口,从正面看,热水出口应该在热水器左边,且用红色标识;冷水进口应该在热水器右边,且用蓝色标识。中国标准没有类似规定。

4.3　冷凝式热水器材料和结构的特殊要求

4.3.1　中国标准 GB 6932—2015 的规定

条款号:B.2。

中国标准《家用燃气快速热水器》(GB 6932—2015)中对冷凝式热水器材料和结构的特殊要求如下。

1. 与冷凝水接触的材料

与冷凝水接触的热交换器所有部件和可能与冷凝水接触的其他部件,应使用耐腐蚀的材料或表面进行防腐处理的材料,以便保证按照制造商说明安装、使用和维护的冷凝式热水器有合理的使用寿命。

2. 冷凝水的排出

冷凝式热水器工作期间热交换器内产生的冷凝水,应用排出管排出。

3. 冷凝水收集装置和排出系统的结构

① 冷凝水排出外部连接管内径宜不小于 13 mm。

② 冷凝水收集装置和排出系统应方便检查和清洁。

③ 冷凝水收集装置的水封槽深度不应低于 25 mm。

④ 冷凝水收集装置和冷凝水排出系统应方便拆卸、安装。

⑤ 冷凝水收集装置应保证密封性,不应有冷凝水渗漏。

⑥ 冷凝式热水器在运行期间,在燃烧室最大压力下冷凝水收集装置应能防止烟气泄漏。

⑦ 与冷凝水接触的部件表面应能防止冷凝水滞留(除排水管、水封槽、中和装置和虹吸管以外的部分)的结构。

4. 自动防冻安全装置

室外型冷凝式热水器(安装在有冻结的地区时)的水路系统、冷凝水收集和排出系统应设置自动防冻安全装置,应能防止水路系统、冷凝水收集和排出系统的冻结。

5. 烟气限温装置

① 冷凝式热水器排烟管的材料如使用耐腐蚀、耐燃性的非金属材料,排烟管中含有一些受温度影响的材料(包括密封材料)时,应设置限温装置,当排出的烟气温度超过制造商规定的排烟管所能承受的最高温度时,冷凝式热水器应能安全关闭。

② 烟气限温装置应是不可调节的,应使用专用工具方可拆卸。

4.3.2　欧盟标准 EN 26:2015 的规定

条款号:5.4。

欧盟标准《家用燃气快速热水器》(EN 26:2015)中对冷凝式热水器材料和结构的特殊要求如下。

1. 接触冷凝水的材料(见 5.4.1)

热交换器的所有部件和热水器可能接触冷凝水的其他部件,应使用耐腐蚀材料或有合适涂层保护的材料,以保证热水器在按照说明书使用和维护的情况下,可以获得合理的使用寿命。

2. 冷凝水的排放（见 5.4.2）

1）要求

冷凝式热水器应安装冷凝水排放装置,冷凝水排放装置应由耐腐蚀材料制造或有耐腐蚀涂层保护。

依靠重力排放冷凝水的热水器,冷凝水排放连接口的内径至少为 13 mm。如果热水器采用某种形式的泵辅助冷凝水排放,则排放装置的尺寸和到重力排放任一点的接口尺寸,应在说明书中规定。冷凝水排放装置,作为热水器的一部分或与热水器一起提供,应该满足以下要求。

① 按照说明书应易于检查和清理。

② 不能排放燃烧产物或使助燃空气进入热水器的安装房间,如果排放装置有水封则该要求可以满足。

接触冷凝水的表面(除非是用于排水、水龙头或虹吸管)应防止冷凝水滞留。

该排放装置应易于维护和清理,烟气排放管和冷凝式热水器可以有一个共用的冷凝水排放口。

2）试验条件

试验时,通过目视或手动检查的方法确认冷凝水排放装置是否满足要求。如果重复启动和关闭热需求信号,使烟气排放管逐步被覆盖而使安全装置动作,则可以认为满足要求。

3. 烟气温度的控制（见 5.4.3）

如果燃烧产物管路包含的材料有可能受热的影响,或燃烧产物管路将要连接的排烟管(包括密封圈)有可能受燃烧产物热的影响,热水器应采用一个装置以防止燃烧产物的温度超过材料在说明书中声明的最大允许工作温度。

限制燃烧产物温度的装置应是不可调节的,不用工具无法拆除。

4. 冷凝水的化学成分（见 5.4.4）

如果说明书规定了冷凝水的化学成分,则其成分应在 7.3.2 的试验后予以证明

4.3.3　中欧标准差异分析

中国标准和欧盟标准对冷凝式热水器的结构和材料要求大致相同,但中国标准对于室外型的冷凝式热水器,要求在冷凝水收集和排放系统安装自动防冻装置,这是欧盟标准里没有的要求。

第5章 安全要求

5.1 燃气系统密封性能

5.1.1 中国标准 GB 6932—2015 的要求与试验方法

1. 要求

条款号:6.1。

中国标准《家用燃气快速热水器》(GB 6932—2015)中对燃气系统气密性的要求如表 5-1 所示。

表 5-1 燃气系统气密性要求

项目	性能要求	试验方法	适用机种				
			D	Q	P	G	W
燃气系统气密性	通过燃气主通路的第一道阀门漏气量应小于 0.07 L/h	7.5	○	○	○	○	○
	通过其他阀门漏气量应小于 0.55 L/h						
	燃气进气口至燃烧器火孔应无漏气现象						

注:"○"表示适用。

2. 试验方法

条款号:7.5。

中国标准《家用燃气快速热水器》(GB 6932—2015)中有关燃气系统气密性试验方法的规定如表 5-2 所示。

表 5-2 燃气系统气密性试验

项目	热水器状态、试验条件及方法
燃气阀门	使被测燃气阀门为关闭状态,其余阀门打开,逐道检测(并联的阀门作为同一道阀门检测)。在燃气入口连接测漏仪,通入 4.2 kPa 空气,其泄漏量符合表 5-1 要求,允许采用人为方式关闭或打开阀门检测
燃气进气口至燃烧器火孔	燃气条件:0-1,点燃全部燃烧器,用检查火或检漏液检查从燃气进气口至燃烧器火孔前各连接部位是否有漏气现象

5.1.2 欧盟标准 EN 26:2015 的要求与试验方法

条款号：6.2.1、附录 E。

欧盟标准《家用燃气快速热水器》(EN 26:2015)中有关燃气系统气密性的要求和试验方法的规定如下。

1. 燃气管路的密封性要求（见 **6.2.1**）

1) 一般要求

燃气管路应由金属部件构成。

用于装配部件的螺丝孔、螺柱孔等，不应开在燃气通路上，钻孔与燃气通路间的壁厚至少要达到 1 mm，但这不适用于用作测量目的的孔。水应不能渗入燃气管路。

组成燃气通路以及有可能拆卸下来原位作定期维护的部件和装配件，应使用机械方式连接。例如，金属对金属的连接，密封垫或环形密封圈，也就是不能使用诸如密封带、密封胶或密封液等密封材料。

但是，上面提到的密封材料可以用于永久性的装配件，这些密封材料在热水器的正常使用条件下应能保持有效。

燃气管路上没有使用螺纹装配的装配件，装配件的密封性不能依靠软焊料或黏合剂实现。

2) 试验要求

燃气管路应保证密封性。

如果空气的泄漏量不超过以下值，可以确保密封性。

① 试验 1：小于等于 0.06 dm³/h。

② 试验 2：对于每个关闭阀门，小于等于 0.06 dm³/h。

③ 试验 3 和试验 4：小于等于 0.14 dm³/h。

3) 试验方法

热水器燃气进口连接至可提供合适且恒定压力的空气供给源（见附录 E）。

热水器应处于室温，且试验过程该温度保持稳定。

合适的话，进行两次或三次试验。第一次在热水器交付时，在进行任何试验之前进行；第二次在按照本标准完成所有试验之后进行；第三次是对于说明书中规定的包含燃气接头且可以拆卸的燃气管路部件，经过拆卸和重新安装 5 次后进行。

（1）试验 1

检查第一个密闭元件的密封性，其他所有下游密闭元件处于开启状态。热水器的进气口施加 150 mbar 的压力。

（2）试验 2

对于其他控制，热水器的进气口施加的压力应如下。

① 对于第一族和第二族燃气，热水器的进气口施加的压力为 50 mbar。

② 对于第三族燃气，热水器的进气口施加的压力为 150 mbar。

每个合适的密闭元件应相继进行密封性试验，试验时其他密闭元件应处于开启状态。

如果水气联动阀设计使水压对密封性有影响，最后的试验应在热水器没有水以及处于最大水压的压力下进行。

（3）试验 3

将所有阀门打开，犹如热水器处于工作状态。另外，燃气出口使用实心喷嘴堵塞，或使用其他合适的方式堵塞燃气出口，此时测量热水器的总泄漏量。

（4）试验 4

对于不使用第三族燃气的热水器，热水器进气口施加的压力是 50 mbar。对于使用第三族燃气的热水器，热水器进气口施加的压力是 150 mbar。

火焰检测装置应使用适当的方式开启，如果需要的话，还应堵塞小火燃烧器的燃气通路。

热水器连接至供水系统，水压采用安装说明书中规定的最大水压。

燃气通路上的所有关闭装置保持开启，由水流直接控制的装置除外。

水流感应装置周围的空气温度以 1 ℃/min 的速度逐步降至－10 ℃，其间应有足够时间使装置冻结。

如果解冻后热水器未受到任何可见损坏，应进行试验 1、试验 2 和试验 3，以及 6.7.1.2 的试验 1。

2. 燃气管路密封性试验：体积法（附录 E，见 6.1.6.5 和 6.2.1.3）

1）设备

可以使用图 3-2 所示的图及按图上尺寸构造的装置（单位为 mm）。

该装置使用玻璃制造，阀门 1～5 也是使用玻璃制造并装有弹簧。使用的液体是水。

调节恒定水位容器中的水位与管 G 末端之间的距离 L，使水的高度与试验压力相对应。

试验装置安装在空调室内。

2）试验方法

阀门 1 上游的压缩空气压力通过压力调节器 F 调节。

阀门 1～5 关闭。待测样品 B 连接到测试管。阀门 K 的下游关闭。

阀门 2 打开。当恒定水位容器 D 中的水溢出到溢流口 E 时，阀门 2 关闭。

阀门 1～4 打开。通过入口 A，在滴定管 H 和装置中产生压力。然后关闭阀门 1。

阀门 3 打开。15 min 后，试验设备（和样品）中的空气达到稳定状态。

水从管 G 溢出到滴定管 H 中，表明存在泄漏。

5.1.3 中欧标准差异分析

中国标准和欧盟标准对燃气系统中阀门气密性的试验方法大致相同，但是欧盟标准的试验压力更高，对漏气量的要求也较严格。对于整个燃气管路系统的气密性试验，欧盟标准采用的是堵塞喷嘴测试漏气量的方法，中国标准采用的是检查火或检漏液的方法，相比来说，中国标准的试验方法在产品批量生产时更具有可操作性。另外，欧盟标准对燃气系统的密封性增加了低温试验，这是中国标准所没有的。

5.2　无风状态燃烧工况(不包含噪声试验)

5.2.1　中国标准 GB 6932—2015 的要求与试验方法

1. 要求

条款号:6.1。

中国标准《家用燃气快速热水器》(GB 6932—2015)中对无风状态燃烧工况性能的要求如表 5-3 所示。

表 5-3　无风状态燃烧工况性能要求

项目	性能要求	试验方法	适用机型				
			D	Q	P	G	W
火焰传递	点燃一处火孔后,火焰应在 2s 内传遍所有火孔,且无爆燃现象	7.7	○	○	○	○	○
火焰状态	火焰应清晰、均匀						
积碳	不产生积碳现象						
火焰稳定性	不发生回火、熄火及妨碍使用的离焰现象						
接触黄焰	正常使用时电极与热交换器部位不应有接触黄焰						
烟气中 CO 含量 $\varphi(CO_{a=1})$	≤0.06%		○	○	—	—	—
	≤0.10%		—	—	○	○	○
点火燃烧器稳定性	不发生回火或熄火、爆燃现象		○	○	○	○	○
排烟温度(不适合冷凝式的特殊要求)	≥110℃		○	○	○	○	○
具有燃气/空气比例控制装置热水器	在最大和最小热负荷状态下(具有自动恒温功能),烟气中 CO 含量小于等于0.10%		○	○	○	○	○
排烟系统	除排烟口以外不得排出烟气		○	○	—	—	—

注:"○"表示适用,"—"表示不适用。

2. 试验方法

条款号:7.7。

中国标准《家用燃气快速热水器》(GB 6932—2015)中有关无风状态燃烧工况试验方法的规定如下。

① 无风状态燃烧工况试验见表 5-4。

表 5-4　无风状态燃烧工况试验

项目	状态、试验条件及方法
试验条件及状态	供水压力:0.1 MPa。 燃烧工况试验条件按表 5-5 规定
试验方法	(1)火焰传递 冷态下,点燃主火燃烧器一端(火焰口)着火后,记录传遍所有火孔的时间和目测有无爆燃现象
	(2)火焰状态 主火燃烧器点燃燃烧稳定后,目测火焰是否清晰、稳定
	(3)积碳 运行后,目测检查电极、热交换器部分是否有积碳
	(4)离焰 冷态下点燃主火燃烧器后,目测是否有妨碍使用的离焰现象
	(5)熄火 主火燃烧器点燃 15 s 后,目测是否有熄火现象
	(6)回火 主火燃烧器点燃 20 min 后,目测火焰是否回火
	(7)接触黄焰 运行稳定后,目测有无黄焰。在任意 1 min 内,电极或热交换器连续接触黄焰在 30 s 以上时,视为电极或热交换器接触黄焰
	(8)烟气中 $\varphi(CO_{\alpha=1})$ a) 运行 15 min 后,用取样器取样。抽取的烟气样中(氧含量应不超过 14%),测量烟气中的 CO 含量; b) 烟气取样器按图 5-1 制作; c) 烟气取样器的位置按图 5-2 安放; d) 烟气中 CO 含量计算: 测定烟气中的 CO 含量和 O_2 的含量,按式(1)计算: $$\varphi(CO_{\alpha=1})=\varphi(CO_a)\frac{\varphi(O_{2t})}{\varphi(O_{2t})-\varphi(O_{2a})} \quad (1)$$ 对于测试中能确定气体组分时,测定烟气中一氧化碳含量和二氧化碳含量,按式(2)计算: $$\varphi(CO_{\alpha=1})=\varphi(CO_a)\frac{\varphi(CO_{2b})}{\varphi(CO_{2a})} \quad (2)$$ 式中:$\varphi(CO_{\alpha=1})$——过剩空气系数等于 1 时,干燥烟气中的 CO 含量数值,体积分数(%); 　$\varphi(O_{2t})$——供气口周围干空气中的 O_2 含量数值(室内空气 CO_2 含量小于 2% 时,$\varphi(O_{2t})$=20.9%),体积分数(%); 　$\varphi(O_{2a})$——干烟气中的 O_2 含量数值(测定值),体积分数(%); 　$\varphi(CO_a)$——干燥烟气中 CO 含量数值(测定值),体积分数(%); 　$\varphi(CO_{2b})$——过剩空气系数等于 1 时,干燥烟气样中 CO_2 含量计算的数值,体积分数(%); 　$\varphi(CO_{2a})$——干烟气样中 CO_2 含量测定的数值(测定值),体积分数(%)。 　式(1)中的使用条件为烟气中 O_2 的含量小于 14%。 　$\varphi(CO_{2b})$ 的数值按实际燃气的理论烟气量计算或参照 GB/T 13611。

续表

(9)点火燃烧器稳定性
a)具有点火燃烧器的,点燃点火燃烧器 15 min 后,目测单独燃烧的火焰稳定性;
b)将燃气阀开至最大,使热水器连续启动 10 次,检查主火燃烧器在点燃和熄灭时点火燃烧器是否有熄灭现象
(10)排烟温度
燃气条件:0-2,将燃气阀门开至最大,连续运行 15 min 后,在热水器排烟口处或热交换器上方测定
(11)具有燃气/空气比例控制装置热水器
a)供水压力:0.1 MPa;燃气条件:0-2;
b)分别在热水器最大和最小两种热负荷状态下(在最大和最小状况燃烧运行稳定情况下),测量烟气中的 CO 含量

表 5-5 燃烧工况试验条件

序号	项目		热水器状态				试验条件	
			强制排气式排烟管长度	强制给排气式给排气管长度	燃气调节方式		电压条件/(%)	试验气条件
					燃气量调节方式	燃气量切换方式		
1	火焰传递		短	短	大、小	全	110	3-2
2	熄火		短	短	大、小	全	90 及 110	3-3
3	离焰		短	短	大	大	90 及 110	3-1
4	火焰状态		短	短	大、小	全	100	0-2
5	回火		短	短	大、小	全	90 及 110	2-3
6	CO 含量		长、短	长、短	大	大	100	0-2
7	黄焰和接触黄焰		长	长	大	大	90	1-1
8	积碳		长	长	大	大	90	1-1
9	小火燃烧器 主火燃烧器	熄火	长	短	大	大	100	3-3
		回火	长	短	大	大	100	2-3
10	烟气从排烟口以外逸出		长	长	大、小	大、小	100	1-1

自然排气式热水器排烟管按照图 5-3,高度 0.5 m,排烟管排气口敞开;自然给排气式热水器给排气管按照图 5-4,墙体厚度小于 1 m 的长度安装;室外型热水器按照图 5-5 设置。

注1:"燃气量调节方式"指在调节燃气流量时,可调节的燃气量,"大"指燃气量最大状态,"小"指燃气量最小状态。

2:"燃气量切换方式"指调节燃烧器工作的方式,其中"大"指点燃全部燃烧器,"小"指点燃最少量燃烧器,"全"指逐档点燃每个燃烧器的状态。

3:"长"和"短"指在安装或使用说明书规定的排烟管或给排气管的最大长度和最小长度的安装状态。

4:"电压条件"是以热水器的额定工作电压为基准值。

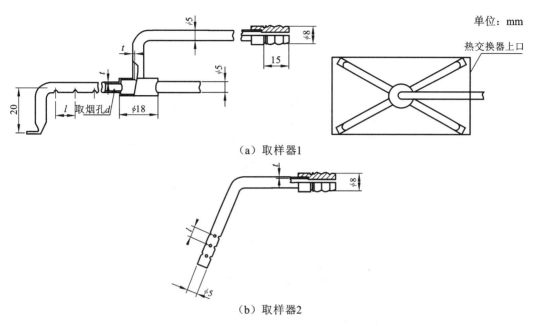

单位：mm

（a）取样器1

（b）取样器2

材料为铜或不锈钢。$t=0.5\sim0.8$，$d=$直径$(0.5\sim1.0)$，$l=5\sim10$。

图 5-1　烟气取样器

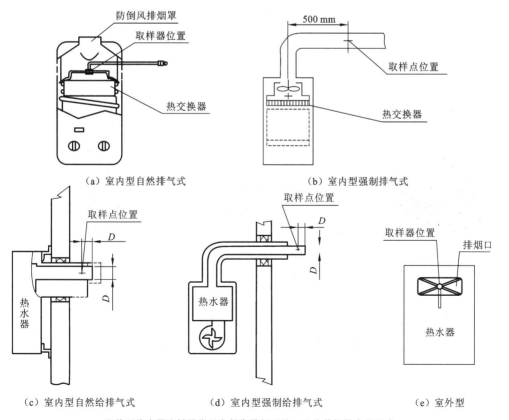

（a）室内型自然排气式　　　　　　　（b）室内型强制排气式

（c）室内型自然给排气式　　　　（d）室内型强制给排气式　　　　（e）室外型

室外型热水器取样器位置在紧靠排烟口处。D 为排烟管内径尺寸。

图 5-2　烟气取样器位置示意图

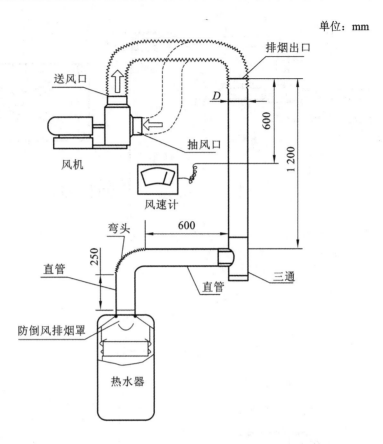

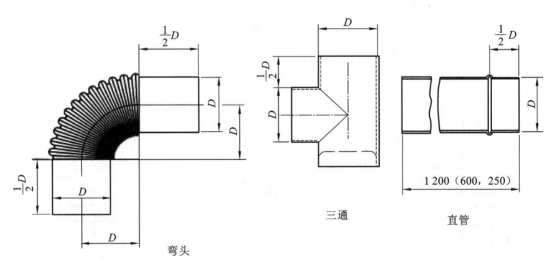

图 5-3　自然排气式热水器试验装置示意图

单位：mm

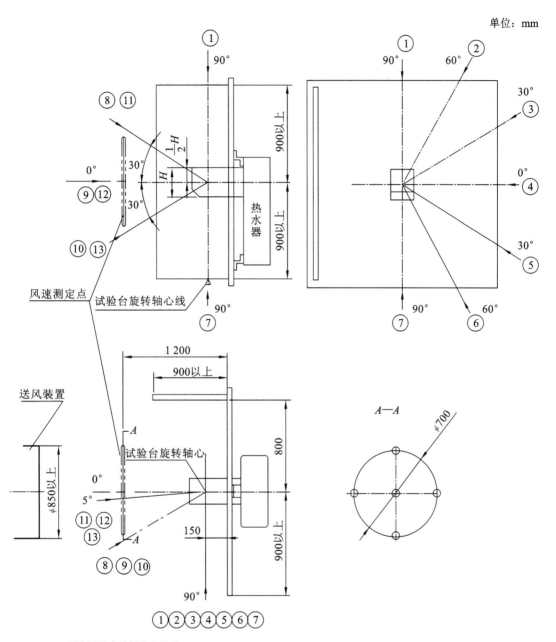

风向试验台旋转中心输送。

风速测定是在距离地面 1 200 mm 处，测定环设在送风装置中心，测定中心及上下左右 5 个点。

试验风速以 5 个点为平均速度，各测定点风速以试验风的 ±10% 为标准。

图 5-4　自然给排气式热水器试验装置示意图

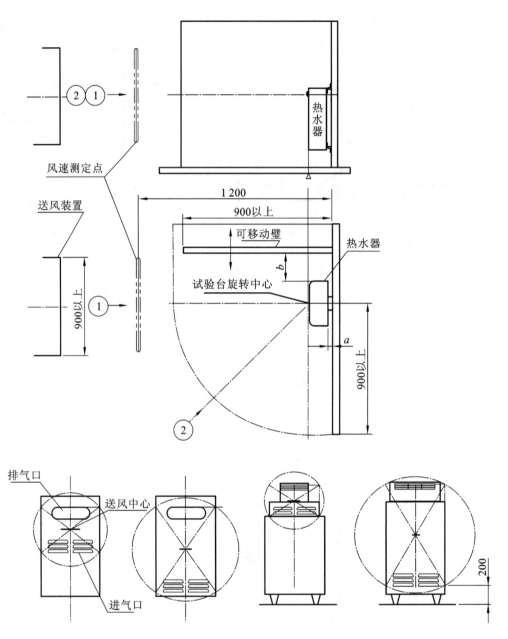

进气与排气部位承受的风力应一致。

风速的测定设为无热水器和妨碍物的状态下设定风速，选其位置距壁面 1 200 mm 的正前面，从送风机位置观看，给气部位与排气部位边界线交接长方形的中心点为中心风速，测定包括长方形各顶点在内的 5 个点。但开口部位下端距地面不足 200 mm 时，则由地面 200 mm 处测定。

试验风速设为 5 点的平均风速，各测定点的风速按试验风速误差的±10％设定。

图 5-5　室外型热水器试验装置示意图

② 自然排气式热水器无风状态燃烧工况试验见表 5-6。

表 5-6　自然排气式热水器无风状态燃烧工况试验

项目	状态、试验条件及方法
无风状态	（1）热水器状态 将适合自然排气式热水器的排烟管按图 5-3 所示连接，打开排烟管的出口
	（2）试验条件 燃气条件：0-2；供水压力：0.1 MPa
	（3）试验方法 a）燃烧状态：按表 5-4 规定。 b）排烟系统：试验条件按表 5-5 中的要求，点燃热水器燃烧器 15 min 后，再用发烟剂或图 5-6 所示露点板测定从排烟出口以外的部分是否有烟气排出

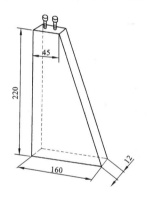

表面加工成镜面效果：内部灌满稍高于室温的水。

图 5-6　露点板

③ 强制排气式热水器无风状态燃烧工况试验见表 5-7。

表 5-7　强制排气式热水器无风状态燃烧工况试验

项目	状态、试验条件及方法
无风状态	（1）热水器状态 按热水器使用说明书要求配置标准排烟管道，按表 5-4 要求进行
	（2）试验条件 按表 5-5 要求
	（3）试验方法 a）燃烧工况：按表 5-4 要求 b）排烟系统：按表 5-5 中 10 的条件，点燃燃烧器 15 min 后，使用发烟剂或图 5-6 所示露点板，检查从排烟口以外的部分有无烟气排出

④ 自然给排气式热水器无风状态燃烧工况试验见表 5-8。

表 5-8　自然给排气式热水器无风状态燃烧工况试验

项目	状态、试验条件及方法
无风状态	按表 5-4 进行

⑤ 强制给排气式热水器无风状态燃烧工况试验见表 5-9。

表 5-9　强制给排气式热水器无风状态燃烧工况试验

项目	状态、试验条件及方法
无风状态	按表 5-4 进行

⑥ 室外型热水器无风状态燃烧工况试验见表 5-10。

表 5-10　室外型热水器无风状态燃烧工况试验

项目	状态、试验条件及方法
无风状态	按表 5-4 进行

5.2.2　欧盟标准 EN 26：2015 的要求与试验方法

条款号：6.7.1、6.7.12.5、6.7.15、6.9.1、6.9.2.1、6.9.2.2、6.9.2.3、6.9.2.4.5、6.9.2.4.13、6.10。

欧盟标准《家用燃气快速热水器》(EN 26：2015)中有关无风状态燃烧工况性能的要求与试验方法的规定如下。

1. 点火、传火、火焰稳定性（见 6.7）

1）所有热水器在无风状态下的工作（见 6.7.1）

（1）要求

对于试验 1、2、5、6、7 和 8，热水器应满足以下规定。

① 点火燃烧器的点火应满足要求。

② 主火燃烧器的点火应安静。

③ 传火应确定。

④ 火焰应稳定，但点火时轻微的离焰趋势是允许的。

⑤ 重复点火时，火焰检测装置不应引起锁定，在操作水龙头时也不应引起熄火，且不应有危险状况出现。

对于试验 3 和试验 4，点火燃烧器对主火燃烧器的点火不应对热水器造成损坏，也不应对使用者造成危险。

对于试验 7 和试验 8，对于使用间接指示方式显示火焰信号的热水器，过剩空气系数为 1 时，干烟气中 CO 浓度值超过在相同条件下使用基准气测得的 CO 浓度值应不大于 0.01%。

对于测试 9，点火燃烧器和主火燃烧器间的传火，以及到主火燃烧器各部分的火焰传递，应完全安全。

（2）试验方法

适当的话，可按照 6.1.6.6.2 的 b）和 b′）进行调节。

① 试验 1。

热水器使用其燃气目录中最低华白数的基准气，在 6.1.6.6.2 的 b）的条件下，燃气供气压力调低至 $0.7p_n$。

试验在冷态和稳定状态条件下进行。

② 试验 2。

在 6.1.6.6.2 的 b′）条件下重复试验 1。

③ 试验 3。

热水器在 6.1.6.6.2 的 b）条件下使用其燃气目录下的基准气，到点火燃烧器的燃气供给应调节至使火焰检测装置开阀的最低要求。

试验在冷态条件下进行。

④ 试验 4。

在 6.1.6.6.2 的 b′）条件下重复试验 3。

⑤ 试验 5。

不改变 6.1.6.6.2 的 b）条件的初始调节，热水器使用其燃气目录下的回火气，并使用最低试验压力。

试验在稳定状态条件下进行。

⑥ 试验 6。

在 6.1.6.6.2 的 b′）条件下重复试验 5。

⑦ 试验 7。

不改变 6.1.6.6.2 的 b）条件的初始调节，热水器使用其燃气目录下的离焰气，并使用最高试验压力。

试验在冷态条件下进行。

另外，对于使用间接方式指示火焰信号的热水器，检验 6.7.1.1 的相关要求是否满足。

⑧ 试验 8。

在 6.1.6.6.2 的 b′）条件下重复试验 7。

⑨ 试验 9。

在 6.1.6.6.2 的 b）条件下供气及调节热水器。关闭水龙头然后开启，在 (3.0 ± 0.5)s 时间内，对于自动调节热输出的热水器，增加水流量到其最小热负荷状态下的对应水流量值；对于固定或可调节热输出的热水器，增加水流量到其额定热输入状态下的对应水流量值。

试验在冷态和稳定状态条件下进行。

2）带防倒风排气罩的 B 型热水器的补充试验（见 6.7.12.5）

（1）要求

在 6.7.12.2、6.7.12.3.2 或 6.7.12.4.3.2 规定的试验条件下，燃烧产物仅能从排烟管出口排出。

（2）试验方法

带风机和防倒风排气罩的 B 型热水器，应进行以下试验。

① 当热水器处于环境温度时，排烟管出口完全堵塞。将热水器设置为点火，并逐步移除堵塞物。点火成功时，检查是否有气体溢出。

② 排烟管出口畅通，热水器稳定运行。然后逐渐堵塞排烟管出口。验证在检测到气体泄漏之前，热水器至少发生了安全关闭。

③ 使露点板的温度保持在略高于环境空气露点的值，使用露点板查找泄漏之处。将该板靠近防倒风排气罩周围怀疑存在泄漏的所有位置。检查是否有气体泄漏发生。

④ 对于可疑的情况，可以使用连接到 CO_2 快速反应分析仪的取样器进行检测，以确认能否检测到 0.20% 的 CO_2。

当热水器以不同的风机转速运行时，应以最低的风机转速和适当的燃气流量重复试验。可以调节水流和回水温度以实现该条件。

3) 燃烧产物从 C_7 型热水器的泄漏（见 6.7.15）

（1）要求

燃烧产物应仅从次级排烟管出口排出。

（2）试验方法

热水器按 6.1.6 安装，移除取样器，使用其中一种基准气，或实际使用的燃气在额定热输入状态下进行试验。

使用露点板寻找泄漏的燃烧产物，露点板的温度应维持在比环境空气露点温度稍高的一个值。将露点板靠近空气进口或气流偏转器等所有可能泄漏燃烧产物的位置。

对于可疑的情况，可以使用连接到 CO_2 快速反应分析仪的取样器进行检测，以确认能否检测到 0.20% 的 CO_2。

2. 燃烧（见 6.9）

1) 要求（见 6.9.1）

过剩空气系数为 1 时，干烟气中的 CO 含量不应超过以下值。

① 当热水器使用基准气和在 6.9.2.2 的正常条件下或在 6.9.2.4.1 的特殊条件下工作时，为 0.10%。

② 当在 6.9.2.2 的条件下，以及在 6.9.2.4.2～6.9.2.4.14 的条件下时，为 0.20%。

2) 试验方法（见 6.9.2）

（1）一般要求

热水器供给燃气，如果必要，根据 6.9.2.2 和 6.9.2.3 调节。当热水器处于稳定状态条件时（6.1.6.7），对于 A_{AS} 型热水器，燃烧产物使用图 5-7 所示装置取样；对于 B 型热水器，在排烟管堵塞测试和下吹风测试时，使用图 5-8 所示的取样器，在尽可能靠近热交换器出口的地方取样。

对于其他燃烧试验，燃烧产物使用图 5-9 或图 5-10 所示的取样器，放置在排烟管内且距离排烟管顶部 100 mm 处取样。

对于 C_{11} 型热水器，燃烧产物使用图 5-11 或图 5-12 所示的取样器取样。

过剩空气系数为 1 时，干烟气的 CO 含量由下式计算得出：

$$(CO)_N = (CO)_M \times \frac{(CO_2)_N}{(CO_2)_M} \tag{5-1}$$

式中：$(CO)_N$——过剩空气系数为 1 时干烟气中 CO 含量，单位为%；

$(CO_2)_N$——相应燃气过剩空气系数为 1 时干烟气中 CO_2 含量，单位为%；

$(CO)_M$ 和 $(CO_2)_M$——燃烧试验中测得的烟气样中 CO 和 CO_2 浓度，单位为%。

试验燃气的$(CO_2)_N$见表 5-11。

表 5-11 $(CO_2)_N$百分比

燃气分类	G110	G20 G27	G21	G23	G25 G231	G26	G30	G31 G130	G120	G140	G141	G150	G271
$(CO_2)_N$	7.6	11.7	12.2	11.6	11.5	11.9	14.0	13.7	8.35	7.8	7.9	11.8	11.2

过剩空气系数为 1 时，干烟气的 CO 含量也可由下式计算得出：

$$(CO)_N = \frac{21}{21-(O_2)_M} \times (CO)_M \tag{5-2}$$

式中：$(O_2)_M$ 和 $(CO)_M$——燃烧试验中测得的烟气样中 O_2 和 CO 浓度，单位为％。

当 CO_2 含量小于 2％时，建议使用该式。

对于 C 型热水器，试验使用安装说明书规定的最长空气供给和燃烧产物排出管进行。

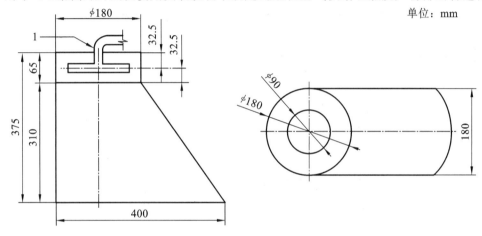

1—图 5-8 的取样器

图 5-7 A_{AS}型热水器燃烧产物取样器

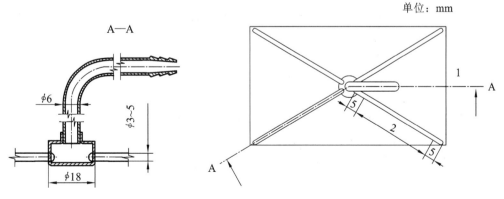

1—每个分支 3 个取样孔；2—取样孔 $\phi=0.5$，且对称分布
取样器分支间角度的选择应保证能取样到有代表性的烟气样。

图 5-8 B_{11} 和 B_{11BS}型热水器燃烧产物取样器

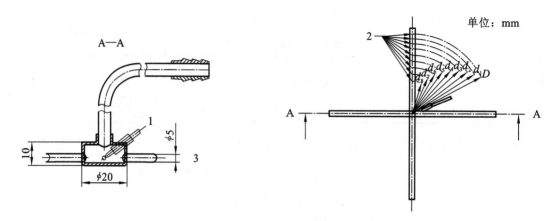

1—热电偶;2—每个分支 8 个取样孔,取样孔 $\phi=0.5$

$d_1=0.97D$;$d_2=0.90D$;$d_3=0.83D$;$d_4=0.75D$;$d_5=0.66D$;$d_6=0.56D$;$d_7=0.43D$;$d_8=0.25D$

图 5-9　直径等于或大于 DN100 的试验排烟管的取样器

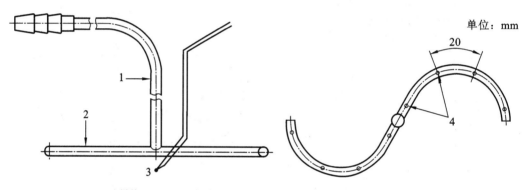

1—取样管 $\phi=6$;2—取样管 $\phi=4.3$;3—热电偶;4—取样孔 8 个,取样孔 $\phi=1$

图 5-10　直径小于 DN100 的试验排烟管的取样器

(2) 无风状态下的试验

A_{AS}、B_{11} 和 B_{11BS} 型热水器安装在 6.9.2.1 所述的房间内,并且按照安装说明书,热水器的后表面应尽可能靠近墙面。

B_4 和 B_5 型热水器安装安装说明书声明的最长的排烟管。

对于使用带"P"的增压型烟管的热水器,其排烟管出口应承受安装说明书中声明的最大正常增强压力,但该压力不应大于 200 Pa。该压力可以通过堵塞部分排烟管获得。

热水器应在 6.9.2.1 的条件下安装。

水流量和水温调节按照 6.1.6.6.2 的 a)进行。但是,对于恒温式热水器,可以将水流量调节至规定的 1.15 倍或使温控器不起作用。

① 试验 1。

试验使用基准气进行。

a. 对于主火燃烧器管路系统上没有调压器的热水器,或是没有安装预设燃气流量装置的热水器,或是装有燃气/空气比例控制装置的热水器,试验按 6.1.5 中的最大压力进行。

b. 对于预设燃气流量装置但在主火燃烧器管路上没有调压器的热水器,试验通过调节

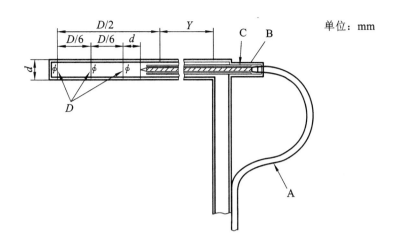

A—热电偶线;B—绝热黏合剂;C—有两个管道的陶瓷管;D—3 个取样孔直径

注 1:直径 6 mm 的取样器的尺寸如下(适用于直径大于 75 mm 的排烟管):① 取样器外径(d)6 mm;
② 壁厚 0.6 mm;③ 3 个取样孔的直径(x)1.0 mm;④ 有两个管道的陶瓷管直径 3 mm,通道直径
0.5 mm;⑤ 热电偶线直径 0.2 mm。

适用于直径小于 75 mm 的排烟管的取样器的尺寸(d)和(x)应该是这样的:① 取样器的横截面积应
小于烟管横截面积的 5%;② 3 个取样孔的总表面积应小于取样器横截面积的 3/4。

2:Y 的尺寸取决于进气管及其隔热层的直径。材料:不锈钢。

图 5-11 可对燃烧产物取样和测量温度的取样器

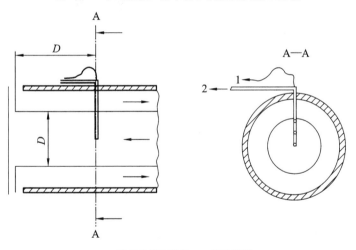

1—到温度读取装置;2—到取样泵

图 5-12 C 型热水器的取样器放置位置

燃烧器获得 1.10 倍额定热输入进行。

c. 对于在主火燃烧器管路上装有调压器的热水器,通过改变燃烧器的热负荷进行试验,对第一族燃气调节至 1.07 倍额定热输入,对第二族燃气调节至 1.05 倍额定热输入。

d. 对于装有预设燃气流量调节器或在主火燃烧器管路上装有调压器的热水器,且该装置对一种或多种燃气族不起作用的,试验应按照各种规定的供气条件连续进行。

② 试验 2。

热水器使用其燃气目录的不完全燃烧界限气进行试验。

如果热水器没有调压器或装有燃气/空气比例控制装置，热水器使用基准气并调节至1.075倍额定热输入进行试验；如果热水器装有调压器，则热水器使用基准气并调节至1.05倍额定热输入进行试验。如果热水器专门安装，且燃气流量计处有一个减压阀，则系数1.05也是适用的。然后，不改变热水器的设置或其供应压力，将基准气替换成相应的不完全燃烧界限气进行试验。

另外，对于可以调节输出或自动调节输出的热水器，在6.1.6.6.2的a′)和最小热输入条件下，也应使用基准气进行试验。

在每个试验检验6.9.1的规定是否符合。

（3）使用燃气/空气比例控制装置的热水器

使用燃气/空气比例控制装置的热水器应进行以下试验，并测量CO和CO_2的含量。

① 燃气/空气比例控制装置按照安装说明书调节（如果控制装置不能调节则保留工厂设置）。热水器应在控制装置允许的最大和最小额定热输入下工作。

② 通过调节CO_2值到比燃气/空气比例控制装置可以设置的CO_2最大值高0.5％，模拟可调性"节流（throttle）"设置的合理性失调。对于可调节的燃气/空气比例控制装置，最大值应包括设置公差的最大范围；对于不可调节的燃气/空气比例控制装置，最大值应包括工厂设置公差的最大范围。按照该调节，热水器应在控制装置允许的最大和最小额定热输入下工作。

③ 测量燃气/空气比例控制装置的压差（热水器工作在最小负荷状态）并通过调节补偿螺丝增加压差5 Pa，模拟可调性"补偿（offset）"设置的合理性失调。按照该调节，热水器应再次在控制装置允许的最大和最小额定热输入下工作。调节补偿螺丝减少压差5 Pa，重复此试验。

在每个试验条件下检验6.9.1的a)要求是否符合。

（4）补充试验

① 使用离焰气的燃烧测试。

调节方法按以下要求修改：

a. 没有调压器或带燃气/空气比例控制装置的热水器调节至最小热负荷，热水器的进气口压力调小至6.1.5给出的最小压力。

b. 有调压器的热水器，热输入调节至最小热输入的0.95。

然后使用离焰气替换基准气。

检验6.9.1的b)要求是否满足。

② 带风机辅助的热水器的补充测试。

带风机辅助热水器在正常压力下提供所属类别的基准燃气。当电源电压在安装说明书规定的额定电压的85％～110％变化时，检查是否满足6.9.1的b)要求。

3. 积碳（见**6.10**）

1）要求

没有可能影响燃烧质量的积碳产生，如果该要求满足，可以允许有黄焰出现。

2）试验方法

在正常燃气压力下,使用燃气目录中最高华白数的基准气,进行 6.9.2.2 的试验 1。

如果没有出现黄焰,可以认为满足以上要求。

如果出现黄焰或点火时出现软火焰,则在相关正常压力下,将基准气替换成其目录中的黄焰界限气,并使热水器工作 6 次,每次 20 min,然后目测是否有积碳产生。

5.2.3 中欧标准差异分析

中国标准和欧盟标准的无风状态燃烧工况测试差异较大,如烟气中的 CO 含量试验,中国标准仅在额定状态下使用基准气进行试验,但欧盟标准则要求在极限负荷状态下(1.05 倍、1.07 倍或 1.10 倍额定热负荷)进行试验,并且除了使用基准气进行试验,还要使用黄焰气和离焰气进行试验,可见欧盟标准较中国标准更为严格。此外,中国标准要求非冷凝式热水器的排烟温度不低于 110 ℃,这在欧盟标准中是没有的。

5.3 有风状态燃烧工况

5.3.1 中国标准 GB 6932—2015 的要求与试验方法

1. 要求

条款号:6.1。

中国标准《家用燃气快速热水器》(GB 6932—2015)中对有风状态燃烧工况性能的要求如表 5-3 所示。

表 5-11 有风状态燃烧工况性能要求

项目	性能要求	试验方法	适用机种				
			D	Q	P	G	W
主火燃烧器	无熄火、回火及影响使用的火焰溢出现象	7.7	○	○	○	○	○
	带有烟道堵塞安全装置时保护装置应在 1 min 内动作关阀,动作前无熄火、回火及影响使用的火焰溢出现象		○	—	—	—	—
点火燃烧器	点火燃烧器无熄火、回火和爆燃现象		○	○	○	○	○
排烟系统	除排烟管末端排烟口以外,不得排出烟气		—	○	○	○	○
火焰传递	火焰传递可靠,无爆燃现象		—	○	○	○	○
烟气中 CO 含量 $\varphi(CO_{a=1})$	≤0.14%		—	—	○	○	○

注:"○"表示适用,"—"表示不适用。

2. 试验方法

条款号:7.7。

中国标准《家用燃气快速热水器》(GB 6932—2015)中有关有风状态燃烧工况试验方法的规定如下。

① 自然排气式热水器有风状态燃烧工况试验见表 5-12。

表 5-12　自然排气式热水器有风状态燃烧工况试验

项目	状态、试验条件及方法
有风状态	(1)热水器状态 按表 5-4 无风状态的规定,在排烟管前端与送风机连接
	(2)试验条件 燃气条件:0-2;供水压力:0.1 MPa
	(3)试验方法 a)燃烧器火焰的稳定性能:点燃热水器燃烧器 15 min 后启动送风机,在排烟管内以 2.5 m/s 以及 5 m/s 的风速分别向上、向下,各送风 3 min。在送风期间以目测方法检查燃烧器有无熄火、回火及妨碍使用的离焰现象。 带有烟气倒流保护装置的热水器,目测保护装置在向下送风,在发生回火及妨碍使用的离焰前是否能自动切断燃气供给。 b)点火燃烧器的火焰稳定性能:燃气条件 3—2。仅点燃点火燃烧器,燃烧状态稳定后,或 5 min 后开始启动送风机,向排烟管内施加 5 m/s 风速,使其向上、向下送风各 1 min,以目测检查是否有熄火、回火现象

② 强制排气式热水器有风状态燃烧工况试验见表 5-13。

表 5-13　强制排气式热水器有风状态燃烧工况试验

项目	状态、试验条件及方法
有风状态	(1)热水器状态 按图 5-13 所示将排烟管接入调压箱内,并将热负荷设定在最大状态
	(2)试验条件 按表 5-5 中序号 9、序号 10 要求;额定电压为 220V;供水压力为 0.1 MPa
	(3)试验方法 a)燃烧工况。 点燃热水器燃烧器 15 min 后,调节挡板将调压箱内的压力调至 80 Pa,检查以下项目。 ——有点火燃烧器时,仅点燃点火燃烧器,以目测方法检查有无熄火、回火及妨碍使用的离焰现象;火焰传递可靠。 ——无点火燃烧器时,按表 5-4 进行。 b)排烟系统。 按表 5-7 无风状态中②进行。

③ 自然给排气式热水器有风状态燃烧工况试验见表 5-14。

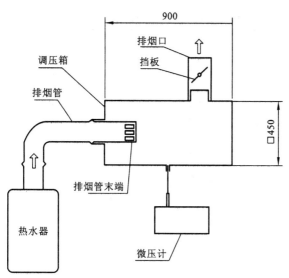

900　　　　　　　　　单位：mm

调压箱的形状及尺寸参考图中所示，应是调压箱内压力均匀情况下的形状与尺寸。

挡板应能方便地调整调压箱内的压力，并且可以封闭排烟口，如果不能封闭时，可用另外的盖来封闭。调压箱内的压力测定，应在压力均匀时进行。排烟管应按说明书中指定的使用。排烟管的方向应与调压箱的方向水平一致。

图 5-13　强制排气式热水器试验装置示意图

表 5-14　自然给排气式热水器有风状态燃烧工况试验

项目	状态、试验条件及方法
	(1) 状态 将热水器给排气管安装在图 5-4 所示试验装置或同类试验装置中
	(2) 试验条件 燃气条件：0-2；供水压力：0.1 MPa
有风状态	(3) 试验方法 a) 烟气中 CO 含量 $\varphi(CO_{\alpha=1})$。 用相应的燃气点燃热水器燃烧器 15 min 后，按图 5-4 中所示③、④、⑤及⑧～⑬九个方向，分别给以 5 m/s 风速送风，按表 5-4 的(8)求出 CO 含量 $\varphi(CO_{\alpha=1})$，再用九个方向的 CO 含量总和求平均值。 同样对图 5-4 中①及⑦两个方向给以 2.5 m/s 的风速，求出 CO 含量； 同时按图 5-4 中①及⑦两个方向给以 2.5 m/s 的风速，测出 CO_2 的浓度，CO_2 含量最小值的风向称为"风向 A"，CO_2 含量最大值的风向称为"风向 B"。 b) 火焰传递。 分别对"风向 A"及"风向 B"给以 5 m/s 的风速送风，按表 5-4 的(1)规定检查。 c) 点火燃烧器的火焰稳定性。 有点火燃烧器时，仅点燃点火燃烧器，等燃烧状态稳定后或燃烧 5 min 后，向"风向 A"送 15 m/s 的风速 1 min，以目测方法检查点火燃烧器有无熄火、回火现象。 d) 主火燃烧器的火焰稳定性。 点燃主火燃烧器 15 min 后，按表 5-15 规定条件，以目测方法看是否有熄火、回火影响使用的火焰溢出及妨碍使用的离焰现象

表 5-15　自然给排气式热水器有风状态试验条件

项目	试验用燃气条件	风向	风速/(m/s)	持续时间/min
熄火	3-3	①	2.5	3
		②		
		⑥		
		⑦		
		风向 A	15	1
	3-1	风向 B	2.5	3
		风向 A	15	1
回火	2-3	风向 A		
火焰溢出或离焰	1-1	①	15	1
		②	2.5	3
		⑥		
		⑦		
		风向 B		
		风向 B	15	1

注:风向栏中①、②等为图 5.5.1 中的风向编号。

④ 强制给排气式热水器有风状态燃烧工况试验见表 5-16。

表 5-16　强制给排气式热水器有风状态燃烧工况试验

项目	状态、试验条件及方法
有风状态	(1) 热水器状态 将热水器给排气管安装在图 5-4 所示试验装置或同类试验装置中
	(2) 试验条件 按表 5-5,其中回火、熄火、火焰溢出、离焰按表 5-17 试验条件进行;额定电压为 220 V,供水压力为 0.1 MPa
	(3) 试验方法 a) 烟气中 $\varphi(CO_{a=1})$。 按表 5-5 规定的条件,点燃燃烧器 15 min 后,按图 5-12 中所示④及⑫两个方向分别以 5 m/s 风速送风,按表 5-4 的(8)规定求出 CO 含量 $\varphi(CO_{a=1})$。同样测出上述两个方向的 CO_2 值,将最小值的风向称为"风向 A",最大值的风向称为"风向 B"。 b) 火焰传递。 分别对"风向 A"及"风向 B"以 5 m/s 的风速送风,按表 5-4 的(1)规定检查。 c) 点火燃烧器的火焰稳定性。 燃气条件 3-2;有点火燃烧器时,仅点燃点火燃烧器,等燃烧状态稳定后或点燃 5 min 后,向"风向 A"以 15 m/s 的风速送风 1 min,以目测方法检查点火燃烧器是否有无熄火、回火现象。 d) 主火燃烧器的火焰稳定性。 点燃燃烧器 15 min 后,按表 5-17 规定条件,以目测方法检查燃烧器是否有熄火、回火、影响使用的火焰溢出及妨碍使用的离焰现象

表 5-17　强制给排气式热水器有风状态试验条件

项目	试验用燃气条件	风向	风速/(m/s)	持续时间/min
回火	2-3	A	15	1
熄火	3-3	A	15	1
		①	2.5	3
		⑦		
	3-1	B		
火焰溢出或离焰	1-1	A	15	1
		B	2.5	3
		B	15	1
		①	2.5	3
		⑦		

注:风向栏中①、⑦等为图 5-12 中的风向编号。

⑤ 室外型热水器有风状态燃烧工况试验见表 5-18。

表 5-18　室外型热水器有风状态燃烧工况试验

项目	状态、试验条件及方法
有风状态	(1)状态 将热水器设置于图 5-5 所示的试验装置上
	(2)试验条件 按表 5-5 的序号 1、序号 10 规定,供水压力为 0.1MPa
	(3)试验方法 a)火焰传递。 按图 5-5 所示两个方向,分别以 5 m/s 的风速送风,按表 5-4 中(1)规定,检查火焰传递。 b)点火燃烧器的火焰稳定性。 有点火燃烧器时,仅点燃点火燃烧器,燃烧稳定后或点燃 5 min 后,分别对图 5-5 所示的两个方向以 15 m/s 风速送风 1 min,在送风期间以目测方法检查点火燃烧器有无熄火、回火现象,燃气条件 3—2。 c)主火燃烧器的火焰稳定性。 点燃燃烧器 15 min 后,按图 5-5 所示的两个方向,分别以 2.5 m/s 风速送风 3 min,以 15 m/s 风速送风 1 min,在送风期间以目测方法检查燃烧器有无熄火、回火、影响使用的火焰溢出及妨碍使用的离焰现象

5.3.2　欧盟标准 EN 26:2015 的要求与试验方法

条款号:6.7.2~6.7.10,附录 B、附录 C。

欧盟标准《家用燃气快速热水器》(EN 26:2015)中有关有风状态燃烧工况性能的要求与试验方法的规定如下。

1. A_{AS} 型和除 B_{14} 型外的 B_1 型热水器的补充试验(见 6.7.2)

1)要求

火焰应稳定,但试验过程中轻微的离焰是允许的。燃烧器熄火是不允许的。

特别是在试验 3 和试验 4 中,火焰检测装置不应引起热水器关闭。但是,如果热水器装有燃烧产物排放安全装置,在试验 3 和试验 4 中热水器关闭是允许的。以上条款只在燃烧器能工作的情况下适用。

2)试验方法

B 型热水器安装说明书中声明的最大直径试验排烟管。

热水器使用基准气。

(1)试验 1

热水器按照 6.1.6.6.2 的 b)调节。当热水器在稳定条件时,在燃烧器所在平面上,应能承受一股直径 200 mm、风速 2 m/s 的吹风气流,气流在平面上以燃烧器为中心从各个方向吹向燃烧器。风速在距离热水器大约 0.5 m 处测量,而风机的空气出口距离热水器至少 1 m。

按 6.7.2.1 的规定检验过燃烧器和点火燃烧器的操作后,熄灭燃烧器,检验点火燃烧器自身的点火操作。

(2)试验 2

在 6.1.6.6.2 的 b′)条件下,重复试验 1。

(3)试验 3

对于 B 型热水器,试验在稳定条件下进行并使用试验 1 的供气条件,在燃烧器所在平面上不施加气流但在排烟管内(见图 5-14)施加连续的 3 m/s 的下吹风。

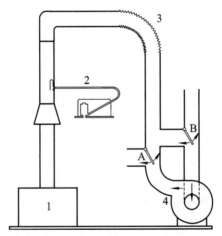

A 和 B—获得下吹风或上抽风的旁通阀;1—热水器;2—通过皮托管测量风速;3—软管;4—风机

图 5-14　在非正常吹风条件下的 B_{11} 和 B_{11BS} 型热水器的试验(见 6.7.2.2 的试验 3)

（4）试验 4

在 6.1.6.6.2 的 b′）条件下，重复试验 3。

2. C_{11} 型热水器以及室外型或有部分防护热水器的补充试验（见 6.7.3）

1）要求

对于系列试验 1、系列试验 2 和系列试验 3：点火燃烧器的点火、由点火燃烧器对主火燃烧器的点火或主火燃烧器的直接点火、火焰在整个燃烧器的传递、点火燃烧器单独点燃时的稳定性以及点火燃烧器和主火燃烧器同时工作的稳定性应能保证。如果不出现熄火，火焰的晃动是可以接受的。

对于系列试验 2、系列试验 3 和系列试验 4：5.2.7.2 中最后一段规定的点火装置应能够对点火燃烧器进行点火。

2）试验方法

热水器按安装说明书安装在附录 B 描述的试验墙上。除非另有说明，否则试验使用最短的空气供给和排烟管。

为保证垂直墙面上（见附录 B）烟管组合的密封性，如果有需要，可以使用密封胶带等材料。

热水器供给其燃气目录中的基准气，并按照 6.1.6.6.2 的 b）条件调节，热水器处于稳定状态条件后，进行 4 个系列试验。

（1）系列试验 1

热水器处于稳定条件下，烟管末端应可连续承受不同速度、在如下三个平面上不同方向的风。

① 水平面的风。

② 与水平面成 30°的上吹风。

③ 与水平面成 30°的下吹风。

在以上三个平面中，风的入射角在 0°～90°每隔 15°变化。如果烟管末端以垂直面为中心不对称，则风的入射角应在 0°～180°变化，间隔仍为 15°。

试验在 1 m/s、2.5 m/s、12.5 m/s 三种风速下进行。

三个入射平面应满足下列要求。

① 将风速、角度和入射平面三个因素进行组合，找出 CO_2 含量最低的组合（按 6.7.3.1 评估）。

② 在风速、角度和入射平面三个因素的组合中，测量无风状态下干烟气中的 CO 含量最高的组合。结果按照 6.9.2.4.3 评估是否符合 6.9.1 的规定。

（2）系列试验 2

对于在系列试验 1 中给出的 CO_2 含量最低的 9 个组合，检验 6.7.3.1 的相关要求是否满足。

（3）系列试验 3

对于可调节热输出的热水器，在相同的供气条件下重复系列试验 1 和系列试验 2，但手动燃气调节器应调节到最小开度位置。

对于自动调节热输出的热水器，在相同的供气条件下重复系列试验 1 和系列试验 2，但水流量调节至最小水流量。

检验 6.7.3.1 的相关要求是否满足。

（4）系列试验 4

如果热水器对于烟管末端的防护有规定，则应按照说明书安装防护，并重复系列试验 1 中无风状态下干烟气中的 CO 含量最高的试验。

检验 6.7.3.1 的相关要求是否满足，且评估无风状态下干烟气中的 CO 含量是否符合 6.9 的要求（见 6.9.2.4.2）。

3）安装在有部分防护位置的热水器的抗风性能

安装在室外或有部分防护位置的热水器，应在燃烧器平面承受以下速度和方向的吹风气流。

① 12.5 m/s 的水平吹风和上吹风（$a=0°$ 和 $-30°$）。

② 10 m/s 的下吹风（$a=+30°$）。

对于 B_{11BS} 型热水器，应使燃烧产物排放安全装置不起作用。

检验是否满足 6.7.3.1 的要求。

3. C_2 型热水器的补充试验（见 6.7.4）

1）要求

热水器应符合以下规定。

① 特殊点火装置（见 5.2.7.2）对点火燃烧器的点火应符合要求。

② 无论主火燃烧器是否点着，点火燃烧器的火焰均应稳定，且火焰检测装置不应切断燃气供给。

③ 点火燃烧器的点火、点火燃烧器对主火燃烧器的点火或主火燃烧器的直接点火均应安静，且火焰应保证可传至所有燃烧器火孔。火焰应稳定，轻微的火焰扰动是允许的，但不能出现熄火。

2）试验方法

热水器按安装说明书安装在图 5-15 所示和附录 C 描述的试验装置。

热水器供给与其燃气目录基准气相对应的离焰气，并按条件 6.1.6.6.2 的 b）条件调节，然后按条件 6.1.6.6.2 的 b′）条件调节。试验在稳定状态下进行。

试验装置调节至热水器所连接的烟管能给出以下的条件。

① 平均风速 2 m/s 的上吹风，CO_2 浓度达到 1.6%，温度在 60～80 ℃；

② 平均风速 4.5 m/s 的上吹风，CO_2 浓度达到 0.75%，温度在 40～60 ℃。

检验是否符合 6.7.4.1 的规定。

燃烧产物应在每个试验条件下取样，无风状态下干烟气中的 CO 含量按 6.9.2 确定。CO 的浓度值用于评估是否符合 6.9 的规定（见 6.9.2.4.3）。

4. C_{12}、C_{13}、C_{32}、C_{33}、B_4 和 B_5 型热水器的补充试验（见 6.7.5）

1）要求

6.7.3.1 的要求适用。

2）试验方法

6.7.3.2 的试验适用。烟管末端承受 1 m/s、2.5 m/s 和 12.5 m/s 的风速，风向根据热水器的类型和状态由图 5-16 至图 5-19 确定。

在风道的吹风试验应连接合适的墙壁或屋顶，如图 5-16 至图 5-19。

如果结果是等效的，可以进行选择性试验。

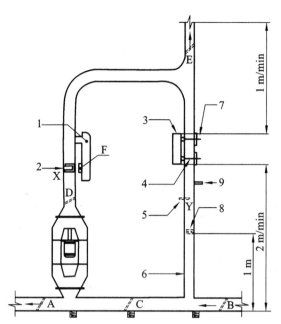

1—热水器;2—热交换器;3—试验的热水器;4—连接 CO 和 CO_2 分析仪,用作上吹气流的废气试验;5—温度探头;
6—矩形截面管 225 mm×40 mm;7—热电偶和连接至 CO 和 CO_2 分析仪的取样管;8—压力探头;9—2 个风速记录表(可互换)
B、C、D、E、F、X、Y:见附录 C。　　注:本图采用 EN 26:1998 中示意图。

图 5-15　在非正常吹风条件下的 B_{11} 和 B_{11BS} 型热水器的试验

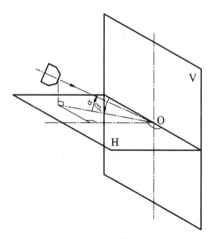

H—水平;V—垂直;$\alpha=0°$(水平风)、$+30°$ 和 $-30°$;$\beta=0°$(横风)、$15°$、$30°$、$45°$、$60°$、$75°$、$90°$(垂直于试验墙壁)。对
于装有非对称烟管末端的热水器,应继续按 $105°$、$120°$、$135°$、$150°$、$165°$、$180°$ 角度进行试验。
角度 β 可通过改变风机的位置(固定试验墙壁)来改变,或者围绕某一垂直轴旋转试验墙壁。
试验墙壁由大小至少为 1.8 m×1.8 m 的坚固垂直板组成,其中心应有一个可移除的面板,供给助燃空气和排放燃
烧产物的装置应安装在使其几何中心位于试验墙壁中心 O 的位置,而其凸出试验墙壁的距离由安装说明书确定。

图 5-16　水平烟管末端安装在垂直墙壁的 C_1、B_4 和 B_5 型热水器的试验装置

单位：mm

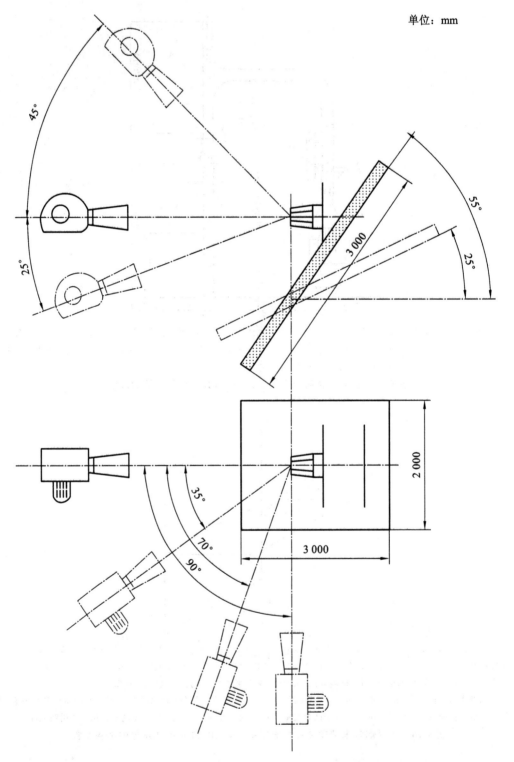

图 5-17 水平烟管末端安装在倾斜墙壁的 C_1、B_4 和 B_5 型热水器的试验装置

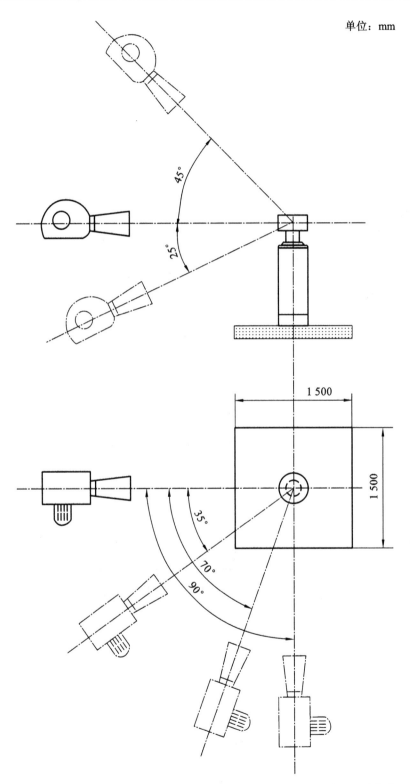

单位：mm

图 5-18 垂直烟管末端安装在水平墙壁的 C_3、B_4 和 B_5 型热水器的试验装置

单位：mm

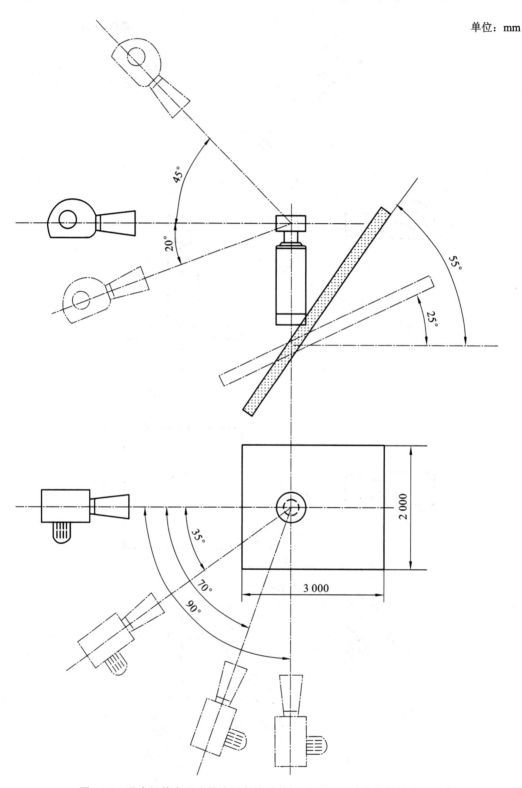

图 5-19　垂直烟管末端安装在倾斜墙壁的 C₃、B₄ 和 B₅ 型热水器的试验装置

5. C_{42} 和 C_{43} 型热水器的补充试验（见 6.7.6）

1）要求

6.7.4.1 的要求适用。

2）试验方法

热水器安装说明书规定的最短烟管,在排烟管施加一个 0.5 mbar 的吸力。

在控制装置允许的最小热输入下,如果在该条件下可以点火,重复该试验。

6. C_{52} 和 C_{53} 型热水器的补充试验（见 6.7.7）

1）要求

6.7.4.1 的要求适用。

2）试验方法

热水器安装说明书规定的最短烟管,在排烟管施加一个 2.0 mbar 的吸力。

如果安装说明书允许烟管末端安装在相对或相邻的墙上,应进行第二次试验,并在排烟管施加 2.0 mbar 的超压。

在控制装置允许的最小热输入下,如果在该条件下可以点火,重复该试验。

7. C_6 型热水器的补充试验（见 6.7.8）

1）要求

6.7.4.1 的要求适用。

2）试验方法

热水器安装排烟管,在排烟管的出口施加一个 0.5 mbar 的吸力。

8. C_{72} 和 C_{73} 型热水器的补充试验（见 6.7.9）

1）要求

6.7.4.1 的要求适用。

2）试验方法

使用最短的助燃空气供给和排烟管进行试验,并施加 3 m/s 的连续下吹风到试验排烟管的顶部（见图 5-20）。

堵塞烟管后再进行进一步的试验。

9. C_{82} 和 C_{83} 型热水器的补充试验（见 6.7.10）

1）要求

6.7.4.1 的要求适用。

2）试验方法

热水器安装说明书规定的最短烟管。

助燃空气进气端应能承受风速为 12.5 m/s 的吹风,吹风的方向根据情况由图 5-16 到 5-19 给出。

10. C_1、C_3、B_4 和 B_5 型热水器的试验装置（附录 B,见 6.7.3.2）

风机的选择以及其与试验墙壁的距离,应在移除中心面板后,按满足以下标准来确定。

① 吹风面应是大约边长 90 cm 的正方形或直径 60 cm 的圆形。

② 风速为 1 m/s、2.5 m/s、12.5 m/s,偏差应在 10% 以内。

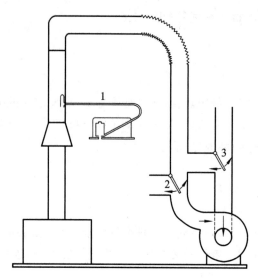

1—皮托管测量风速；2—转向阀，以获得下吹风；3—转向阀，以获得下吹风

图 5-20　C₇型热水器的下吹风试验（见 6.7.9.2 和 6.9.2.4.10）

③ 吹风的气流应平行且无旋转运动。

如果中心的可移除面板不够大以致无法测定是否满足这些标准，则可以在没有试验墙壁的情况下测定。试验的距离应是在实际试验墙壁存在时与风机出口之间的距离。

11. C₂₁型热水器的试验装置（附录 C，见 6.7.4.2）

一个合适的试验装置的示意图如图 5-15 所示。它由一个完全封闭的、225 mm × 400 mm 的矩形管道组成，管道中的空气由一台分叉轴流式风机驱动循环。其风速和压力条件由一系列单叶调节器控制。

一台辅助的快速热水器用于提供额外的废气源，其进气口敞开于空气中，并装有一个空气控制划片 F。

试验热水器安装在排烟管的最长一边，其位置应至少距离试验装置较低的水平基面 2 m，且在水平基面以上至少有 1 m 的垂直管道。应提供一个维护面板在挂装面板的背后，以方便安装取样器和温度传感器。管道中的风速可以由安装在距水平基面 1 m 上的风速计测量，且可使用一个校准因子将风速计的读数转换为平均流量。为覆盖 0.3～5 m/s 的速度范围，可使用两个可互换的风速计。

试验装置设计成可作为开放或闭合的回路使用，或是这两者间的任意中间条件使用。实际上，开放回路或中间条件的回路对某些特定试验是需要的。

6.7.4.2 的试验所要求的条件的获得方法：将调节器 E 和 F 关闭，开启风机。损失程度和管道中的风速由调节器 A、B、C 和 D 控制。如果要增加废气程度，可以开启调节器 F 并启动辅助热水器。新鲜空气与再循环空气的比例通过共同调节调节器 A、B 和 C 控制。调节器 D 对气流速率的控制起主要作用。

需要时，可使水通过带翅片的热交换器以降低循环燃烧产物的温度，使燃烧产物温度在 6.7.4.2 规定的范围之内，燃烧产物温度可在 Y 点测量。实际上，如果管道使用金属制造，则热交换器很可能并不是必需的。

5.3.3　中欧标准差异分析

中国标准和欧盟标准的有风状态燃烧工况试验差异较大,如中国标准中强制给排气式热水器的吹风方向仅有 2 个,风速分别为 5 m/s 和 15 m/s;而在欧盟标准中,与强制给排气式热水器相对应的 C_1 型热水器,其吹风方向为 α 角分别为 0°、+30°、−0°,β 角分别为 0°、15°、30°、45°、60°、75°、90°,风速分别为 1 m/s、2.5 m/s 和 12.5 m/s,共有 63 种组合。从吹风组合看,欧盟标准的要求要高于中国标准的要求,但中国标准的试验风速最高为 15 m/s,高于欧盟标准的试验风速。

5.4　喷淋状态燃烧工况

5.4.1　中国标准 GB 6932—2015 的要求与试验方法

1. 要求

条款号:6.1。

中国标准《家用燃气快速热水器》(GB 6932—2015)中对喷淋状态燃烧工况性能的要求如表 5-19 所示。

表 5-19　喷淋状态燃烧工况性能要求

项目	性能要求	试验方法	适用机型				
			D	Q	P	G	W
主火燃烧器	主火和点火燃烧器无回火及熄火现象	7.7	—	—	○	○	○
	壳体内应无妨碍使用的积水		—	—	○	○	○

注:"○"表示适用,"—"表示不适用。

2. 试验方法

条款号:7.7。

中国标准《家用燃气快速热水器》(GB 6932—2015)中有关喷淋状态燃烧工况试验方法的规定如下。

① 自然给排气式热水器喷淋状态燃烧工况试验见表 5-20。

表 5-20　自然给排气式热水器喷淋状态燃烧工况试验

项目	状态、试验条件及方法
喷淋状态	(1)状态 按使用说明书所示要求,设置于图 5-21 所示的壁板上
	(2)试验条件 电源条件为额定电压(或电池供电),燃气条件为 3-1 或 3-3,供水压力为 0.1 MPa
	(3)试验方法 按图 5-21 所示,从①和②两个方向各喷淋 5 min,用图 5-21 所示喷淋器向给排气管部位喷淋后点燃燃烧器,立即从图 5-21 所示的①方向,一边喷淋一边检查,对不同的试验燃气各做 5 min试验,以目测方法检查是否有熄火、回火现象,壳体内是否有妨碍使用的积水

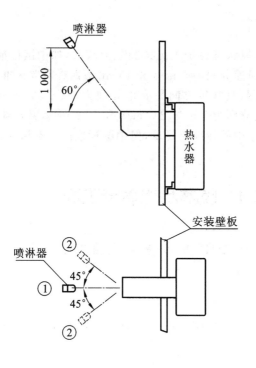

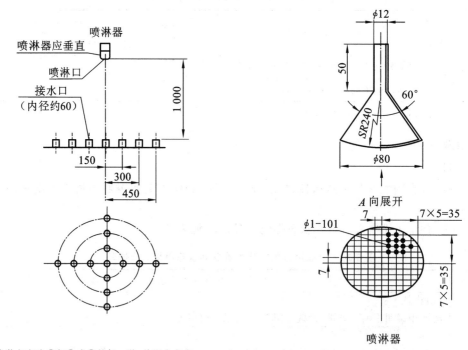

喷淋方向为①与②或②的任一种，共两个方向。

喷淋用具测定降水量时，所有接水口的平均值为(3±0.5) mm/min，各接收水口的降水量平均值误差为±30％。

图 5-21　自然给排气式、强制给排气式热水器喷淋状态试验装置

② 强制给排气式热水器喷淋状态燃烧工况试验见表 5-20。

表 5-20 强制给排气式热水器喷淋状态燃烧工况试验

项目	状态、试验条件及方法
喷淋状态	(1)状态 按使用说明书所示要求,设置于图 5-21 所示的壁板上
	(2)试验条件 电源条件为额定电压,燃气条件为 3-1 或 3-3,供水压力为 0.1 MPa
	(3)试验方法 按图 5-21 所求,从①和②两个方向各喷淋 5 min,用图 5-21 所示喷淋器向给排气管部位喷完后点燃燃烧器,立即从图 5-21 所示的①方向,一边喷淋一边检查,对不同的试验燃气各做 5 min 试验,以目测方法检查是否有熄火、回火现象,壳体内是否有妨碍使用的积水

③ 室外型热水器喷淋状态燃烧工况试验见表 5-21。

表 5-21 室外型热水器喷淋状态燃烧工况试验

项目	状态、试验条件及方法
喷淋状态	(1)热水器状态 按热水器说明书的规定安装
	(2)试验条件 电源条件为额定电压,燃气条件为 3-1 及 3-3,供水压力为 0.1 MPa
	(3)试验方法 按图 5-22 所示,向热水器的前后左右四个方向或除壁面以外的三个方向分别喷淋 5 min 后立即点燃燃烧器,从正面一边喷淋一边检查,对不同的试验燃气各做 5 min 试验,以目测方法检查是否有熄火、回火现象,壳体内是否有妨碍使用的积水

5.4.2 欧盟标准 EN 26:2015 的要求与试验方法

条款号:6.12。

欧盟标准《家用燃气快速热水器》(EN 26:2015)中有关家用燃气快速热水器喷淋状态燃烧工况性能的要求和试验方法的规定如下。

热水器安装说明书声明的最小防护装置,并放在一个试验房间内,房间内还应有淋雨装置和风机。

淋雨装置由安装在水平板内的平行管组成。管子上应有喷洒孔(垂直向下放置)。这些喷洒孔应平均分布在 4 900 mm×1 800 mm 的平面上。从喷洒孔喷出的水应通过间距 1.3 mm 的金属丝网,使水形成雨滴落下。雨的密度应为(1.6±0.1) mm/min,并使用雨量计测量。

风机应能提供速度(4±0.5) m/s 和(12±0.5) m/s 的水平空气流,风机出口的尺寸应为 1 200 mm×1 200 mm。

热水器应放置在试验房间的中央,热水器的前面板正对风机,且热水器前面板的中心与风机出口的中心在同一水平线上。

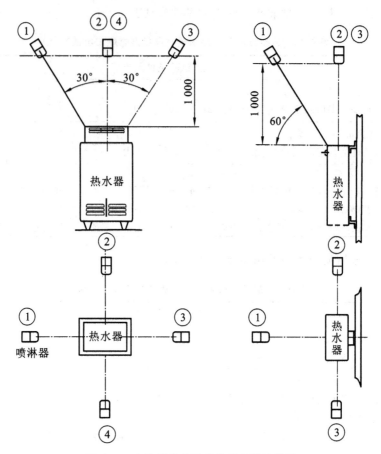

图 5-22 室外型热水器喷淋状态试验装置

在以下条件下,热水器每次暴露在雨滴下 20 min:

① 无风;

② 4 m/s 的水平风;

③ 12 m/s 的水平风。

以上每个条件试验后,检验 5.2.14 最后的要求是否满足。

5.4.3 中欧标准差异分析

中国标准的喷淋状态试验是热水器边工作边接受喷淋试验,而欧盟标准是热水器先接受吹风淋雨试验,再起动热水器检查是否可以正常工作,中国标准的试验方法更接近热水器的实际使用状态。

另外,在中国标准中,仅有自然强制给排气式、强制给排气式和室外型热水器需要接受喷淋试验,但欧盟标准要求的是防护等级为 IPX4D 的热水器无法通过 EN 60529(等同 GB 4208)的防水试验后,才需要进行上述的防雨水进入试验。

5.5　温　升

5.5.1　中国标准 GB 6932—2015 的要求与试验方法

1. 要求

条款号:6.1。

中国标准《家用燃气快速热水器》(GB 6932—2015)中对表面温升性能的要求如表 5-22 所示。

表 5-22　表面温升性能要求

项目	性能要求	试验方法	适用机型				
			D	Q	P	G	W
表面温升	操作时手必须接触的部位应不大于 30 K(旋钮或类似部件)	7.8	○	○	○	○	○
	操作时手可能接触的部位应不大于 65 K						
	操作时手不易接触的部位应不大于 105 K(不包括防倒风排烟罩、排烟管、观火孔)						
	燃气阀门、管路应不大于 50 K 或耐热等级温度以下						
	软管接头应不大于 20 K						
	点火装置应不大于 50 K 或耐热等级温度以下						
	电池表面应不大于 20 K(不适合供暖、两用热水器)						
	燃气稳压装置、燃气管路表面应不大于 35 K 或耐热等级温度以下						

注:"○"表示适用。

2. 试验方法

条款号:7.8。

中国标准《家用燃气快速热水器》(GB 6932—2015)中有关表面温升试验方法的规定如表 5-23 所示。

表 5-23　表面温升试验

项目	要求
试验状态	热水器处于热负荷最大的使用状态,调节热水温度使其在额定水压下的最高出水温度为 60~80 ℃,达不到 60 ℃时可调至最高使用温度进行
试验条件	a) 燃气条件:0-1; b) 电压条件:额定工作电压
试验方法	各部位的温升试验,在点燃主火燃烧器后连续工作 30 min 后进行

续表

项目	要求

注:各部位的测温点,指下列各部位:
① 旋钮、手柄类等在点火、熄火、调节的使用操作时,手必须接触的部位;
② 接近①项部分周围部位,进行①项操作时手有可能触及的部位;
③ 除①、②项以外的外壳表面其他部位为手不易接触的部位(不包括防倒风排烟罩、排烟管、观火孔边缘)。

5.5.2 欧盟标准 EN 26:2015 的要求与试验方法

条款号:6.4、6.5、6.6。

欧盟标准《家用燃气快速热水器》(EN 26:2015)中有关家用燃气快速温升的要求和试验方法的规定如下。

1. 旋钮温度(见 **6.4**)

1)要求

旋钮必须接触部位的表面温度,与环境温度相比不应超过:

① 35 K,金属或与其相当的材料;

② 45 K,陶瓷或与其相当的材料;

③ 60 K,塑料或与其相当的材料。

2)试验方法

热水器使用基准气或实际使用的燃气,在额定热负荷状态下按 6.1.6.6.2 的 b)条件调节。

旋钮温度使用温度传感器测量,在热水器工作 20 min 后检验。

2. 调节、控制和安全装置温度(见 **6.5**)

1)要求

装置相对于试验房间内环境温度的最大温升,不应超过$(T_{max}-25)$K,其中 T_{max} 是装置的最大允许温度,单位为℃。

2)试验方法

试验在 6.4.2 的条件下进行。使用温度传感器测量温度。

但是,如果装置本身有可能产生温升(例如电磁阀),装置的温度测量可由环境温度测量替代。

在这种情况下,温度传感器应布置成在装置周围测量空气的温度。如果装置所在区域的空气温度相对于环境温度的温升不超过$(T_{max}-25)$K,可以认为满足要求。

3. 热水器外壳、安装面、邻近面和烟管外表面的温度(见 **6.6**)

1)要求

在试验 1 的条件下,热水器侧面、前面板和顶部的温升不应超过 80 K。但是,在燃烧器火孔上下 10 cm 的区域内,温升可以达到 100 K。

然而,以下部分不包括在上述要求中:

① 防倒风排烟罩;

② 排烟管出口以及排烟管出口周围 5 cm 的区域;

③ 表面积不超过 18 cm² 的观察窗;

④ 离点火器或观察窗边沿不超过 5 cm 的外壳表面。

在试验 2 的条件下,邻近试验面板的温升不应超过 60 K。

制造商应该在安装说明书中规定热水器侧面到任何墙壁、家具间的最小距离,也应该规定 A$_{AS}$ 型热水器顶部与由易燃材料制成的天花板、家具之间的最小距离。

适当的话,安装说明书应规定必要的隔热措施。

排烟管接触或穿过住宅墙壁部分的温升不应超过 60 K。如果温升超过 60 K,制造商应该在安装说明书中规定排烟管和使用易燃材料建造的墙壁之间所应用的有效保护方式。这些保护方式应该一起交给做试验的实验室,以检验热水器在采取了这些保护方式后,排烟管与墙壁接触的外表面温升是否超过 60 K。

2)试验方法

热水器使用基准气或实际使用的燃气,在额定热输入状态下按 6.1.6.6.2 的 b)条件调节。

热水器按照安装说明书安装在一块(25±1)mm 厚、涂无光黑漆的垂直木板上,木板的尺寸至少应超出热水器的边沿 5 cm。

温度传感器应安装在木板上 10 cm 边长正方形的中心位置处,并从外表面穿过木板使传感器热端距离面向热水器的木板外表面 3 mm。

两个试验在下述条件下进行。

(1)试验 1

热水器的外壳、排烟管、保护方式(如果有的话)的温度用温度传感器测量,感应元件应放在热水器壳体的外表面上。

试验应在热水器其运行了 20 min 后进行。

(2)试验 2

① 对于所有热水器,按照安装说明书的规定,如果热水器距离侧板的最小距离不大于 2 cm,则按最小距离在热水器两侧各放置一面垂直的侧板。如果安装说明书规定了采用隔热措施,那么就应该按照安装说明书的规定使用。

② 对于 A$_{AS}$ 型热水器,除非说明书规定禁止热水器安装在易燃材料天花板之下,否则按安装说明书规定,在热水器顶部最小距离处加装一块水平面板。

这些加装的试验面板应该由(25±1)mm 厚、涂无光黑漆的木板制成。面板的尺寸应使以上要求得到满足。

侧面的试验板应超过热水器前表面至少 5 cm,上面板则应超过热水器前表面的距离至少大于规定的最小距离。

每块测试面板均应安装温度传感器,其布置方式应像后支撑面板一样。

对侧试验面板、上试验面板和后支撑面板的试验应在热水器运行 20 min 后进行。

5.5.3 中欧标准差异分析

中国标准进行温升试验前,应先连续工作 30 min 后进行试验;欧盟标准是工作 20 min 后进行试验。另外,欧盟标准对温升的试验背板和温度传感器的安装均有相关规定,中国标准没有此类要求。

5.6　燃气稳压装置

5.6.1　中国标准 GB 6932—2015 的要求与试验方法

1. 要求

条款号:6.1。

中国标准《家用燃气快速热水器》(GB 6932—2015)中对燃气稳压装置性能的要求如表 5-24 所示。

表 5-24　燃气稳压装置性能要求

项目	性能要求	试验方法	适用机型				
			D	Q	P	G	W
燃气稳压装置	稳压后,稳压装置后压的压力变化应不大于额定压力的 0.05 倍加 30 Pa	7.9	○	○	○	○	○

注:"○"表示适用,"—"表示不适用。

2. 试验方法

条款号:7.9。

中国标准《家用燃气快速热水器》(GB 6932—2015)中有关燃气稳压装置试验方法的规定如下。

使用对应气种的燃气或空气,使热水器处于热负荷最大的使用状态进行测试,调整稳压装置前输入压力为额定压力和最高压力,取喷嘴前压力处为测压口(二次压测试口),分别测出稳压装置后的压力,满足表 5-24 要求,额定压力和最高压力值按表 3-3 对应的燃气压力。

5.6.2　欧盟标准 EN 26:2015 的要求与试验方法

条款号:6.8.6。

欧盟标准《家用燃气快速热水器》(EN 26:2015)中有关燃气稳压装置的要求和试验方法的规定如下。

1. 要求(见 6.8.6.1)

装有稳压装置的热水器的燃气流量与正常压力下得到的燃气流量相比,不应超过下列偏差。

① 不具有双重压力的热水器:

a. $-10\% +7.5\%$,对于第一族燃气,压力在 P_n 和 P_{max} 间;

b. $-7.5\% +5\%$,对于第二族燃气,压力在 P_{min} 和 P_{max} 之间;

c. $\pm 5\%$,对于第三族燃气,压力在 P_{min} 和 P_{max} 之间。

② 具有双重压力的热水器:$\pm 5\%$,压力在高的 P_n 和高的 P_{max} 之间。

③ 稳压装置不应在较低的 P_n 和较高的 P_n 间工作。

另外,如果稳压装置不符合 EN 88-1:2011 的要求,需承受 50 000 次循环的耐久性试验。

2. 试验方法(见 **6.8.6.2**)

如果热水器装有稳压装置,燃气流量是在使用 6.1.5 中相应的燃气,并在正常压力下使用基准气测得的。保持最初的调节,燃气压力在下列两者之间变化:

① 对于第一族燃气是 P_n 和 P_{max};

② 对于没有双重压力的第二族和第三族燃气是 P_{min} 和 P_{max};

③ 对于有双重压力的第二族和第三族燃气是较高的 P_n 和 P_{max};

④ 对于有双重压力的第二族和第三族燃气是较低的 P_n 和较高的 P_n。

对于所有基准气进行的试验,控制器不能停止动作。

如果稳压装置需进行耐久性试验,应将其置于温度控制室内,并按照生产厂商所规定的环境温度和最大进口压力下进行试验。通过稳压装置前端和后端的阀门快速动作,选择合适的开关时间比使一个阀门开启另一个阀门关闭,每 10 s 完成一个循环。

试验包含 50 000 次循环,每次试验使稳压装置膜片完全弯曲,且其阀门保持动作至少 5 s。

在 50 000 次循环中:

① 25 000 次循环在生产厂商规定的最大环境温度中进行,但不低于 60 ℃;

② 25 000 次循环在生产厂商规定的最小环境温度中进行,但大于 0 ℃。

耐久性试验后,在未改变稳压装置设置点的情况下,进行之前的试验。

5.6.3　中欧标准差异分析

中国标准对燃气稳压装置的要求是采用最高压力和额定压力时二次压力间的偏差值不超过规定值,欧盟标准对燃气稳压装置的要求是采用最高压力和额定压力或最高压力和最低压力时燃气流量的偏差值不超过规定值。

5.7　点火装置

5.7.1　中国标准 GB 6932—2015 的要求与试验方法

1. 要求

条款号:6.1。

中国标准《家用燃气快速热水器》(GB 6932—2015)中对点火装置性能的要求如表 5-25 所示。

表 5-25　点火装置性能要求

项目		性能要求	试验方法	适用机型				
				D	Q	P	G	W
点火装置	无风状态	连续启动 10 次,着火次数应不少于 8 次,失效点火不应连续发生 2 次,且无爆燃现象	7.10	○	○	○	○	○
	喷淋状态	连续启动 10 次,着火次数应不少于 8 次,失效点火不应连续发生 2 次,且无爆燃现象		—	—	○	○	○
	有风状态	连续启动 10 次,着火次数应不少于 5 次,且无爆燃现象		—	—	○	○	○

注:"○"表示适用,"—"表示不适用。

2.试验方法

条款号:7.10。

中国标准《家用燃气快速热水器》(GB 6932—2015)中有关点火装置试验方法的规定如表 5-26 所示。

表 5-26　点火装置试验

项目	状态、试验条件及方法
无风状态	(1) 状态 按制造商使用说明书规定
	(2) 试验条件 使用电池为电源时,按额定电压的 70%(全负载)试验;使用交流电源时,按额定电压的 85%试验
	(3) 试验方法 燃气条件为 3-1 和 3-3,按说明书规定的操作方法,预先点火数次,按表 5-25 规定检查。 试验时应使点火装置和燃烧器接近室温。 a) 单发式压电点火装置,一个操作即为一次,操作时间在 0.5～1 s 内; b) 旋转式压电点火装置,每一个旋转操作为一次,操作时间在 0.5～1 s 内; c) 使用交流点或直流电连续放电或加热电阻丝式点火装置,在"点火"位置停留 2 s 为一次
喷淋状态	(1) 状态 按制造商使用说明书规定
	(2) 试验条件 使用电池为电源时,按额定电压的 70%(全负载)试验;使用交流电源时,按额定电压的 85%试验
	(3) 试验方法 燃气条件:3-2。 a) 自然给排气式和强制给排气式热水器:按图 5-21 所示的两个方向,用喷淋器向热水器的给排气烟管部位连续喷淋 5 min 后,按无风状态试验进行。 b) 室外型热水器:按图 5-22 所示,对热水器的前、后、左、右四个方向,或除壁面以外的三个方向,连续喷淋 5 min 后,按无风状态试验进行
有风状态	(1) 状态 按制造商使用说明书规定
	(2) 试验条件 使用电池为电源时,按额定电压的 70%(全负载)试验;使用交流电源时,按额定电压的 85%试验
	(3) 试验方法 燃气条件:3-2。 a) 自然给排气式和强制给排气式热水器:以 5 m/s 的风速以"风向 A"送风,按无风状态试验进行。 b) 室外型热水器:按图 5-5 所示两个方向以 5 m/s 风速送风,按无风状态试验进行

5.7.2　欧盟标准 EN 26:2015 的要求与试验方法

条款号:6.8.4

欧盟标准《家用燃气快速热水器》(EN 26:2015)中有关点火装置的要求和试验方法的规定如下。

1. 自动点火装置(见 6.8.4.1)

1)要求

① 每次点火时,点火装置最迟与开启自动截止阀的信号同时动作。如果点火不成功,火花应持续到 T_{SA} 末(允许 -0.5 s 的误差)。

② 电源供电的点火装置应在额定电压的 85%～110%范围内正常工作。电池供电的点火装置仍应在 75%额定电压下正常工作。

2)试验方法

① 不通气,在额定电压下进行点火。

② 在 6.8.4.1.1 的 b)的额定电压下重复 6.7.1.2 的试验 1。

2. 点火燃烧器的热负荷(见 6.8.4.2)

1)要求

应测量不间断点火燃烧器的热负荷。

2)试验方法

① 在正常燃气压力下持续供给热水器不同类型所需的每种基准气。

② 仅在点火燃烧器点着和热平衡的条件下进行试验。

5.7.3　中欧标准差异分析

中国标准需要在无风状态、喷淋状态和有风状态进行点火装置试验,而欧盟标准对点火装置仅在无风状态下进行试验。

5.8　安全装置

5.8.1　中国标准 GB 6932—2015 的要求与试验方法

1. 要求

条款号:6.1。

中国标准《家用燃气快速热水器》(GB 6932—2015)中对安全装置性能的要求如表 5-27 所示。

2. 试验方法

条款号:7.11。

中国标准《家用燃气快速热水器》(GB 6932—2015)中有关安全装置试验方法的规定如

表 5-28 所示。

表 5-27 安全装置性能要求

项目		性能要求		试验方法	适用机型				
					D	Q	P	G	W
熄火保护装置	点火燃烧器控制	开阀时间不大于 45 s		7.11	○	○	○	○	○
		闭阀时间不大于 50 s							
	主火燃烧器控制	开阀时间不大于 10 s							
		闭阀时间不大于 10 s							
再点火安全装置		应在 1 s 内启动再点火,且不发生爆燃,10 s 内未点燃时,燃气供应通道应自动关断			○	○	○	○	○
烟道堵塞安全装置(强制排气式)		排烟管堵塞,应在 1 min 以内关闭通往燃烧器的燃气通路,且不能自动再开启;在关闭之前应无熄火、回火、影响使用的火焰溢出现象			—	○	—	—	—
风压过大安全装置(强制排气式)		风压在小于 80 Pa 前安全装置不能启动。风压加大,在产生熄火、回火、影响使用的火焰溢出现象之前,关闭通往燃烧器的燃气通路			—	○	—	—	—
防干烧安全装置		出水温度应不大于 110 ℃,安全装置动作后,关闭通往燃烧器的燃气通路,且不应自动开启			○	○	○	○	○
燃烧室损伤安全装置(适用于燃烧室为正压时)		满足各部件表面温升要求,当部件表面温升超过规定值时,关闭通往燃烧器的燃气通路,且不能自动开启			—	○	—	○	○
防止不完全燃烧安全装置(自然排气式)	有风状态	倒吹风,在试验箱大气中实际测得的 CO 含量(体积%)达到 0.03% 之前,关闭通往燃烧器的燃气通路			○	—	—	—	—
	排烟管堵塞	堵塞后,在试验箱大气中实际测得的 CO 含量(体积%)达到 0.03% 之前,关闭通往燃烧器的燃气通路							
泄压安全装置		开阀水压应大于水路系统的最大适用水压且小于水路系统的耐压值			○	○	○	○	○
自动防冻安全装置(不适合供暖、两用热水器)		在冻结前安全装置起作用			—	—	—	—	○

注:"○"表示适用,"—"表示不适用。

表 5-28　安全装置试验

项目	状态、试验条件及方法	
熄火保护装置	开阀时间	状态 按制造商说明书规定的设置状态
		（2）试验条件 燃气条件：3-3； 供水压力：0.1 MPa； 电压条件：额定工作电压
		（3）试验方法 使热水器运行在最小负荷状态，然后停止运行，当所有部件冷却至接近室温后，重新进行点火，在燃烧器点燃的同时，用秒表测定熄火保护装置开阀时间；对于有点火燃烧器的，使其运行在最小负荷状态，然后停止运行，当所有部件冷却至接近室温后，重新进行点火，在点火燃烧器点燃的同时，用秒表测定熄火保护装置开阀时间
	闭阀时间	状态 按制造商说明书规定的设置状态
		（2）试验条件 燃气条件：1-1； 供水压力：0.1 MPa； 电压条件：额定工作电压
		（3）试验方法 在主火燃烧器点燃 15 min 后，关闭连接热水器供气阀门使其熄灭，记录从熄火到熄火保护装置关阀的时间
	连接故障	使安全装置与控制装置间连接断路，检查是否能启动运行
再点火安全装置	（1）状态 按制造商说明书规定的设置状态	
	（2）试验条件 燃气条件：0-1、0-3； 供水压力：0.1 MPa； 电压条件：额定工作电压	
	（3）试验方法 a）对于设计时采取了再点火方式的热水器，测定再点火过程。 b）分别在两种燃气条件下检查再点火安全装置。 c）运行在最小负荷状态，稳定运行 15 min 后，人为将主火燃烧器或点火燃烧器熄灭，测定从燃烧器熄灭至燃烧器自动再点火的时间，同时检查点火过程有无爆燃现象。 d）以相同压力的空气代替试验用燃气，测定从再点火开始至燃气通路自动关闭的时间。 e）再点火功能应在火焰消失后 1 s 内，点火装置点火。在再点火之后，应有火焰信号出现；否则系统应进行关闭	

续表

项目	状态、试验条件及方法
排烟管堵塞安全装置（强制排气式）	（1）状态 按图 5-13 所示将排烟管接入调压箱内，并将热负荷设定在最大状态 （2）试验条件 燃气条件为 0-2，供水压力为 0.1 MPa，电源条件为额定电压 （3）试验方法 a）点燃燃烧器 15 min 以后完全堵塞排烟口或强制关闭风机，检查在关闭之前有无熄火、回火、影响使用的火焰溢出现象，安全装置是否启动，燃气通道是否关闭，并测量安全装置关闭的时间。 b）取消堵塞排烟口或恢复风机工作，燃烧器是否启动，燃气通道是否打开。 c）使安全装置与控制装置间连接断路，检查是否能启动运行
风压过大安全装置（强制排气式）	（1）状态 按图 5-13 所示将排烟管接入调压箱内，并将热负荷设定在最大状态 （2）试验条件 燃气条件：0-2； 供水压力：0.1 MPa； 电压条件：额定工作电压 （3）试验方法 a）点燃燃烧器 15 min 后，调节挡板将调压箱内的压力调至 80 Pa。 b）以目测方法，检查以下项目： ——安全装置是否动作； ——主火燃烧器有无熄火、回火现象； ——有点火燃烧器时，仅点燃点火燃烧器，以目测方法检查有无熄火、回火及妨碍使用的离焰现象。 c）再调整挡板使调压箱内的压力慢慢上升，检查在产生熄火、回火、影响使用的火焰溢出现象之前，安全装置启动，燃气通道是否关闭。 d）打开排气口调节挡板，燃烧器是否启动，燃气通道是否打开。 e）使安全装置与控制装置间连接断路，检查是否能启动运行
防止不完全燃烧安全装置（自然排气式）	（1）状态 试验箱容积 16.8 m³ （2）试验条件 燃气条件：1-1 试验气 （3）试验方法 a）有风状态：按图 5-23 所示使热水器运行在最大负荷状态，燃烧 15 min 使燃烧稳定后进行检测，依次向排烟管末端吹风，风速从 0.5 m/s、1 m/s、2 m/s 增至 3 m/s 吹至排烟管，检查试验箱大气中的实测 CO 浓度达到 0.03% 之前安全装置是否关闭。 b）烟道堵塞：按图 5-24 所示使热水器运行在最大负荷状态，燃烧 15 min 稳定后，使用 5-24 中的堵塞板在距离排烟连接部位 1 m 高的位置堵塞排烟口，检查试验箱大气中的实测 CO 浓度达到 0.03% 之前安全装置是否关闭。 c）使安全装置与控制装置间连接断路，检查是否能启动运行

续表

项目	状态、试验条件及方法
防干烧安全装置	（1）状态与试验条件 按表 5-23 （2）试验方法 a）人为地使热水器出水温度慢慢升高,当防干烧安全装置动作时,检查通往燃烧器的燃气通路是否关闭,其动作温度是否符合表 5-27 的规定;当温度恢复到正常温度时,检查通往燃烧器的燃气通路是否自动开启。 b）使安全装置与控制装置间连接断路检查,检查是否能启动运行
燃烧室损伤安全装置（适用于燃烧室为正压时）	（1）状态 按表 5-23 设置,燃气条件为 1-1,电压条件按照额定工作电压 （2）试验方法 a）在热水器热交换器背部,分别在燃烧室损伤安全装置最远的位置及其他必需的位置,如安全装置的上方、下方尽可能远的位置开孔（孔的大小为能使燃烧室损伤安全装置在 10 min 内检测到动作的最小孔径）。在该损伤安全装置未动作状态下,点燃燃烧器并在最大负荷下工作,待各部温度稳定后,或者 1 h 后,测定热水器各部件表面温升。 b）安全装置动作以后,再次点火,检查通往燃烧器的燃气通路是否再次开启。 c）使燃烧室损伤安全装置的感应部件断路,检查通往燃烧器的燃气通路能否开启
泄压安全装置	热水器通水,在其充满水的状态下关闭供热水出口,然后从进水入口缓慢加压,在大于最大适用水压且小于水路系统的耐压值时安全装置开启泄放,检查达到水路系统耐压值之前安全装置是否动作
自动防冻安全装置	室外型热水器:将室外型热水器安装在低温试验箱内,缓慢降低温度,检查安全装置是否在温度降到 0 ℃ 之前启动

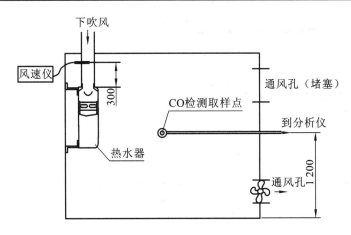

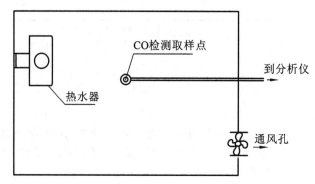

试验箱容积:16.8 m³。

例中试验箱尺寸:2.7(W)×2.7(D)×2.3(H)。

堵塞通风孔。

CO 浓度的取样位置应在试验箱的中心且高度为 1.2 m。

测量风速的点在距离热水器出烟口末端连接部分 0.3 m 的地方。

热水器按使用说明(安装说明)规定的方法安装(挂墙或坐地),安装的位置应使烟气不会直接吹向 CO 检测取样点。

图 5-23　防止不完全燃烧有风状态下试验示意图

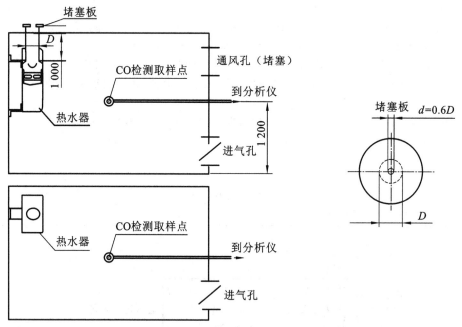

试验箱容积:16.8 m³。

例中试验箱尺寸:2.7(W)×2.7(D)×2.3(H)。

堵塞通风孔。

进气孔的打开面积应和排烟管的有效横截面面积相同。

CO 浓度的取样位置应在实验室的中心且高度为 1.2 m。

0.6D 的堵塞板应在距离热水器出烟口末端 1 m 高的地方堵塞(D 是排烟管的直径)。

如果 1 m 高的位置低于天花板,排烟管的高度应增加,处于天花板之上。

热水器按使用说明(安装说明)规定的方法安装(挂墙或坐地),安装的位置应使烟气不会直接吹向 CO 检测取样点。

图 5-24　防止不完全燃烧排烟管堵塞状态下试验示意图

5.8.2 欧盟标准 EN 26:2015 的要求与试验方法

条款号:6.7.12(不包括 6.7.12.5)、6.7.16、6.8.5、6.8.9、6.8.10、6.8.11、6.11、附录 D。

欧盟标准《家用燃气快速热水器》(EN 26:2015)中有关安全装置的要求和试验方法的规定如下。

1. 对于带风机辅助热水器的空气感应装置(见 6.7.12)

1)压力或助燃空气流量或燃烧产物流量监控

(1)要求

当空气感应装置检测到空气不足时,应不会尝试打开自动关闭阀,或引发热水器锁定。

(2)试验方法

热水器供给所属燃气目录中其中一种基准燃气,该要求通过多次堵塞空气供给进行检验。

2)助燃空气或燃烧产物压力监控

(1)要求

热水器应满足以下要求之一。

① 当逐渐降低风机的供电电压时,在 CO 含量超过 0.20% 前,应通过至少一种安全关闭方式切断燃气供给。

② 对于在稳定状态时与 CO 含量大于 0.10% 的电压,热水器在冷态时应不能重启。

(2)试验方法

热水器调节至额定热输入状态,在稳定状态下进行测量。CO 和 CO_2 含量应连续进行测量,应进行以下试验中的一种。

① 当逐渐降低风机的供电电压时,在燃烧产物中的 CO 含量超过 0.20% 前,应通过至少一种安全关闭方式切断燃气供给。

② 使热水器处于冷态,风机电压从 0 开始逐渐增加,以确定燃烧器开始点火的电压。在该电压下,检验热水器处于稳定状态时燃烧产物中的 CO 含量是否超过 0.10%。

3)助燃空气或燃烧产物流量监控

(1)要求

减小气流时 CO 浓度不应超过某个特定值,气流量减小可以用以下方法进行检验:

① 逐渐堵塞空气进气口;

② 逐渐堵塞排烟管;

③ 如果有(助燃空气和燃烧产物)内循环出现,需要通过降低风机转速进行额外的试验,例如降低风机的电压。

对于空气感应装置,有两种可选的监控策略:连续监控或启动监控。基于监控策略,热水器应在减小的气流量下满足以下两个要求之一。

① 连续监控。

在 CO 浓度(干烟气,过剩空气系数为 1)超过以下值时关闭:

a. 超过说明书规定的调节范围时,为 0.20％;

b. 低于调节范围的最小流量时,为 $Q/Q_{KB} \times CO_{mes} \leqslant 0.20\%$。

其中,Q 是即时热输入,单位 kW;Q_{KB} 是最小气流量时的热输入,单位 kW;CO_{mes} 是测得的 CO 浓度(干烟气,过剩空气系数为 1)。

② 启动监控。

如果 CO 浓度(干烟气,过剩空气系数为 1)超过 0.1％,热水器不会启动。

(2)试验方法

试验在热水器处于稳定状态下、额定热输入状态下进行;对于可调节型热水器,试验在最大和最小热输入状态下进行。

当有多个气流量时,需要对每个气流量进行补充试验。

连续测量 CO 和 CO_2 的浓度。

进行堵塞以使气流量降低的方式不应引起燃烧产物的再循环。

对于 3 种减小气流量的方法,应至少有一种可选监控策略的要求获得满足。

4)燃气/空气比例控制装置

(1)耐久性能

见耐久性能对比部分。

(2)非金属控制管的泄漏

① 要求。

当控制管不是使用金属制造,或使用其他具有同等特性的材料制造,当其断开连接、破损或泄漏应不会导致不安全情况的发生。这表明应有锁定或无燃气泄漏至热水器外的安全操作。

② 试验方法。

热水器使用基准气,调节到额定热输入状态。

对于下列各种可能出现的情况,检验以上要求是否满足:

a. 空气压力管泄漏;

b. 燃烧产物压力管泄漏;

c. 燃气压力管泄漏。

(3)安全操作

① 要求。

热水器应满足以下要求之一。

a. 当逐渐堵塞空气管或排烟管时,应在 CO 含量超过以下值时切断燃气供应:

——超过安装说明书规定的调节范围时,0.20％;

——低于调节范围的最小值时,$Q/Q_{KB} \times CO_{mes} \leqslant 0.20\%$。

其中,Q 是即时热输入,单位 kW;Q_{KB} 是最小流量时的热输入,单位 kW;CO_{mes} 是测得的 CO 浓度,单位％。

b. 堵塞空气进气管或排烟管,到对应于 CO 含量大于 0.10％时,此时热水器应不能从冷态重启。

c. 逐渐降低风机电压,应在 CO 含量超过 0.20％之前切断燃气供应。

d. 降低风机电压到对应于 CO 含量大于 0.10％时,此时热水器应不能从冷态重启。

② 试验方法。

热水器调节至额定热输入状态,并进行以下试验中的一种。

a. 逐渐堵塞空气进气管或排烟管。

b. 使热水器处于冷态,逐渐重新打开空气进气管或排烟管,确定燃烧器点火时的堵塞程度。在该堵塞程度下,检验在稳定状态下,热水器燃烧产物的 CO 含量是否超过 0.10％。

c. 逐渐降低风机电压,检验热水器能否在燃烧产物的 CO 含量大于 0.20％前切断燃气供应。

d. 使热水器处于冷态,使风机电压从 0 开始逐渐增加,确定燃烧器点火时的风机电压。在该电压下,检验在稳定状态下,热水器燃烧产物的 CO 含量是否超过 0.10％。

(4) 空气/燃气或燃气/空气比例的调节

① 要求。

当空气/燃气或燃气/空气的比例可调,装置应能在极限值点工作,且可调压力的范围应与调节段完全匹配。

② 试验方法。

需要在最大比例和最小比例下进行补充试验。

2. B_{14}、B_2 和 B_3 型热水器的补充试验(见 6.7.16)

1) 要求

在 6.7.16.2 的试验条件下,燃烧器不允许熄灭。火焰应稳定,但是试验期间,轻微的离焰现象是允许的。由助燃空气或燃烧产物排放监控装置动作引发的关闭是允许的。

2) 试验方法

试验在热水器的额定热输入和控制器给出的最小热输入状态(如果有的话)下使用合适的基准气进行。

热水器安装试验排烟管,并逐渐堵塞排烟管出口,在热水器的排烟管出口的压力值达到 50 Pa 时,检验 6.7.16.1 的要求是否满足。

对于使用带"P"的增压排烟管的热水器,压力值应加上安装说明书提供的最大额定压力,但不应超过 200 Pa。

3. 安全时间(见 6.8.5)

1) 使用热电式装置的热水器

(1) 要求

熄火延迟时间 $T_{IE} \leqslant 60$ s。

(2) 试验方法

使用基准气进行试验。热水器按照 6.1.6.6.2 的 b)调节。

使热水器处于冷态,激活火焰检测装置,点燃点火燃烧器。然后使热水器在额定热负荷下工作至少 10 min。

熄火延迟时间 T_{IE} 是人为切断燃气供应使点火燃烧器和燃烧器熄灭的时刻,与燃气供应重新恢复后火焰检测装置停止燃气供应的时刻之间的时间。

2) 装有不间断安全点火燃烧器的热水器

(1) 要求

熄火安全时间 $T_{SE} \leqslant 60$ s,且任何再点火的尝试均应符合 5.2.8.3 的要求。

(2) 试验方法

使用基准气进行试验。热水器按照 6.1.6.6.2 的 b)调节。然后使热水器在额定热负荷下工作至少 10 min。

熄火安全时间 T_{SE} 是人为切断到主火燃烧器和点火燃烧器的燃气供应使其熄灭的时刻,与在任何点火装置不工作的情况下燃气供应重新恢复后火焰检测装置停止燃气供应的时刻之间的时间。

再点火时间是火焰从点火燃烧器和主火燃烧器熄灭的时刻与点火装置开始工作的时刻之间的时间。

3) 装有自动燃烧器控制装置的热水器

(1) 点火安全时间 T_{SA}

① 要求。

最大点火安全时间 T_{SAmax} 应在技术文档中声明。

如果点火燃烧器的额定热负荷不超过 0.250 kW,则对最大点火安全时间 T_{SAmax} 没有要求,但使用第三族燃气的 C_{11} 和 C_{12} 型热水器除外。

如果点火燃烧器的额定热负荷超过 0.250 kW,或对于主火燃烧器直接点火的热水器,则最大点火安全时间 T_{SAmax} 应不会对用户造成危险和损坏热水器。

对于 A_{AS} 型、B 型和带风机的 C 型热水器,当最大点火安全时间 $T_{SAmax} \leqslant 5 \dfrac{Q_n}{Q_{IGN}}$ 且不超过 10 s 时,则可以认为满足上述要求,其中,Q_n 是额定热输入,单位 kW;Q_{IGN} 是点火热输入,单位 kW。

对于最大点火安全时间 T_{SAmax} 不满足以上要求的 A_{AS} 型和 B 型热水器,以及 C_{11} 和 C_{12} 型热水器,需要进行延迟点火试验(6.8.5.4.2)。

当有多个自动点火试验时,单个 T_{SA} 与等候时间之和应满足以上对最大点火安全时间 T_{SAmax} 的要求。

以上这些周期结束时,火焰信号的消失应至少引发燃气供给的易失性锁定。

② 试验方法。

应使用每种基准气对最大点火安全时间 T_{SAmax} 进行检验。热水器按照 6.1.6.6.2 的 b)调节,电压应在额定电压的 85%～110%。

试验应在冷态和热稳定状态下进行。

燃烧器关闭时,断开火焰检测器的连接。使燃气通到主火燃烧器,测量从通燃气到安全装置有效切断燃气供给之间的时间。

（2）熄火安全时间 T_{SA}——再点火

① 要求。

如果没有再点火，主火燃烧器和热输入超过 0.250 kW 的点火燃烧器，其熄火安全时间 $T_{SA} \leqslant 5$ s。

如果有再点火，在火焰信号消失后，点火装置应能在最多 1 s 内重启。在这种情况下，再点火安全时间与 T_{SA} 相同，且从点火装置开始工作计算。

② 试验方法。

应使用热水器燃气类别下的各种基准气在额定电压下进行试验。

如果没有再点火，燃烧器点燃后，通过断开火焰检测器的连接模拟熄火。测量从断开火焰检测器的连接到火焰检测器切断燃气供给之间的时间。

如果有再点火，测量从切断燃气供给到点火装置重新启动的时间。

4）延迟点火

（1）要求

不应有下列情况：

① 损坏热水器；

② 对于 A_{AS} 型和 B 型热水器，试验布被点燃。

（2）试验方法

按照以下条件进行热水器的延迟点火试验。

① 热水器处于冷态，使用每种基准气且处于正常试验压力，点火尝试从 0 s 到 T_{SAmax} 连续进行，每次增加 1 s。

② 试验布（稀纱布）放置在有关不可燃材料的安装说明书中声明的最小距离，如果没有任何相关信息，该距离可以是 0。

用于该试验的条状材料应满足以下要求。

① 成分：棉。

② 单位面积质量：135～152 g/m²。

③ 其他材料：最多 3%。

④ 每毫米线数：经纱是 2.32～2.44，纬纱是 2.28～2.40。

⑤ 织法：无格或斜纹 2/2。

⑥ 涂层：漂白（无绒毛）。

4. 防止恒温式热水器意外过热保护安全装置（见 **6.8.9**）

1）要求

① 如果过热保护安全装置符合 5.2.11 的要求，在下列试验 1 的条件下，热水器应在出水温度达到 95 ℃之前和热水器及其部件发生损坏（保险丝除外）之前停止工作。

② 如果热水器的设计符合 5.2.11 的要求，在下列试验 2 的条件下，热水器应在热水温升达到 75 K 之前停止工作。

2）试验方法

在正常试验压力下，选择一种基准气进行试验，且进水温度为（20±2）℃，热水器根据 6.1.6.6.2 的 b) 进行水温调节。

（1）试验 1

根据生产厂商说明书使温控器停止工作模拟失效情况，逐渐减小进水量，使出水温度升高直至过热保护安全装置动作。如果出水温度不足以使过热保护安全装置动作，可以提高进水温度但不高于 25 ℃（例如，通过合适的热水器），并重复试验。

（2）试验 2

根据生产厂商说明书使温控器停止工作模拟失效情况，逐渐减小进水量，使出水温度升高直至水气联动阀切断主火燃烧器的燃气。

5. A_{AS}型热水器的大气感应装置（见 6.8.10）

1）缺乏通风房间中装置的灵敏度

（1）要求

当安装热水器的房间 CO 浓度超过 0.1％时，热水器应能切断到主火燃烧器和点火燃烧器的燃气并锁定。

另外，当使用基准气进行试验时，热水器关闭后房间中的 CO_2 浓度不应超过 2.5％。

（2）试验方法

① 热水器安装在密闭的房间。

在附录 D 描写的密闭房间，热水器安装在水槽上方且在房间某一面的中心。按照安装说明书，热水器应安装在一块宽 80 cm、高 100 cm 的支撑板上，且距离试验房间的墙壁 10 cm，使热水器的燃烧器位于距离地面 1.5 m 高的地方。

安全装置试验的取样点采用附录 D 定义的点，该点在房间的轴线上（图 5-25 的第 7 点）且距离地面 1.5 m。

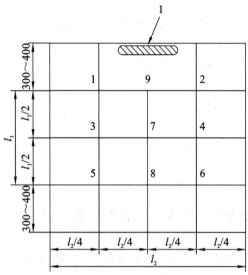

图 5-25 密闭房间水平面上取样点的位置
1—待测试热水器

每次试验后房间应通风。每次试验前，确认房间的 CO 和 CO_2 浓度不超过正常环境值。

② 缺乏通风房间的装置灵敏度。

试验使用基准气进行，但是，对于 E＋燃气目录，试验气使用 G25。

热水器按照 6.1.6.6.2 的 a)进行调节。

热水器点火后,连续监测试验房间内的 CO 和 CO_2 浓度,安全装置动作后,这些浓度应不再增加。

试验的最大值应符合 6.8.10.1.1 的要求。

2)加热体受污染后的装置灵敏度

(1)在一个通风的房间

① 要求。

热水器排放的 CO 浓度,当干烟气中过剩空气系数为 1 时不应超过 0.20%。

② 试验方法。

在试验期间,如果房间内空气的 CO_2 含量不超过 0.10%,则认为试验房间通风。

热水器根据 6.1.6.6.2 的 a)进行调节。

先将导流板拆卸,然后用一个多孔板完全罩在热交换器以及其翅片上,从而起到堵塞燃烧产物出口的作用。后续根据生产厂商说明书的要求,检查导流板是否需要重新装上。

多孔板根据每种基准气提供,且应遵循下列特征。

① 无孔边缘有 10 mm 高。

② 多孔板在整个试验中应保持水平,由 1 mm 厚的不锈钢构成。

③ 孔应由直径 5~10 mm、完全相同的无毛刺孔组成,交错排列,均匀分布在与燃烧产物出口相对应的整个区域。

④ 含孔的区域是能够在不超过 5 min 的时间内切断燃气的最大面积,在试验开始时热水器必须是冷态。当热水器金属构件的温度和环境温度近似相等时被认为是冷态。孔的直径以 0.1 mm 递增,进行连续试验。

另外,热水器在最大燃气压力下的基准气情况下安装多孔板。燃烧产物中 CO 的含量按图 5-7 中描述的装置进行取样。

(2)在一个密闭的房间

① 要求。

当安装热水器的房间 CO 浓度超过 0.1% 时,热水器应能切断到主火燃烧器和点火燃烧器的燃气。

② 试验方法。

热水器安装在密闭房间内,并根据 6.1.6.6.2 的 a)进行调节,其安装的多孔板与 6.8.10.2.1.2 的要求一样,但是其孔径增加 0.1 mm。热水器用基准气进行试验,点火成功后持续测量房间内大气中 CO 的含量,直到安全装置切断后该含量不再增加。测量的最大值应符合上述条件。

3)装置的操作缺陷

(1)要求

当安装热水器的房间 CO 浓度超过 0.2% 时,热水器应能切断到燃烧器和点火燃烧器的燃气。

(2)试验方法

装置的传感器和传输安全关闭指令的部件失效时,应完全切断燃气。

大气感应装置切断试验,通过模拟下列情形来进行:

① 热水器安装在密封房间内，并且装有 6.8.10.2.2.2 要求的多孔板；

② 任何供给空气或将燃烧产物排出到大气控制装置的管道用厚 1 mm、长 10 mm 的套筒紧密连接。

③ 用相应的基准气进行试验；

④ 热水器根据 6.1.6.6.2 的 a)进行调节。

6. B_{11BS} 型热水器的燃烧产物排出安全装置（见 6.8.11）

1）一般要求

启动时无论是否锁定，装置应切断燃气。

安全装置应至少切断主火燃烧器的燃气。

2）试验条件

环境温度应小于 25 ℃。

除非其他说明，试验在基准气的额定热负荷下进行。

热水器应安装可伸缩试验烟管（$H \leqslant 0.50$ m），最小直径 D_{min} 在安装说明书中说明。

在热水器装有手动温度调节器的情况下，水温调到（50 ± 2）℃或最大水温尽可能接近 50 ℃。

在热水器没有手动温度调节器的情况下，试验在温度接近 50 ℃的情况下进行，如果必要，相应地调节水量。

泄漏量由露点平面决定。然而在不确定的情况下，通过 CO_2 快速反应分析仪进行取样，以便能够试验 0.1% 的含量。

3）干扰停机

（1）要求

当正常排出燃烧产物时和停止进水时，安全装置不应引起停机。

（2）试验方法

热水器按 6.8.11.2 的要求工作 30 min，且 $H = 0.50$ m，然后关闭进水。

4）关闭时间

（1）要求

表 5-29 给出了燃烧产物安全装置与堵塞相关的最大关闭时间。

表 5-29　与堵塞相关的关闭时间

堵塞等级	堵塞平面开启直径 d	最大关闭时间/min		
		所有热水器：额定热负荷 Q_n	自动调节热输出（AVO）热水器：$0.52Q_n^a$	手动减小热水器的热负荷 Q_m
全部堵塞	$d = 0$	2	4	$2(Q_n/Q_m)$
部分堵塞	$d = 0.6D$ 或 $d = 0.6D'$	8	—	—

D：伸缩试验排烟管顶部的内径。

D'：提供泄漏限度的平面直径。

注 a：对于使用最小热负荷 Q_m 并大于 $0.52 Q_n$ 的试验，在 Q_m 下进行。

（2）试验方法

① 全部堵塞试验。

根据 6.8.11.2 试验热水器，且 $H=0.50$ m。

当热水器在稳定状态条件下，试验烟管全部堵塞时，测量烟管堵塞和关闭之间的时间。

对于没有锁定的热水器，保持完全堵塞和出水量，测量关闭和恢复主火燃烧器间供气的时间。

对于装有燃气流量控制的热水器，进行第二个试验：

a. 对于装有可调节输出的热水器，燃烧器调到最小但是不低于额定热负荷的 52%，且调节热水器以获得接近 50 ℃ 的水温。

b. 对于有自动调节热输出的热水器，试验在额定热负荷的 (52 ± 2)% 下进行（对于有最小热负荷为 Q_m 但又高于 $0.52Q_n$ 的热水器，在 Q_m 下进行）。

② 部分堵塞试验。

根据 6.8.11.2 测试热水器，且进入稳定状态。

在堵塞板就位前，逐渐降低伸缩烟管的长度到泄漏量的极限值。

如果热水器在伸缩烟管的长度达到泄漏量的极限值之前开始运行，则被认为满足表 5-29 的要求。如果热水器没有运行，则伸缩烟管上覆盖一块挡板，挡板上有一个同心圆孔，其直径为试验烟管上端直径 D 的 0.6 倍。

如果伸缩试烟管未达到泄漏量，则通过覆盖一块挡板（挡板上有一个直径为 D' 的同心圆孔）获得泄漏量极限值。

然后，该挡板用另一个有同心圆孔的挡板代替，其中同心圆孔的直径 d 为 D' 的 0.6 倍。

测量挡板到位和关闭之间的时间。

然而，试验应在规定的排烟管高度下进行，如果生产厂商说明书中有该试验的最小烟管高度，则不能超过 6.8.11.4.2.1 要求的高度。

7. 拟安装在部分受保护地方的热水器防冻安全装置（见 6.11）

将热水器安装在环境温度下的恒温室，进入待机状态，并连接到一个容量不超过 100 L 水的系统。逐渐降低恒温室的温度直至生产厂商说明书中的最低温度，并在最低温度下持续试验不少于 1 h。

试验最终达到稳定状态或持续循环状态。

检查是否满足 5.2.13 的要求。

8. 用于 A_{AS} 型热水器试验的密闭房间的描述（附录 D，见 6.8.10.1.2.1）

1）密闭房间的配置

体积：(9 ± 1) m³。

到天花板的高度：(2.5 ± 0.2) m。

长度和宽度间的最大偏差（内表面）：0.5 m。

2）房间的密封性

在试验房间中使用钢瓶均匀释放浓度为 (4.0 ± 0.2)% 的 CO_2，检验 1 h 后 CO_2 浓度的下降是否小于 0.15%。

5.8.3 中欧标准差异分析

中国标和欧盟标准存在差异，因此难以找出直接的对应关系。总体来讲，两者的区别如下。

① 欧盟标准无燃烧室损伤安全装置和泄压安全装置的要求。

② 欧盟标准增加了对燃烧产物排出安全装置的要求。

③ 中国标准仅对强制排气式热水器有风压过大安全和排烟管堵塞安全装置的要求，而欧盟标准是对所有使用风机辅助的热水器都有空气感应装置的要求。

5.9 部件耐久性能

5.9.1 中国标准 GB 6932—2015 的要求与试验方法

1. 标准要求

条款号：6.1。

中国标准《家用燃气快速热水器》(GB 6932—2015)中对部件耐久性能的要求如表 5-30 所示。

表 5-30 耐久性能要求

项目		性能要求	试验方法	适用机型				
				D	Q	P	G	W
耐久性能	燃气阀门(不适合供暖、两用热水器)	50 000 次，符合 5.2.2.1 燃气系统气密性及表 5-1 中燃气系统气密性要求，且无失效	7.12	○	○	○	○	○
	点火、控制装置(不适合供暖、两用热水器)	50 000 次，符合 5.2.2.6 点火装置及表 5-25 中点火装置要求，且无失效		○	○	○	○	○
	水气联动装置	50 000 次，符合 5.2.2.5 启动控制要求，且无失效		○	○	○	○	○
	电磁阀(不适合供暖、两用热水器)	50 000 次，符合 5.2.2.1 燃气系统气密性及表 5-1 中燃气系统气密性要求，且无失效		○	○	○	○	○
	熄火保护装置(不适合供暖、两用热水器)	1 000 次，符合 5.2.3.1 熄火保护装置及表 5-27 中熄火保护装置要求，且无失效		○	○	○	○	○
	防止不完全燃烧安全装置(不适合供暖、两用热水器)	1 000 次，符合 5.2.3.3 防止不完全燃烧安全装置要求及表 5-27 中防止不完全燃烧安全装置要求，且无失效		○	—	—	—	—

续表

项目		性能要求	试验方法	适用机型				
				D	Q	P	G	W
耐久性能	防干烧安全装置(不适合供暖、两用热水器)	1 000 次,符合 5.2.3.2 防干烧安全装置要求及表 5-27 中防干烧安全装置要求,且无失效	7.12	○	○	○	○	○
	燃气稳压装置	50 000 次,符合表 5-24 中燃气稳压装置要求,且无失效		○	○	○	○	○
	遥控装置	25 000 次,无失效		○	○	○	○	○
	风机(不适合供暖、两用热水器)	20 000 次,符合 5.2.2.10 风机要求,且无失效		—	○	—	○	○
	风压开关(不适合供暖、两用热水器)	50 000 次,无失效		—	○	—	—	—
	泄压安全装置	200 次,符合表 5-27 中泄压安全装置要求,且无失效		○	○	○	○	○
	燃气/空气比例控制装置(不适合供暖、两用热水器)	25 000 次,符合 5.2.2.11 燃气/空气比例控制要求,且无失效		○	○	○	○	○

注:"○"表示适用,"—"表示不适用。

2. 试验方法

条款号:7.12。

中国标准《家用燃气快速热水器》(GB 6932—2015)中有关部件耐久性试验方法的规定如表 5-31 所示。

表 5-31　部件耐久性试验

序号	项目	状态、试验条件及方法
1	燃气阀门	使用燃气条件 0-2,或采用同等压力的空气,以 2~20 次/min 速率,按照热水器正常工作、停止运行方式连续开、关。 试验次数分配如下: a) 60% 的试验次数在 1.1 倍额定电压下进行,在不低于 24 h 的连续工作条件下进行; b) 40% 的试验次数在室温和 0.85 倍额定电压下进行。 达到表 5-30 规定的次数后,检查下列各项: a) 燃气通路的气密性试验按表 5-2 进行; b) 开、关操作是否灵活及有无使用障碍; c) 目测检查有无故障、破损

续表

序号	项目	状态、试验条件及方法
2	点火控制装置	以 2～20 次/min 速率,按照热水器正常工作、停止运行方式连续开、关。 试验次数分配如下: a) 60% 的试验次数在 1.1 倍的额定电压的条件下进行; b) 40% 的试验次数在室温和最低 0.85 倍的额定电压条件下进行。 达到表 5-30 规定的次数后,检查下列各项: a) 点火装置试验按表 5-26 进行; b) 控制装置是否正常,中断延迟时间小于 50 s
3	水气联动装置	使用燃气条件 0-2,或采用同等压力的空气。供水压力为 0.1 MPa,以 2～20 次/min 速率,按照热水器正常工作、停止运行方式连续开、关。 连续开、关操作,达到表 5-30 规定的次数后,检查下列各项: a) 燃气通路的气密性试验按表 5-2 进行; b) 水气联动装置是否满足 5.2.2.2.1、5.2.2.5.1 要求
4	电磁阀	同本表中燃气阀门项目检验后再进行下列各项: a) 燃气通路的气密性试验按表 5-2 进行; b) 目测是否有使用失效
5	风机	使用燃气条件:0-2。 热水器安装按制造商说明规定,热负荷设置为最大状态下,按照热水器正常工作、停止运行方式连续开、关。 连续启动、关闭,达到表 5-30 规定的次数后,检查风机是否工作正常
6	风压开关	使用燃气条件:0-2。 热水器的安装按制造商说明书规定,热负荷设置为最大状态下,使风压开关打开工作 1 min 后、堵塞排烟管或使风压开关关闭停止为一个周期,连续启动、关闭,达到表 5-30 规定的次数后,检查风压开关是否工作正常
7	泄压安全装置	按制造商说明书规定,连接好管路系统,将水路系统充满水后,堵住出水口,缓慢加压,直至泄压安全装置启动,重复上述过程达到表 5-30 规定的次数,检查是否符合规定
8	熄火保护装置	使用燃气条件:0-2。 在火焰检测元件接触火焰 2 min,除去火焰,吹风冷却 3 min,熄火保护装置的燃气阀门关闭为一次,连续操作达到表 5-30 规定的次数后,检查性能要求是否符合表 5-27(允许采用模拟火焰的方式进行)的要求

序号	项目	状态、试验条件及方法
9	防止不完全燃烧安全装置	热水器状态、试验条件、试验方法同表 5-28 第 5 项。 a）防止不完全燃烧安全装置启动燃气阀门关闭一次，通风使试验箱内空气恢复正常为一次循环。连续操作达到表 5-30 规定的次数。 b）对于采用 CO 感应类型的防止不完全燃烧安全装置，以上重复操作可由以下程序取代：将 $0.1^{+0.01}$ ％的 CO 以 100 mL/min 的流量，在安全装置工作状态下，吹送到烟气感应部位持续 5 min，然后停止吹送 CO 持续 1 min，其间吹送氮气等气体以降低 CO 浓度进行稀释。重复此循环 1000 次，然后安装此传感器在热水器上，按测试燃气条件 0-2 燃烧工作，燃烧 5 min 后，进行测试，满足表 5-27 安全装置的性能要求
10	防干烧安全装置	使用燃气条件：0-2。 热水器的安装按制造商说明书规定，热负荷设置为最大状态下，逐渐减小水量，人为使出水温度升高至安全装置启动且燃气阀门关闭，停机状态进行冷却，使安全装置复位后为一次循环，连续操作达到表 5-30 规定的次数（允许采用模拟水温的方式进行）
11	燃气稳压装置	使用燃气条件 0-2，或采用同等压力的空气，大于 5 s 压力保持（膜片达到最大位置状态），中断 5 s。组成一次循环。 试验次数分配如下： a）25 000 次在制造商规定的最高工作温度且不低于 60 ℃； b）25 000 次在制造商规定的最低工作温度且高于 0 ℃。 连续操作达到表 5-30 规定的次数后，检查下列各项： a）燃气通路的气密性按表 5-2 进行； b）稳压性能满足表 5-24 的要求
12	遥控装置	以 4～20 次/min 的频率正常遥控运行，停止 2 s，连续操作达到表 5-30 规定的次数后，检查是否有使用失效
13	燃气/空气比例控制装置	采用同等燃气压力最高值的空气试验，按燃气供给方向，流量不超过规定值的 10％，阀门交替开启，10 s 完成一次循环。燃气通路的气密性满足表 5-1 要求

5.9.2　欧盟标准 EN 26:2015 的要求与试验方法

条款号：6.7.12.4.1、6.8.3.4、6.8.6。

欧盟标准《家用燃气快速热水器》（EN 26:2015）中有关部件耐久性能的要求和试验方法的规定如下。

1. 燃气/空气比例控制装置的耐久性能（见 6.7.12.4.1）

1）要求

燃气/空气比例控制装置应能承受 25 000 次循环的耐久性试验，每个循环中膜片都到达完全进程。

注意:该循环次数适用于本标准中所覆盖热水器的预期用途。

耐久性试验后,检查燃气/空气比例控制装置是否正常工作。

2)试验方法

在环境温度下,向燃气/空气比例控制装置燃气入口方向通入空气,流量不得超过额定热负荷的10%。

燃气/空气比例控制装置的试验压力应是生产厂商说明书中规定热水器的最高燃气压力。

如果燃气/空气比例控制装置不在热水器上进行试验,则要求安装在试验台上。该试验台在燃气/空气比例控制装置前端和后端配有快速切断阀,且后端可以提供负压。

试验步骤应设置为一道切断阀打开时另外一道切断阀关闭,且每个循环为10 s。

当燃气/空气比例控制装置在热水器上进行试验时,试验方法同上。

2. 关闭装置和水气联动阀的耐久性能(见 **6.8.3.4**)

1)要求

当过热保护装置或大气感应装置动作时,关闭的自动切断阀应能承受 5 000 次循环的耐久性试验。

当热水器进水时就动作的水气联动阀和其他自动切断阀应能承受 50 000 次循环的耐久性试验。

耐久性试验结束后,在 6.2.1(或在同等条件下,阀门为安装在热水器上)、6.8.3.1 和 6.8.3.2的条件下,自动截止阀或水气联动阀应正常工作。

另外,自动截止阀应满足 6.8.3.2规定的要求。

2)试验方法

(1)自动截止阀

在环境温度下,向自动截止阀燃气入口通入空气,流量不得超过生产厂家说明书中规定的额定流量的10%。循环次数如下。

① 60%的循环次数在安装在热水器上(见 6.5)以最高温度和额定电压的110%进行。

② 40%的循环次数在环境温度和额定电压的85%进行。

耐久性试验应在安装在热水器上以最高温度进行不间断试验,持续时间不低于 24 h。在整个试验期间,通过记录出口压力和出口流量,或通过其他合适的装置来判断自动截止阀每个循环是否正常。

(2)水气联动阀

在环境温度下,向水气联动阀燃气入口通入空气。

在环境温度下,向水气联动阀进水方向通入一定压力和流量的水,使其完全动作。

3. 燃气稳压装置(见 **6.8.6**)

1)要求

如果稳压装置不符合 EN88-1:2011 的要求,需承受 50 000 次循环的耐久性试验。

2)试验方法

如果稳压装置需进行耐久性试验,应将其置于温度控制室内,并按照生产厂商所规定的环境温度和最大进口压力进行。通过稳压装置前端和后端的阀门快速动作,选择合适的开关时间比使一个阀门开启另一个阀门关闭,每 10 s 完成一个循环。

试验包含有 50 000 次循环,每次试验使稳压装置膜片完全弯曲,且其阀门保持动作至少 5 s。50 000 次循环按下列要求进行。

① 25 000 次循环在生产厂商规定的最大环境温度中进行,但不低于 60 ℃。

② 25 000 次循环在生产厂商规定的最小环境温度中进行,但大于 0 ℃。

耐久性试验后,在未改变稳压装置设置点的情况下,进行之前的试验。

5.9.3　中欧标准差异分析

欧盟标准对部件的耐久性的要求基本都在相关的零部件标准中,仅有少数的几个部件需要在产品标准中进行随机试验;而中国标准对部件的耐久性能要求基本都已在产品标准中规定清楚。

5.10　燃烧系统密封性能

5.10.1　中国标准 GB 6932—2015 的要求与试验方法

1. 要求

条款号:6.1。

中国标准《家用燃气快速热水器》(GB 6932—2015)中对燃烧系统密封性能的要求如表 5-32 所示。

表 5-32　燃烧系统密封性能要求

项目	性能要求	试验方法	适用机型				
			D	Q	P	G	W
排烟系统 (适用于自然排气式和强制排气式热水器)	除排烟口以外,其他部位不得排出烟气	7.7.2 7.7.3	○	○	—	—	—
密封结构的漏气量	漏气量为额定热负荷×0.43(m³/h)/kW 以下,但对于计算漏气量超过 10 m³/h 的热水器应按 10 m³/h 进行判定	7.14	—	—	○	○	—

注:"○"表示适用,"—"表示不适用。

2. 试验方法

条款号:7.7.2(排烟系统部分)、7.7.3(排烟系统部分)、7.14。

中国标准《家用燃气快速热水器》(GB 6932—2015)中有关燃烧系统密封性能试验方法的规定如下。

① 自然排气式热水器排烟系统试验见表 5-6。

表 5-33　自然排气式热水器燃烧工况试验

项目	状态、试验条件及方法
无风状态	(1)热水器状态 将适合自然排气式热水器的排烟管按图 5-3 所示连接,打开排烟管的出口
	(2)试验条件 燃气条件:0-2;供水压力:0.1 MPa
	(3)试验方法 排烟系统:试验条件按表 5-5 中的要求,点燃热水器燃烧器 15 min 后,再用发烟剂或图 5-6 所示露点板测定从排烟出口以外的部分是否有烟气排出

② 强制排气式热水器燃烧工况试验见表 5-34。

表 5-34　强制排气式热水器燃烧工况试验

项目	状态、试验条件及方法
无风状态	(1)热水器状态 按热水器使用说明书要求配置标准排烟管道,按表 5-4 要求进行
	(2)试验条件 按表 5-5 要求
	(3)试验方法 排烟系统:按表 5-5 中 10 的条件,点燃燃烧器 15 min 后,使用发烟剂或图 5-6 所示露点板,检查从排烟口以外的部分有无烟气排出

③ 密封结构的漏气量试验。

自然给排气式、强制给排气式热水器按照图 5-26 所示密封结构的漏气量试验,按热水器说明书要求配置的标准给排气管进行安装,然后从给排气管的给排气口部分输入空气,并使给排气口内压力为 100 Pa,压力测口在热水器空气入口段,检查密封结构的漏气量。

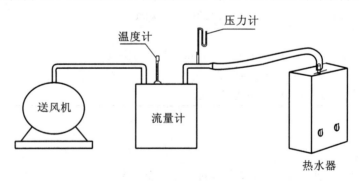

图 5-26　密闭结构漏气试验装置

5.10.2 欧盟标准 EN 26:2015 的要求与试验方法

条款号:6.2.2、6.7.12.5、6.7.15。

欧盟标准《家用燃气快速热水器》(EN 26:2015)中有关燃烧系统密封性能的要求和试验方法的规定如下。

1. 燃烧系统管路和排烟管路的密封性能(见 6.2.2)

1) 通用

燃烧系统管路应做成可防止燃烧产物泄漏。

实现燃烧系统管路的密封方式,在热水器的正常使用和维护条件下应能保持有效。

在定期维护时需要拆除且会影响热水器或其烟管密封性的部件,应使用机械方式密封,不能使用密封胶、密封液和密封带。如果按照安装说明书有清洁或维护的操作,密封圈的更换是允许的。

如果热水器的外壳是燃烧系统管路的一部分,且无须工具即可拆除,当该外壳更换不正确时,热水器应不能工作,或燃烧产物不会泄露到房间中。

但是,对于维护时无须拆除的总成部件,其连接方式应能保证在正常条件下连续使用的永久密封性。

烟管、弯头(如果有的话),以及烟管末端或烟管装配件应能正确安装并可靠装配,定期维护需要拆除的部件,应设计和布置成重新装配后能保证密封性。

任何烟管的装配件应能与燃烧产物排放和助燃空气供给系统连接良好。

2) 一般要求

(1) 要求

按照 6.2.2.3 或 6.2.2.4,热水器应密封良好。按照 6.2.2.3.3、6.2.2.3.4 和 6.2.2.3.5,烟管应密封良好。

密封性应在本标准的所有试验前后进行确认,但在机械试验中规定的试验除外。

(2) 试验方法

安装说明书中规定的所有接头均应检验,例如热水器及其烟管、互联烟管、烟管及其弯头、烟管及其安装配件或末端。

但是对于沿着烟管长度出现的泄漏,试验应使用最大长度烟管进行。

按照安装说明书,墙壁连接头、烟管末端或烟管安装配件与另一个燃烧产物排放系统的连接应保证密封性。

3) C 型热水器的空气供给和燃烧产物管路的密封性

(1) 一般情况

① 要求。

如果按以下规定试验条件,泄漏率不超过表 5-33 的值,可以认为热水器相对于其安装房间,其密封性得到了保证。

表 5-33　最大允许泄漏率

试验项目	助燃空气管路包围燃烧产物管路	最大泄漏率（40 kW 以内）/(m³/h)	最大泄漏率（40kW 以上）/(m³/h)
热水器安装空气供给和排烟管及其所有接头	完全包围	51	$5Q_n/40$
	不完全包围		$Q_n/40$
热水器及其与空气供给和排烟管连接的接头	完全包围	30.6	$3Q_n/40$
	不完全包围		$0.6Q_n/40$
被助燃空气不完全包围的排烟管，包含所有接头，但以上试验过的接头除外		0.4	$0.4Q_n/40$
空气供给管，包含所有接头，但以上试验过的接头除外		2	$2Q_n/40$

② 试验方法。

该试验可以是热水器和烟管分别进行，也可以是热水器装上烟管进行。

按照表 5-33，试验目标的燃烧管路应一端连接至压力源，另一端进行堵塞。

除非另有声明，否则试验压差为 0.5 mbar。

带风机的热水器，如果其排烟管不是完全被助燃空气管包围，该试验也可在排烟管的风机下游部分进行，且应增加试验压力，增加的试验压力是热水器内部的燃烧管路或烟管与大气之间的最高压力，热水器此时应处于正常热输入的稳定工作状态，且按照安装说明书安装最大长度的烟管。

（2）装有非直接空气感应装置的热水器排烟管

① 要求。

排烟管可安装在室内和室外且有交替式控制系统的热水器上，如果按照试验方法进行试验，排烟管的单位表面积泄漏率不超过 0.006 dm³/s·m²，可以认为其密封性满足要求。

② 试验方法。

排烟管一端连接至压力源，另一端堵塞，试验压力为 2.0 mbar。

检验是否满足要求。

（3）分离式排烟管

① 要求。

如果按照试验方法进行试验，分离式排烟管在热水器安装房间以外的区域的单位表面积泄漏率不超过 0.006 dm³/s·m²，可以认为其密封性满足要求。

② 试验方法。

按照一般情况进行试验，但试验压力改为 2.0 mbar，验证以上要求是否满足。

（4）分离式和同轴式空气供给管

① 要求。

如果在按照试验方法进行试验，空气供给管在热水器安装房间以外的所有区域的单位表面积泄漏率不超过 0.5 dm³/s·m²，可以认为其密封性满足要求。

② 试验方法。

按照一般情况进行试验,检验是否满足要求。

(5) C_7 型热水器燃烧产物泄漏量

① 要求。

按照试验方法进行试验,燃烧产物仅能从次级排烟管出口排出。

② 试验方法。

移除取样器。试验使用其中一种基准气或实际使用的燃气,在额定热输入状态下进行。

使用露点板寻找泄漏的燃烧产物,露点板的温度应维持在高于周围环境露点的温度。试验时,将露点板放在空气进口、防倒风排气罩附近所有燃烧产物有可能泄漏的地方进行寻找。

对于可疑情况,可使用连接至 CO_2 快速反应分析仪的取样器进行查找,分析仪应能够检测浓度为 0.2% 的 CO_2。

检验是否满足要求。

4) B 型热水器燃烧产物管路的密封性

(1) 一般要求

热水器应符合 6.2.2.4.2 或 6.2.2.4.3 的要求。B_5 型热水器的排烟管应符合 6.2.2.4.4 的要求。

密封性应在本文件的所有试验前后进行验证。

(2) B_2 和 B_5 型热水器

① 要求。

带有风机的热水器,其燃烧产物管路相对于其安装房间应是密封的。按照试验方法进行试验,如果燃烧产物仅从排烟管出口排出,可以认为密封性满足要求。另外,B_5 型热水器的排烟管应满足 6.2.2.4.4 的要求。

② 试验方法。

热水器不带烟管单独进行试验。热水器工作的最大压力通过逐步堵塞排烟管或空气进口,直到空气感应装置开始动作。然后令空气感应装置不起作用,使燃烧器可以在空气感应装置的最大切断压力下工作。

热水器连接一根带限流器的短烟管,通过调节限流器达到以上确定的最大工作压力。

使用露点板查找可能的泄漏点,露点板的温度应维持在轻微高于周围环境露点的温度。将露点板放在所有可能有泄漏的地方进行查找。

对于可疑情况,可使用连接至 CO_2 快速反应分析仪的取样器进行查找,分析仪应能够检测浓度为 0.2% 的 CO_2。在这种情况下,应注意取样的烟气不被正常排放的燃烧产物干扰。

检验是否满足要求。

(3) B_3 型热水器

① 要求。

如果以下测试条件有一个得到满足,可以认为密封性满足要求。

a. 燃烧产物管路的泄漏率。

——对于额定热输入不超过 40 kW 的热水器,燃烧产物管路的泄漏率不应超过 $3.0\ \mathrm{m^3/h}$。

——对于额定热输入超过 40 kW 的热水器,燃烧产物管路的泄漏率不应超过 $3Q_n/40\ \mathrm{m^3/h}$。

b. 燃烧系统管路(包含所有烟管和接头)的泄漏率。

——对于额定热输入不超过 40 kW 的热水器,燃烧系统管路的泄漏率不应超过5.0 m^3/h。

——对于额定热输入超过 40 kW 的热水器,燃烧系统管路的泄漏率不应超过$Q_n/8$ m^3/h。

② 试验方法。

排烟管出口连接至压力源。同轴烟管表面上供应空气的孔应堵塞,试验压力为0.5 mbar。

检验是否满足要求。

(4) 穿过墙壁的 B_5 型热水器的排烟管

① 要求。

没有完全被助燃空气包围的排烟管,在热水器安装位置以外的区域,如果按照试验方法进行试验,单位表面积泄漏率不超过 0.006 $dm^3/s \cdot m^2$,可以认为密封性满足要求。

② 试验方法。

按安装说明书的规定,所有接头均应检验,例如热水器及其烟管、互联烟管、烟管及其弯头、烟管及其安装配件或末端。

为防止出现沿烟管管道泄漏的可能性,试验应使用安装说明书规定的最大长度烟管进行。按照安装说明书,墙壁连接头、烟管末端或烟管安装配件与另一个燃烧产物排放系统的连接,应保证密封性满足要求。

排烟管及其与热水器的接头,应在一端连接压力源,另一端堵塞,试验压力应是6.2.2.4.2测定的最大压力。

检验是否满足要求。

2. 带防倒风排气罩的 B 型热水器的补充试验(见 6.7.12.5)

1)要求

在 6.7.12.2、6.7.12.3.2 或 6.7.12.4.3.2 规定的试验条件下,燃烧产物仅能从排烟管出口排出。

2)试验方法

带风机和防倒风排气罩的 B 型热水器,应进行以下试验:

① 当热水器处于环境温度时,排烟管出口完全堵塞。将热水器设置为点火,并逐步移除堵塞物。点火成功时,检查是否有溢出。

② 排烟管出口畅通,热水器稳定运行。然后逐渐堵塞排烟管出口。验证在检测到泄漏之前,热水器至少发生了安全关闭。

③ 使露点板的温度保持在略高于环境空气露点的值,使用露点板查找泄漏。将该板靠近防倒风排气罩周围怀疑存在泄漏的所有位置,检查是否有泄漏发生。

④ 对于可疑情况,可使用连接到 CO_2 快速反应分析仪的取样探头查找,是否能够检测到浓度为 0.2% 的 CO_2。检查是否有泄漏发生。

当热水器以不同的风机转速运行时,应以最低的风机转速和适当的燃气流量重复试验。可以调节水流和回水温度以实现该条件。

3. 燃烧产物从 C₇ 型热水器的泄漏（见 **6.7.15**）

1) 要求

燃烧产物应仅从次级排烟管出口排出。

2) 试验方法

热水器按 6.1.6 安装，移除取样器，使用其中一种基准气或实际使用的燃气在额定热输入状态下进行试验。

使用露点板寻找泄漏的燃烧产物，露点板的温度应维持在比空气露点温度稍高的一个值。将露点板靠近空气进口、气流偏转器等所有可能泄漏燃烧产物的位置。

对于可疑情况，可以使用连接到 CO_2 快速反应分析仪的取样器进行检测，以确认能否检测到浓度为 0.20% 的 CO_2。

5.10.3　中欧标准差异分析

中国标准和欧盟标准对燃烧系统密封性的试验方法基本相同，但对于强制给排气式的热水器（欧盟标准中的 C 型热水器），欧盟标准的要求比中国标准的要求严格。

另外，对于排烟系统的密封性，欧盟标准在"燃烧系统的密封性"和热水器的"无风状态燃烧工况"两部分均有类似的条款，但中国标准则将其编排了在"燃烧工况"的"无风状态"部分中。

5.11　水路系统密封性能

5.11.1　中国标准 GB 6932—2015 的要求与试验方法

1. 要求

条款号：6.1。

中国标准《家用燃气快速热水器》（GB 6932—2015）中对水路系统耐压性能的要求如表 5-34 所示。

表 5-34　水路系统耐压性能要求

项目	性能要求	试验方法	适用机型				
			D	Q	P	G	W
水路系统耐压性能	进水口至出热水口，施加 1.5 MPa 的水压，持续 1 min 应无渗漏、变形和破损现象	7.15	○	○	○	○	○

注："○"表示适用。

2. 试验方法

条款号：7.15。

中国标准《家用燃气快速热水器》(GB 6932—2015)中有关水路系统耐压性能试验方法的规定如下。

将热水器泄压安全装置拆除，使用堵头代替。将进水阀门打开充满水后关闭热水出口，从进水入口处通入冷水，将压力升高至 1.5 MPa，持续 1 min，目测有无变形和渗漏。

5.11.2 欧盟标准 EN 26：2015 的要求与试验方法

条款号：6.2.3。

欧盟标准《家用燃气快速热水器》(EN 26：2015)中有关水路系统密封性能的要求和试验方法的规定如下。

1. 要求（见 6.2.3.1）

试验期间和试验后应无渗漏。

另外，试验后不应出现永久变形。

2. 试验方法（见 6.2.3.2）

水管路系统的试验压力如下。

① 低压热水器：4 bar。

② 常压热水器：15 bar。

③ 高压热水器：20 bar。

水管路系统应保持以上试验压力 15 min。

5.11.3 中欧标准差异分析

欧盟标准的试验水压根据热水器的压力类型分为三种，分别为低压热水器（最高适用水压 0.25 MPa）的 0.4 MPa，中压热水器（最高适用水压 1.0 MPa）的 1.5 MPa，高压热水器（最高适用水压 1.3 MPa）的 2.0 MPa。中国标准对热水器的最高适用水压没有要求，但耐水压性能试验要求大致相当于欧盟标准中的中压热水器。另外，欧盟标准的耐水压试验持续时间高于中国标准的要求。

5.12 冷凝式热水器的安全要求

5.12.1 中国标准 GB 6932—2015 的要求与试验方法

1. 要求

条款号：附录 B.3。

中国标准《家用燃气快速热水器》(GB 6932—2015)中对冷凝式热水器的特殊要求如表 5-35 所示。

表 5-35　冷凝式热水器的特殊要求

项目		性能要求	试验方法	适用机型		
				Q	G	W
燃烧工况	正常状态	排烟温度小于 110 ℃	B.4.4	○	○	○
	特殊状态	堵塞冷凝水排出口,在烟气中 CO 浓度大于 0.2％之前应关闭冷凝式热水器,且无冷凝水从冷凝式热水器中泄漏				

注:"○"表示适用。

2. 试验方法

条款号:附录 B.4.4。

中国标准《家用燃气快速热水器》(GB 6932—2015)中有关冷凝式热水器特殊要求的试验方法的规定如下。

1)正常状态

燃气条件:0−2,在最大负荷状态下连续运行 15 min 后,在排烟口处测定排烟温度,符合表 5-35 的要求。

2)特殊状态

燃气条件:0−2,在最大负荷状态下连续运行,堵塞冷凝水出口,直至热水器关闭,验证烟气中 CO 浓度应符合表 5-35 的要求。

5.12.2　欧盟标准 EN 26:2015 的要求与试验方法

条款号:6.13。

欧盟标准《家用燃气快速热水器》(EN 26:2015)中有关冷凝式热水器安全的要求和试验方法的规定如下。

1. 冷凝水的形成(见 6.13.1)

1)要求

冷凝水的形成不得影响热水器的正常操作。

热水器应符合下列要求之一:

① 堵塞冷凝水的排放,热水器应在 CO 含量超过 0.20％之前关闭;

② 堵塞冷凝水的排放,导致燃烧产物或进气排放受限,热水器应在热平衡状态下 CO 含量等于或大于 0.10％时不应从冷态中重启。

在任何情况下,热水器都不应溢出冷凝水。

2)试验方法

热水器按基准气或实际使用的燃气进行试验。

堵塞冷凝水的排放。

热水器根据 6.1.6.6.2 的 a)要求在额定热负荷下进行试验。

2. 排烟温度（见 **6.13.2**）

1）要求

排烟温度不得超过生产厂商说明书中规定的燃烧回路材料和排烟管材料的最高允许温度。

如果热水器有烟气温度限制装置，该装置动作时应使热水器进入非易失性锁定。

2）试验方法

热水器的安装应符合通用试验要求，并且按基准气或实际使用的燃气进行试验。

B 类型的热水器安装长度 1 m 的烟管，C 类型的热水器安装生产厂商说明书规定的最短烟管。

使热水器中控制器的温控器或温度设定点失效。

如果热水器有烟气温度限制装置，使其正常工作。

通过增大燃气流量来逐渐增大烟气温度，或者通过生产厂商说明书中提供方法增大烟气温度（例如，拆除挡板）。

烟气温度上升的速率应为 1.0～3.0 K/min。

检查是否符合要求。

5.12.3　中欧标准差异分析

中国标准和欧盟标准对冷凝式热水器的要求大致相同。

5.13　电气安全、电磁兼容安全及电子控制系统的控制要求（使用交流电源的热水器）

5.13.1　中国标准 GB 6932—2015 的要求与试验方法

条款号：附录 C、附录 D。

中国标准《家用燃气快速热水器》(GB 6932—2015)中对电气安全、电磁兼容安全及电子控制系统的控制要求和试验方法如下。

1. 使用交流电热水器的电气安全

1）试验的一般条件

① 热水器型式试验时应按本附录全部项目进行。

② 热水器例行出厂检验时每台至少应进行以下项目试验。

a. 接地连接试验：按照 C.14.5 进行。

b. 电气强度试验：按照 C.9.3 进行。

③ 热水器中的任一运动部件，都应处于正常使用中可能出现的最不利的位置上进行试验。

④ 带有控制器或开关装置的热水器，如果它们的整定位置可以由用户改动，则应将这些控制器或装置调到最不利的整定位置上进行。

⑤ 试验在无强制对流空气且环境温度为(20±5)℃的场所进行。

2) 防护等级

① 在电击防护方面,器具的防护等级应为Ⅰ类或Ⅱ类或Ⅲ类。

热水器应符合如下要求。

a. 进入热水器的电压直接从电网获得,其电击防护不仅依靠于基本绝缘,而且需要将易触及的导电部件连接到设施固定布线中的接地保护导体上,以使得基本绝缘失效时,易触及的导电部件不会带电。

b. 当热水器使用的安全特低电压从电网获得时,应通过一个安全隔离变压器(或一个带分离绕组的转换器),安全隔离变压器(或带分离绕组的转换器)的绝缘应符合双重绝缘或加强绝缘的要求,安全隔离变压器应符合 GB/T 19212.10 技术要求的规定,安全隔离变压器(或带分离绕组的转换器)应是随机配件。

c. 进入热水器的电压为安全特低电压,或非电网提供的特低电压,其电击防护依靠于基本绝缘。

通过视检和相关的试验确定其是否合格。

② 在防水等级方面,热水器应符合如下要求:

a. 室内型热水器的外壳防护等级应不低于 IPX2;

b. 可以安装在浴室内的热水器外壳防护等级应不低于 IPX4;

c. 室外型热水器应不低于 IPX5。

通过视检和相关的试验确定其是否合格。

注:防水等级选择在 GB 4208 中给出。

3) 标志和说明

① 热水器标志内容应符合 GB 4706.1—2005 中 7.1 的规定。

② 当使用符号时应符合 GB 4706.1—2005 中 7.6 的规定。

③ 热水器除 Z 型连接以外,用于与电网连接的接线端子应按下述方法标示:

a. 专门连接中线的接线端子,应该用字母 N 标示;

b. 保护接地端子,应该用 GB/T 5465.2 规定的符号 5019 标明。

这些表示符号不应放在螺钉、可取下的垫圈或在连接导线时能被取下的其他部件上。

通过视检确定其是否合格。

④ 对于有电源软线采用 Y 型连接的热水器,使用说明应包括下述内容:如果电源软线损坏,为了避免危险,应由制造商、其维修部或类似部门的专业人员更换。

对于 Z 型连接的热水器,使用说明应包括下述内容:电源软线不能更换,如果软线损坏,此热水器应废弃。

⑤ 热水器标志应清晰易读并持久耐用,应符合 GB 4706.1—2005 中 7.14 的规定。

⑥ C.3.1 规定的热水器标志,应标在热水器的主体上。

4) 对触及带电部件的防护

① 热水器的结构和外壳应使其对意外触及带电部件有足够的防护,包括不借用工具就可打开和取下的可拆卸部件。

② Ⅱ类器具和Ⅱ类结构,其结构和外壳对与基本绝缘以及仅用基本绝缘与带电部件隔

开的金属部件意外接触,应有足够的防护。

③ 与燃气管路及水路有连接的属Ⅱ类器具Ⅱ类结构的带电部件,其金属部分与燃气管路有导体性连接或与水路有任何电气接触时,都应采用双重绝缘或加强绝缘与带电部件隔离。

④ 带有高压点火的脉冲发生装置,应采取预防措施,防止与高压源接触。在脉冲发生装置或热水器外表应有明显的防护性警示。

⑤ 按 GB 4706.1—2005 中第 8 章的要求试验。

5）输入功率和电流

如果热水器标有额定输入电功率,热水器在正常工作温度下,其输入功率对额定输入功率的偏离不应大于表 5-36 中所示的偏差。

表 5-36 输入功率偏差

热水器类型	额定输入功率/W	偏差
所有热水器	≤25	+20%
具有电加热和组合型热水器	>25 且≤200	±10%
	>200	+5%或 20 W(选较大值)−10%
含有电动器具的热水器	>25 且≤300	+20%
	>300	+15%或 60 W(选较大值)

对于组合型热水器,如果电动机的输入功率大于热水器额定输入功率 50%,则含有电动器具的热水器偏差适用于该热水器。

6）电机绕组温升

热水器以 0.94~1.06 倍额定电压的最不利电压供电,在正常工作状态下,工作时间至最不利条件对应的时间。连续测量温升符合表 5-37 要求。

试验期间要连续监测温升,温升不得超过表 5-37 中所示的值。

保护装置不应动作,并且密封剂不应流出。

表 5-37 最大正常温升

绕组级别 (绕组[a],如果绕组绝缘符合 IEC60085 的规定)	最大正常温升/K
——A 级	75(65)
——E 级	90(80)
——B 级	95(85)
——F 级	115
——H 级	140

注 a:考虑到通用电动机的绕组平均温度通常高于绕组上放置热电偶各点的温度这一情况,使用电阻法测量时,温升以不带括号的数值为准;使用热电偶时,温升以带括号的数值为准,但对交流电动机的绕组,不带括号的数值对两种方法均适用。

7）工作温度下的泄漏电流和电气强度

① 在工作温度下，热水器的泄漏电流不应过大，并且其电气强度应满足下列规定要求：

a. 符合 C.7.2 和 C.7.3；

b. 热水器工作的时间一直延续至正常使用时最不利条件产生所对应的时间；

c. 以 1.06 倍的额定电压供电。

在进行该试验前断开保护阻抗和无线电干扰滤波器。

② 泄漏电流通过用 GB/T 12113 中图 4 所描述的电路装置进行测量，测量在电源的任一极和连接金属箔的易触及金属部件之间进行。被连接的金属箔面积不超过 20 cm×10 cm，并与绝缘材料的易触及表面相接触。

对单相热水器，其测量电路在下述图中给出：

a. 如果是Ⅱ类器具，见 GB 4706.1—2005 中图 1 给出；

b. 如果是非Ⅱ类器具，见 GB 4706.1—2005 中图 2 给出。

将选择开关分别拨到 a、b 的每个位置来测量泄漏电流。

热水器工作的时间一直延续至正常使用时最不利条件产生所对应的时间之后，泄漏电流不应超过下列值：

a. 对Ⅱ类器具，0.25 mA；

b. 对Ⅰ类器具，0.75 mA。

如果热水器装有在试验期间动作的热控制器，则应在控制器断开电路之前的瞬间测量泄漏电流。

在被测表面上，金属箔要有尽可能大的面积，但不超过规定的尺寸。如果金属箔面积小于被测表面，则应移动该金属箔以便测量该表面的所有部分，此金属箔不应影响器具的散热。

注1:GB/T 12113 中图 4 所示的电压表应能测量电压的实际有效值。

　2:开关处于断开位置来进行试验，是为了验证连接在一个单极开关后面的电容器不产生过高的泄漏电流。

　3:推荐热水器通过一个隔离变压器供电，否则热水器应与地绝缘。

③ 按照 GB/T 17627 的规定，断开热水器电源后，热水器绝缘立即经受频率为 50 Hz 或 60 Hz 的电压，历时 1 min。

用于此试验高压电源在其输出电压调整到相应试验电压后，应能在输出端子之间供给一个短路电流 I_s，电路的过载释放器对低于跳闸电流 I_r 的任何电流均不动作。不同高压电源的 I_s 和 I_r 值见表 5-38。

试验电压施加在带电部件和易触及部件之间，非金属部件用金属箔覆盖，对在带电部件和易触及部件之间有中间金属件的Ⅱ类结构，要分别跨越基本绝缘和附加绝缘来施加电压。

试验电压值应符合表 5-39 的规定。

在试验期间，不应出现击穿。

注1：应注意避免电子电路元件的过应力。

2：可忽略不造成电压下降的辉光放电。

3：用于此试验的高压电源在其输出电压调到相应试验电压之后，应能在输出端子之间供给一个短路电流 I_s。电路的过载释放器对低于跳闸电流 I_r 的任何电流均不动作。用来测量试验电压有效值（r.m.s）的电压表，按照 IEC51-2 应至少是 2.5 级。各种高压电源的 I_s 和 I_r 值，在表 5-38 中给出。

表 5-38　高电压电源的特性

试验电压/V	最小电流/mA	
	I_s	I_r
＜4 000	200	100
≥4 000 且＜10 000	80	40
≥10 000 且≤20 000	40	20

注：此电流是以在该电压范围的上限，短路和释放能量分别为 800 VA 和 400 VA 为基础计算得出的。

表 5-39　电气强度试验电压

绝缘	试验电压/V			
	额定电压[a]			工作电压(U)
	安全电压 SEL V	≤150 V	＞150 V 和≤250V[b]	＞250 V
基本绝缘	500	1 000	1 000	$1.2U+700$
附加绝缘	—	1 250	1 750	$1.2U+1450$
加强绝缘	—	2 500	3 000	$2.4U+2400$

注a：对多相热水器，额定电压是指相线与中性或地线之间的电压。对 480 V 的多相器具，试验电压按照额定电压大于 150 V 且小于等于 250 V 的范围进行规定。

b：对额定电压小于等于 150 V 的热水器，试验电压施加到工作电压大于 150V 且小于等于 250 V 的部件上。

④ 对自然给排气式热水器（P 类）、强制给排气式热水器（G 类）、室外型热水器（W 类）应在进行喷淋试验后再重复 C.7.1、C.7.2、C.7.3 试验。

8）耐潮湿

① 热水器外壳应按器具分类并按 GB 4208 的要求提供相应的防水等级。

② 热水器应能抵挡在正常使用中可能出现的潮湿条件，安装在浴室内和室外的热水器按 GB 4706.1—2005 中 15.3 的要求进行试验。

9）泄漏电流和电气强度

① 热水器的泄漏电流不应过大，并且其电气强度应符合规定的要求。

通过 C.9.2 和 C.9.3 的试验确定其是否合格。

在进行试验前，保护阻抗要从带电部件上断开。

　　使热水器处于室温,且在不连接电源的情况下进行该试验。

　　② 交流试验电压施加在带电部件和连接金属箔的易触及金属部件之间。被连接的金属箔面积不超过 20 cm×10 cm,它与绝缘材料的易触及表面相接触。

　　对于单相热水器,试验电压为 1.06 倍的额定电压。

　　在施加试验电压后的 5 s 内,测量泄漏电流。

　　泄漏电流不应超过下列值:

　　a. 对Ⅱ类器具,0.25 mA;

　　b. 对Ⅰ类器具,0.75 mA。

　　如果所有的控制器在所有各级中有一个断开位置,则上面规定的泄漏电流限定值增加一倍。如果热水器带有无线电干扰滤波器,上面规定的泄漏电流限定值也应增加一倍。并且在这种情况下,断开滤波器时的泄漏电流应不超过规定的限值。

　　③ 在 C.9.2 试验之后,绝缘要立即经受 1 min 频率为 50 Hz 或 60 Hz 基本正弦波的电压。表 5-40 中给出了适用于不同类型绝缘的试验电压值。绝缘材料的易触及部分,要用金属箔覆盖。

表 5-40　试验电压

绝缘方式	试验电压/V			
	额定电压[a]			工作电压(U)
	安全电压 SELV	≤150 V	>150 V 且≤250V[b]	>250 V
基本绝缘	500	1 250	1 250	$1.2U+950$
附加绝缘		1 250	1 750	$1.2U+1\ 450$
加强绝缘		2 500	3 000	$2.4U+2\ 400$

注a:对多相热水器,额定电压是指相线与中性或地线之间的电压。对 480 V 的多相器具,试验电压按照额定电压大于 150 V 且小于等于 250 V 的范围进行规定。

　　b.对额定电压小于等于 150 V 的热水器,试验电压施加到工作电压大于 150 V 且小于等于 250 V 的部件上。

　　对入口衬套处、软线保护装置处或软线固定装置处的电源软线用金属箔包裹后,在金属箔与易触及金属部件之间施加试验电压,将所有夹紧螺钉用 GB 4706.1—2005 表 14 中规定力矩的三分之二值夹紧。

　　注1:注意金属箔的放置,以使绝缘的边缘处不出现闪络。

　　2:表 5-40 对试验用的高压电源做了规定。

　　3:对同时带有加强绝缘和双重绝缘的Ⅱ类结构,要注意施加在加强绝缘上的电压不对基本绝缘或附加绝缘造成过应力。

　　4:在基本绝缘和附加绝缘不能分开单独试验的结构中,该绝缘经受对加强绝缘规定的试验电压。

　　5:在试验绝缘覆盖层时,可用一个沙袋使其有大约为 5 kPa 的压力来将金属箔压在绝缘上。该试验可限于那些绝缘可能薄弱的地方,例如:在绝缘的下面有金属锐棱的地方。

　　6:如果可行,绝缘衬层要单独试验。

　　7:注意避免对电子电路的元件造成过应力。

试验初始,施加的电压不超过规定电压值的一半,然后平缓地升高到规定值。

注:出厂检验可以采用上述试验电压的120%的电压通入1s代替。

在试验期间不应出现击穿。

10) 变压器和相关电路的过载保护

热水器带有由变压器供电的电路时,其结构应使得在正常使用中可能出现短路时,该变压器内或与变压器相关的电路中不会出现过高的温度。

注1:例如在安全特低电压下工作的易接触及电路的裸导线或没有充分绝缘的导线的短路。

　2:不考虑在正常使用中可能发生的基本绝缘失效。

通过施加正常使用中可能出现的最不利的短路或过载状况,来确定是否合格。热水器供电电压为1.06倍或0.94倍的额定电压,取两者中较为不利的情况。

安全特低电压电路中的导线绝缘层的温升值,不应超过 GB 4706.1—2005 表3中有关规定值的 15 K。

绕组温升符合表5-37规定的值。但是,这些限制对于符合 IEC 61558-1 中 15.5 规定的无危害式变压器不适用。

11) 结构

① 在正常使用时,其电气绝缘不受到在冷表面上可能凝结的水或从水阀、热交换器、接头和热水器的类似部分可能泄漏出的液体的影响。

通过视检确定其是否合格。

② 非自动复位控制器的复位钮,如果其意外复位能引起危险,则应防止或防护使得不可能发生意外复位。

通过视检确定其是否合格。

③ 应有效地防止带电部件与热绝缘的直接接触,除非这种材料是耐腐蚀、不吸潮并且不可燃的。

通过视检确定其是否合格。

④ 木材、棉花、丝、普通纸以及类似的纤维或吸湿性材料,除非经过浸渍,否则不应作为绝缘材料使用。

通过视检确定其是否合格。

⑤ 热水器不应含有石棉。

通过视检确定其是否合格。

⑥ 在安全特低电压下工作的部件与其他高于安全特低电压下工作的部件之间的绝缘,符合双重绝缘或加强绝缘的要求。

通过双重绝缘或加强绝缘规定的试验确定其是否合格。

⑦ 其所有非安全特低电压下工作的部件与易触及的热水器部件和能触及的气路及水路都应采用双重绝缘或加强绝缘隔离。

注:对触及带电部件的防护,可能会由于诸如金属导管的安装或带有金属护套的软缆的安装而受到影响。

通过视检确定其是否合格。

⑧ 操作旋钮、手柄、操纵杆和类似零件的轴不应带电,除非将轴上的零件取下后,轴是

不易触及的。

通过视检,并通过取下轴上的零件,甚至借助于工具取下这些零件后,用 GB 4706.1—2005 中 8.1 规定的试验探棒确定其是否合格。

⑨ 对于非依靠安全特低电压防触电的结构,在正常作用中握持或操纵的手柄或旋钮等即使绝缘失效,也不应带电。如果这些手柄或旋钮是金属制成的,并且它们的轴或固定装置在绝缘失效的情况下可能带电,则应用绝缘材料充分地覆盖这些部件,或用附加绝缘将其易触及部分与它们的轴或固定装置隔开。

12) 内部布线

① 热水器内部布线通路应光滑,而且无锐边棱边。

布线的保护应使它们不与那些可引起绝缘损坏的毛刺、冷却或换热用翅片或类似的棱缘接触。

有绝缘导线穿过的金属孔洞,应有平整、圆滑的表面或带有绝缘套管。

应有效地防止布线与运动部件接触。

通过视检确定其是否合格。

② 内部布线的绝缘应能经受住在正常使用中可能出现的电气应力。

通过下述试验确定其是否合格。

基本绝缘的电气性能应等效于 GB 5023.1 或 GB 5013.1 所规定的软线的基本绝缘,或者符合下述的电气强度试验。

在导线和包裹在绝缘层外面的金属箔之间施加 2 000 V 电压,持续 15 min,不应击穿。

注1:如果导线的绝缘不满足这些条件之一,则认为该导线是裸露的。

　　2:该试验仅对承受电网电压的布线适用。

③ 当套管作为内部布线的附加绝缘来使用时,它应采用可靠的方式保持在位。

通过视检并通过手动试验确定其是否合格。

注:如果套管只有在破坏或切断的情况下才能移动,或两端都被夹紧,则认为属可考的固定。

④ 黄/绿组合双色标识的导线,应只用于接地导线。

通过视检确定其是否合格。

⑤ 铝线不应用于内部布线。

注:绕组不被认为是内部布线。

通过视检确定其是否合格。

⑥ 多股绞线在其承受接触压力之处,不应使用铅—锡焊将其焊在一起,除非夹紧装置的结构能使得此处不会出现由于焊剂的冷流变而产生不良接触的危险。

注1:使用弹簧接线端子可满足本要求,仅拧紧夹紧螺钉不被认为是充分的。

　　2:允许多股绞线的顶端焊接。

通过视检确定其是否合格。

13) 电源连接和外部软线

① 不打算永久连接到固定布线的热水器,应对其提供装有一个插头的电源软线。

通过视检确定其是否合格。

② 电源软线应通过下述方法之一安装到热水器上：

a. Y 型连接；

b. Z 型连接（如果相应的特殊要求中允许的话）。

通过视检确定其是否合格。

③ 插头均不应装有多于一根的柔性软线。

通过视检确定其是否合格。

④ 电源软线不应低于以下规格：

a. 普通硬橡胶护套的软线为 GB/T 5013.1 中的 53 号线。

b. 普通氯丁橡胶护套软线为 GB/T 5013.1 中的 57 号线。

c. 普通聚氯乙烯护套软线为 GB/T 5023.1 中的 53 号线，热水器质量超过 3 kg。

通过视检和通过测量确定其是否合格。

⑤ 电源软线的导线，应具有不小于表 5-41 中所示的标称横截面面积。

表 5-41　导线的最小横截面面积

热水器的额定电流/A	标称横截面面积/mm²
3	0.5ᵃ 和 0.75
>3 且≤6	0.75
>6 且≤10	1
>10 且≤16	1.5

注 a：只有软线或软线保护装置进入器具的那一点到进入插头的那一点之间的长度不超过 2 m，才可以使用这种软线。

通过测量确定其是否合格。

⑥ 电源软线不应与热水器的尖点或锐边接触。

通过视检确定其是否合格。

⑦ 带接地线热水器的电源软线应有一根黄/绿芯线，它连接在热水器的接地端子和插头的接地触点之间。

通过视检确定其是否合格。

⑧ 电源软线的导线在承受接触压力之处，不应通过铅—锡焊将其合股加固，除非夹紧装置的结构使其不因焊剂的冷流变而存在不良接触的危险。

注1：使用弹簧接线端子可满足本要求，仅拧紧夹紧螺钉不被认为是充分的。

　2：允许多股绞线的顶端焊接。

通过视检确定其是否合格。

⑨ 在将软线模压到外壳的局部时，该电源线的绝缘不应被损坏。

通过视检确定其是否合格。

⑩ 电源软线入口的结构应使电源软线护套能在没有损坏危险的情况下穿入。除非软线进入开口处的外壳是绝缘材料制成的，否则应增加不低于 1 mm 厚度的不可拆卸衬套或不可拆卸套管的附加绝缘。

通过视检确定其是否合格。

⑪ 对 Y 型连接和 Z 型连接,应有软线固定装置,其固定装置应使导线在接线端处免受拉力和扭矩,并保护导线的绝缘免受磨损。

不应将软线推入热水器,以免出现损坏软线或热水器内部部件的情况。

通过视检、手动试验并通过下述的试验来检查其合格性。

当软线经受 100 N 的拉力和 0.35 N·m 的扭矩时,在距软线固定装置约 20 mm 处,或其他合适点做一标记。然后,在最不利的方向上施加规定的拉力,共进行 25 次,不得使用爆发力,每次持续 1 s。在此试验期间,软线不应损坏,并且在各个接线端子处不应有明显的张力。再次施加拉力时,软线的纵向位移不应超过 2 mm。

14) 接地措施

① 万一绝缘失效,并可能引起触电事故,可能带电的易触及金属部件应永久并可靠地连接到热水器内的一个接地端子,或热水器输入插口的接地触点。

接地端子和接地触点不应连接到中性接线端子。

Ⅱ类和Ⅲ类器具不应有接地措施。

通过视检确定其是否合格。

② 接地端子的夹紧装置应充分牢固,以防止意外松动。

接地端子不应兼作他用,不借助工具应不能松动。热水器应设有永久性接地标志。

通过视检和手动试验确定其是否合格。

③ 如果带有接地连接的可拆卸部件插入热水器的另一部分中,其接地连接应在载流连接之前完成。当拔出部件时,接地连接应在载流连接断开之后断开。

带电源软线的热水器,其接线端子或软线固定装置与接线端子之间导线长度的设置,应使得如果软线从软线固定装置中滑出,载流导线在接地导线之前先绷紧。

通过视检和手动试验确定其是否合格。

④ 打算连接外部导线的接地端子,其所有零件都不应由于与接地导线的铜接触,或与其他金属接触而引起腐蚀危险。

用来提供接地连续性的部件,应是具有足够耐腐蚀的金属,但金属框架或外壳部件除外。如果这些部件是钢制的,则应在本体表面上提供厚度至少为 5 μm 的电镀层。

如果接地端子主体是铝或铝合金制造的框架或外壳的一部分,则应采取预防措施以避免由于铜与铝或铝合金的接触而引起腐蚀的危险。

通过视检和测量确定其是否合格。

⑤ 接地端子或接地触点与接地金属部件之间的连接,应具有低电阻值。

通过下述试验确定其是否合格。

从空载电压不超过 12 V(交流或直流)的电源取得电流,并且该电流等于热水器额定电流 1.5 倍或 25 A(两者中取较大者),让该电流轮流在接地端子或接地触点与每个易触及金属部件之间通过。

在热水器的接地端子或器具输入插口的接地触点与易触及金属部件之间测量电压降。由电流和该电压降计算出电阻,该电阻值不应超过 0.1 Ω。

注1:有疑问情况下,试验要一直进行到稳定状态建立。

　　2:电源软线的电阻不包括在此测量之中。

　　3:注意在试验时,要使测量探棒顶端与金属部件之间的接触电阻不影响试验结果。

2. 电磁兼容安全及电子控制系统的控制要求

1)电磁兼容试验条件和判定准则

(1)电磁兼容试验条件

由于热水器采用金属外壳,且外壳通过接地线与地连接地,热水器的电磁兼容试验仅做符合 GB/T 17799.1—1999 表 4 交流电源输入端口抗扰度试验中的 4.2 条、4.3 条、4.4 条和 4.5 条试验。有外接线控装置与热水器相连接时,在热水器线控端口做符合 GB/T 17799.1—1999 表 2 信号线和控制线端口抗扰度试验中的 2.2 条。

(2)判定准则

① 准则Ⅰ:进行试验时,热水器应工作正常(不仅能安全地关闭或锁定,还应能从锁定中重新设定)。

② 准则Ⅱ:进行试验时,热水器应处于安全状态(无论将执行Ⅰ项或者在系统重新启动后进行安全关闭或者锁定,可以进行一个系统的重新启动)。

2)电压暂降和短时中断的抗扰度性能要求

(1)电压暂降和短时中断的抗扰度试验

① 试验条件和试验仪器见 GB/T 17626.11。

② 试验方法:热水器的电源电压应根据表 5-42 中规定的幅度和时间减小,观察电压暂降和短时中断间隔时间至少为 10 ms。

在随机状态下,对以下每一种操作条件的电压暂降和短时中断做 3 次试验:

a. 等候时间;

b. 点火安全时间和熄火安全时间(如果采用);

c. 在运行状态;

d. 在关闭状态。

表 5-42　电压暂降和短时中断

时间/ms	额定电压或额定电压范围平均值的百分数	
	50%	0%
10	—	√
20	—	√
50	√	√
500	√	√
2 000	√	√

注:"√"表示做试验,"—"表示不做试验。

（2）判定

电压暂降、短时中断时间小于等于 20 ms 时，热水器控制器应符合判定准则Ⅰ的要求。

电压暂降、短时中断时间大于 20 ms 时，热水器控制器应符合判定准则Ⅱ的要求。

3）浪涌抗扰度性能要求

（1）浪涌抗扰度试验

① 试验条件和试验仪器见 GB/T 17626.5。

② 试验方法：热水器的操作在额定电压条件下，电源两极连接一个脉冲发生器。在热水器的电源端和有关信号端上发生表 5-43 所述的电压波动时，在不少于 60 s 时间内，热水器电源的每极施加正、负各 5 个脉冲，脉冲应符合表 5-43 的要求。

施加在每个极（正和负）上各 5 个脉冲，并按以下次序提供：

a. 2 个脉冲施加于器具的关闭状态；

b. 1 个脉冲施加于器具的运行状态；

c. 2 个脉冲随机的施加于起动程序阶段。

表 5-43　浪涌抗扰度（试验电压）

严酷等级	试验值峰值/kV	
	L1—L2（线—线）	L1—G、L2—G（线—地）
2	0.5	1.0
3	1.0	2.0

注：浪涌波形（开路状态下）：1.2 μs/50 μs

（2）判定

按严酷等级 2 试验时，热水器控制器应符合判定准则Ⅰ的要求。

按严酷等级 3 试验时，热水器控制器应符合判定准则Ⅱ的要求。

4）电快速瞬变脉冲群抗扰度性能要求

（1）电快速瞬变脉冲群抗扰度试验

① 试验条件和试验仪器见 GB/T 17626.4。

② 试验方法：在热水器运行状态后，对热水器执行 20 次的循环试验，每个循环热水器在运行状态至少应维持 30 s。在热水器处于关闭和待机状态的试验时间至少应为 2 min。试验只适用于电源的连接部分（端子）和信号、控制线端口。依制造商的规定，电缆长度可大于 3 m。

表 5-44　快速瞬变抗扰度

严酷等级	电源峰值/kV（电源端口）	重复频率/kHz（电源端口）	电源峰值/kV（信号、控制线端口）	重复频率/kHz（信号、控制线端口）
2	1	5	0.5	5
3	2	5	1	5

(2) 判定

按严酷等级 2 试验时,热水器控制器应符合判定准则Ⅰ的要求。

按严酷等级 3 试验时,热水器控制器应符合判定准则Ⅱ的要求。

5) 电子控制系统的控制要求

属于燃烧控制系统、程序控制装置或火焰探测器的功能应遵守以下要求。

(1) 程序要求

① 概述。

a. 程序应符合制造商说明中的叙述。

b. 程序涉及安全控制的,不应同时执行两个或多个动作。动作的顺序应固定,不可更改。

c. 在点火以前,控制相关起动的燃气截止阀应处于安全关闭状态。

——在第一安全时间结束时或结束以前,点火装置应被停止。

——使用热表面点火装置时,在达到点燃燃气的足够温度之前,燃气截止阀应安全关闭。

d. 当系统设有起动燃气火焰检验时间时,其检验时间应大于和等于制造商规定的时间。

e. 在每个起动顺序中,系统应对火焰信号进行检验。如果没有火焰信号发生,系统应停止起动顺序的下一步或安全关闭。这项检验应发生在燃气截止阀安全关闭之前,并有足够的持续时间,以保证安全检验。

② 安全动作。

程序中的检验应包括以下要求:

a. 前清扫、带风机的燃烧烟气排放的检测,如果热水器的检测气流不足或燃烧器操作期间检验信号失灵,系统应安全关闭。

b. 如果在第一安全时间或第二安全时间结束时,没有检测到火焰信号,系统应锁定或再起动(如果采用)。

c. 外部保护装置动作时,应引起安全关闭。

通过视检模拟气流不足、火焰信号消失、外部保护装置动作时判定其是否合格。

③ 火焰故障。

在燃烧器工作期间,随着火焰信号的减弱,应发生以下动作之一:

a. 再点火;

b. 再起动;

c. 锁定。

通过视检模拟火焰信号减弱(制造商规定值)时判定其是否合格。

④ 再点火。

有再点火功能的设计应保证在火焰消失后 1 s 内,点火装置点火。

在再点火之后,应有火焰信号出现,否则系统应进行关闭。

通过视检模拟再点火判定其是否合格。

⑤ 在起动程序期间,对其他装置的监测。

控制系统、安全装置(例如熄火保护装置、水气联动装置、防干烧安全装置、排烟管堵塞和风压过大安全装置、燃气泄漏检测装置、烟气泄漏试验装置等)在每次起动程序之前或期间都应处在检验状态,只有装置被成功地检测后,起动程序才可运行。

通过视检模拟断开装置与控制器间的连接判定其是否合格。

⑥ 安全关闭后的起动。

引起安全关闭的条件消失后,才可进入起动程序。

通过视检模拟未关闭状况判定其是否合格。

(2) 时间要求

① 概述。

允许调节前清扫、后清扫、等待和安全时间的,应使用专用工具和专业人员进行调节,不能从封装的盒外进行调节。

使用元件上有刻度调节的地方,刻度精度为±10%。调节的方式应是容易识别的(例如有颜色标记)。

额定值和时间极限(如果必要)应由制造商规定。

② 前清扫、后清扫和等待时间。

时间不应由于损坏、破裂、调节装置中准确度的降低和类似的原因而缩短。

时间应不小于制造商指定的值。

系统有可调节的时间时,应不小于在试验条件下初始测量值。

通过视检模拟前清扫、后清扫和等待时间判定其是否合格。

③ 火焰故障响应时间。

除非另有标准规定,否则从火焰传感信号消失到安全截止阀门关闭的响应时间应不超过 1 s。

火焰传感器灵敏度调节的最小和最大值应由制造商规定,如果火焰传感器灵敏度调节能引起不安全情况,应对调节方式作适当的保护。

通过视检模拟火焰信号状况判定其是否合格。

④ 达到安全关闭的动作时间。

除非另有标准规定,达到安全关闭的时间不能超过 1 s。

通过视检模拟安全关闭的动作时间判定其是否合格。

⑤ 达到锁定的时间。

应在安全关闭后 30 s 内锁定。

通过视检模拟判定其是否合格。

(3) 火焰检测装置要求

① 允许把火焰检测装置检测火焰作为程序的一部分。

② 使用光学火焰传感器的火焰检测装置应使用紫外光(波长小于 400 nm)或红外光(波长大于 800 nm)。

③ 使用红外传感器的火焰检测装置只能对闪烁性火焰有反应。安装应装有一个开关,以便安装时切断电路。

④ 离子化火焰检测装置应只利用火焰的调整特性,对火焰信号校正电流的最小值应有规定。

⑤ 连续运行的系统中,火焰检测装置还应有自诊断功能。当系统处在运行状态时,自诊断功能每小时至少操作一次。

⑥ 传感器或它的连接线开路时应引起火焰信号的消失。

⑦ 通过视检或测量、模拟判定上述项目是否合格。

(4)锁定和再设定要求

① 锁定功能。

在每次起动顺序期间,为运行准备应检验锁定功能。属于机械动作方式的,一次检验就足够了(不包括开关接点)。

如果锁定功能检验失败,系统应着手安全关闭。

注:对检验电路元件上存在的内部故障不作考虑。

通过视检模拟判定是否合格。

② 再设定装置。

系统应有在非易失锁定后再起动操作,再起动应是手动的方式。

通过视检模拟判定是否合格。

5.13.2 欧盟标准 EN 26:2015 的要求与试验方法

条款号:5.1.11、6.14。

欧盟标准《家用燃气快速热水器》(EN 26:2015)中有关电气安全、电磁兼容安全及电子控制系统的控制的要求和试验方法的规定如下。

1. 电气安全(见 5.1.11)

1)一般要求

热水器应符合 EN60335-2-102 的相关要求。

如果热水器装有提供安全功能的电子部件或电子系统,则应符合控制的相关要求。

如果铭牌上标明了热水器外壳防护等级的类别,则其外壳防护等级应符合 EN 60529 的相关要求。

对于拟安装在部分受保护地方的热水器:

① 外壳防护等级至少为 IPX4D;

② 电气或电子设备温度范围应适用于热水器规定的温度范围。

2)控制

(1)一般要求

在详细规范中,控制要求参照相关现存标准。对于某些条款,详细规范进行了删除或增加了补充要求。

对于特定热水器的特殊控制装置,本标准涵盖的要求可免除。详见详细规范。

(2)详细规范

控制和安全装置应符合下列标准:

① EN 88-1,燃气用具用压力调节器;

② EN 125,燃气器具用热电式火焰监控装置;

③ EN 126,燃气器具用多功能控制装置;

④ EN 161,燃气燃烧器和燃气用具用自动切断阀；

⑤ EN 298,自动燃气燃烧器控制系统；

⑥ EN 13611,燃气燃烧器和燃气器具的安全和控制装置的一般要求；

⑦ EN 14459,燃气燃烧器和燃气器具的电子系统控制功能的分类和评估方法。

此外,热水器还应符合下列要求：

① 使用辅助流体的阀门应在压力降至生产厂商说明书中规定的最高压力的 15％ 时自动关闭；

② 使用气压或液压驱动的阀门在最大驱动压力下工作,逐渐降低驱动压力至最大驱动压力的 15％。此时,阀门应运行至关闭位置。

若热水器的控制装置未结合热水器进行单独的型式检验,则符合下列标准中的条款可免除上述标准的要求。

① 连接：EN 13611：2007＋A2：2011 中 6.4、6.4.1、6.4.2、6.4.3、6.4.4、6.4.5 和 6.4.6。

② 额定流量：EN 13611：2007＋A2：2011 中 7.6(已覆盖额定热输入/热输出试验)。

③ EMC/电气要求：EN 13611：2007＋A2：2011 中 8.1～8.10。

④ 标识：EN 13611：2007＋A2：2011 中第 9 章。

⑤ 环境保护影响：EN 298：2012 中 8.2～8.10。

⑥ 标识、安装和操作说明：EN 298：2012 中第 9 章。

注：使用产品标准(如：EN88-1 或 EN 161)时,可使用替代条款编号。

若热水器的控制装置未结合热水器进行单独的型式检验,则在下列情况中需增加补充要求。

① EN 13611：2007＋A2：2011 中 6.4.8,热水器可以安装过滤器。

② EN 13611：2007＋A2：2011 中 7.1,在热水器上使用的控制装置考虑在热水器最大工作压力下工作,且应安装在热水器上的相应位置。

③ EN 13611：2007＋A2：2011 中 7.3,试验仅限于热水器规定的压力。

④ EN 13611：2007＋A2：2011 中 7.4 和 7.5,除非由于热水器的结构或安装的问题导致控制器出现任何弯曲或变形的情况,否则试验正常进行。

⑤ EN 88-1：2011 中 7.101.5,与适用于规定气体的 C 类调节器相比,根据本标准的要求证明控制装置在热水器上功能正常。

2. 电功率试验(见 6.14)

1) 一般要求

电功率试验仅适用于电源供电的热水器。

2) 额定热负荷和最小热负荷状态

在相同的条件下测量热水器额定热负荷和最小热负荷状态下的电功率,单位为 W。

3) 待机状态

测量热水器在待机状态下的电功率,单位为 W。

5.13.3　中欧标准差异分析

中国标准和欧盟标准中电气安全及电磁兼容安全的试验项目和要求基本一致。中国标准对使用交流电热水器的电气安全主要引用 GB 4706.1—2005 及 GB 4208 的相关条款,而欧盟标准中对应的标准则是 EN60335-2-102 和 EN 60529,两者引用的标准接近等同采用的关系。对于电磁兼容安全试验项目,欧盟标准引用的是 EN 298,包括供电电压低于额定电压的 85% 抗扰度、电压暂降和短时中断抗扰度、供电频率变化抗扰度、浪涌抗扰度、电快速瞬变脉冲群抗扰度、传导抗扰度、辐射抗扰度、静电放电抗扰度和工频磁场抗扰度;中国标准的电磁兼容安全项目来源于 GB/T 17626,但仅有电压暂降和短时中断抗扰度、浪涌抗扰度和电快速瞬变脉冲群抗扰度 3 项。

5.14　中国标准 GB 6932—2015 特有的安全要求

中国标准《家用燃气快速热水器》(GB 6932—2015)中特有的安全要求如下。

5.14.1　连续燃烧

1. 要求

条款号:6.1。

中国标准《家用燃气快速热水器》(GB 6932—2015)中对连续燃烧性能的要求如表 5-45 所示。

表 5-45　连续燃烧性能要求

项目		性能要求	试验方法	适用机型				
				D	Q	P	G	W
连续燃烧	燃气系统的气密性	符合表 5-1 中燃气系统气密性要求	7.13	○	○	○	○	○
	燃烧工况	无熄火和回火现象,烟气中的 CO 含量 $\varphi(CO_{a=1})$ 符合无风状态下的要求						
	热交换器	无异常现象						

注:"○"表示适用。

2. 试验方法

条款号:7.13。

中国标准《家用燃气快速热水器》(GB 6932—2015)中对连续燃烧试验方法的规定如下。

燃气条件:0-2;供水压力:0.1 MPa。将热水器置于正常温升试验的工作状态,连续运行 8 h 后,检查燃气通路的气密性、燃烧工况、热交换器等是否符合表 5-45 的要求。具有定时自动熄火的,应累计连续运行 8 h 后进行检查。

5.14.2　耐振性能

1. 要求

条款号:6.1。

中国标准《家用燃气快速热水器》(GB 6932—2015)中对耐振性能的要求如表 5-46 所示。

表 5-46　耐振性能要求

项目	性能要求	试验方法	适用机型				
			D	Q	P	G	W
耐振性能	振动以后应能满足燃气系统和水冷系统的密封性能要求,零部件应不松动,并能正常操作运行	7.16	○	○	○	○	○

注:"○"表示适用。

2. 试验方法

条款号:7.16。

中国标准《家用燃气快速热水器》(GB 6932—2015)中对耐振性能试验方法的规定如下。

以运输装箱状态水平放置,固定在振动试验台上,用 10 Hz 的频率和 5 mm 的振幅,上下、左右方向各振动 30 min,然后按表 5-46 规定检查。

5.14.3　中欧标准差异分析

连续燃烧和耐振性能是中国标准的特有试验,它们主要考察热水器在长时间运行或经过运输振动后的安全性能是否符合要求。除此以外,无风状态燃烧工况中的排烟温度和安全装置中的燃烧室损伤安全装置(适用于燃烧室为正压时)也是中国标准的特有试验,前者是防止由于排烟温度过低造成的热交换器冷凝水过多使热交换器被腐蚀烧穿,后者是防止燃烧室为正压的热水器由于燃烧室损失造成的烟气泄漏,由于前文已作介绍,因此本节不再赘述。

以上试验在欧盟标准中均未有找到对应的项目。

5.15　欧盟标准 EN 26:2015 特有的安全要求

欧盟标准《家用燃气快速热水器》(EN 26:2015)中特有的安全要求如下。

5.15.1　要求与试验方法

条款号:6.7.11、6.7.13、6.7.14、6.8.3(不包括 6.8.3.4)。

1. 待机时间风机停止时永久点火燃烧器的功能(见 6.7.11)

1)要求

点火燃烧器火焰应稳定。

2）试验

点火燃烧器使用基准气,处于正常压力下,按照安装说明书调节。试验在风机停止时进行,热水器应处于无风状态,使用最大燃气压力和不完全燃烧及积碳界限气。在热水器处于冷态时,点燃点火燃烧器并使其连续工作 1 h。

2. C_{42} 和 C_{43} 型热水器风机的功能（见 **6.7.13**）

1）要求

当停止燃气供应或热水器安全关闭时,风机应在后清扫结束时才停止工作。

如果热水器有常明火或交叉点火燃烧器,则允许风机在燃烧器最小流量下以最小转速工作。

2）试验

停止燃气供应,检查是否符合要求。

重启后,使热水器安全关闭,检查是否符合要求。

3. 防止燃烧回路中气体的积聚（见 **6.7.14**）

1）要求

对于带有风机的热水器,应符合下列要求之一。

① 热水器应有常明火或交叉点火燃烧器。

② 如果额定热负荷大于 0.250 kW,燃气管路中应有一个自动阀和至少一个其他阀门,或两个可以同时关闭的阀门。这些阀门应至少是 C 级阀门。

③ 热水器应满足 6.7.14.2 的要求(验证燃烧室的保护性)。

④ 热水器应满足 6.7.14.3 的要求(验证 C_{12} 和 C_{13} 型热水器中空气/燃气混合物的正常点火)。

2）验证燃烧室的保护性

（1）要求

燃烧室内的点火不会点燃燃烧室外的空气/燃气混合物。

（2）试验方法

热水器使用基准气在正常试验压力下进行试验,并按 6.1.6 的要求安装,且安装生产厂商说明书中规定的最长烟管。

在热水器冷态状态下,向燃烧室表面或上方通一种在可燃极限范围内的空气/燃气混合物。如果热水器使用该混合物可以正常工作,则该热水器燃烧室可以用于试验。

在燃烧室和燃烧产物回路充满可燃的空气/燃气混合物后,使用电点火器进行点火。

3）验证 C_{12} 和 C_{13} 型热水器中空气/燃气混合物的正常点火

（1）要求

当燃烧室首次充满可燃空气/燃气混合物时,应正确点火,且不会损坏热水器。

（2）试验方法

热水器使用基准气在正常试验压力下进行试验,并按 6.1.6 的要求安装,且安装生产厂商说明书中规定的最长烟管。

在热水器冷态状态下,向燃烧室表面或上方通一种在可燃极限范围内的空气/燃气混合物。如果热水器使用该混合物可以正常工作,则该热水器燃烧室可以用于试验。

按照热水器的正常点火程序进行试验。

4. 关闭装置和水气联动阀(见 6.8.3,不包括 6.8.3.4)

1) 气密力

(1) 要求

关闭装置的空气泄漏量不应超过 0.04 dm³/h。

① C 级自动切断阀或热电式火焰监控装置以 10 mbar 的压力进行试验。

② 水气联动阀以 150 mbar 的压力进行试验。

(2) 试验方法

首先使关闭装置动作两次。然后使其处于断电位置,以与闭合元件的闭合方向相反的方向施加气压,施压速度低于 1 mbar/s。

压力到达 10 mbar 或者 150 mbar,待稳定后,测量泄漏量。测量设备的精确度应分别为 0.001 dm³ 和 0.1 mbar。

2) 开关功能

(1) 要求

自动切断阀应在额定电压的 85%～110% 范围内正常运行,且在电压降至最小额定电压的 15% 时应能关闭。

(2) 试验方法

用生产厂商说明书中规定的额定电压的 85% 给自动切断阀供电,然后逐渐降低电压至最小额定电压的 15%。

3) 关闭时间

(1) 要求

C 级自动切断阀的关闭时间不应超过 1 s。

(2) 试验

在下列条件下,用最大额定电压的 110% 给自动切断阀供电:

① 生产厂商说明书汇总的最大燃气压力;

② 6 mbar 的工作压力。

测量阀门断电和达到关闭位置之间的时间间隔。

5.15.2 中欧标准差异分析

以上试验项目均为欧盟标准中特有的安全试验项目,覆盖了一些中国标准没有考虑到得安全性能项目,值得我们参考。

第6章　环保和能效要求

6.1　氮氧化物排放

6.1.1　中国标准 GB 6932—2015 的要求与试验方法

条款号:附录 E。

中国标准《家用燃气快速热水器》(GB 6932—2015)中对热水器燃烧烟气中氮氧化物排放的要求和试验方法如下。

1. 热水器燃烧烟气中氮氧化物含量 $\varphi[\mathrm{NO}_{x(a=1)}]$ 分级规定

热水器燃烧烟气中氮氧化物排放等级见表 6-1。

表 6-1　氮氧化物排放等级

$\mathrm{NO}_{x(a=1)}$ 排放等级	$\mathrm{NO}_{x(a=1)}$ 极限浓度/(%)
1	0.026
2	0.02
3	0.015
4	0.01
5	0.007

2. 试验用仪器

试验用仪器宜采用化学发光式、红外烟气分析仪,范围为 0～0.05%;最小刻度为 0.0001%。

3. 试验方法

实验室湿度应为 50%～85%,其他按 7.1 规定。

① 热水器运行 15 min 后,用烟气取样器取样。在排烟出口测量烟气中氮氧化物含量。

② 烟气取样器按图 5-1 制作,材料为不锈钢,取样管采用聚四氟乙烯或其他不吸附氮氧化物的材料和保温措施。

③ 烟气取样器的位置按图 5-2 安放。当室内型强制排气式热水器抽取的烟气样中 O_2 含量超过 14% 时,可在热交换器上方进行取样。

④烟气中氮氧化物含量按式(6-1)计算(在烟气分析的同时应测定室内空气中氮氧化物含量):

$$\varphi[\mathrm{NO}_{x(a=1)}] = \frac{13.33-1.52}{13.33-x} \times \frac{\varphi(\mathrm{NO}_x')-\varphi(\mathrm{NO}_x'')}{\varphi(\mathrm{CO}_{2a})-\varphi(\mathrm{CO}_{2b})} \times \alpha \qquad (6-1)$$

式中：$\varphi[NO_{x(\alpha=1)}]$——过剩空气系数等于 1 时，干烟气中的氮氧化物含量，体积分数
(10^{-6})；

$\varphi(NO_x')$——实测干烟气样中的氮氧化物含量，体积分数(10^{-6})；

$\varphi(NO_x'')$——过剩空气系数等于 1 时，干烟气样中的氮氧化物含量，体积分数(10^{-6})；

α——各种类别燃气对应的理论干烟气中 CO_2 含量数值，体积分数（%），（见 GB/T
13611—2006 表 2）；

x——实验室实测饱和水蒸气压，单位为千帕(kPa)；

$\varphi(CO_{2b})$——过剩空气系数等于 1 时，干烟气样中 CO_2 含量数值，体积分数（%）；

$\varphi(CO_{2a})$——实测干烟气样中 CO_2 含量测定的数值，体积分数（%）。

4. 试验热负荷

在额定热负荷下测定氮氧化物浓度。

5. 等级评价

根据测定的氮氧化物浓度，按式(6-1)计算 $\varphi[NO_{x(\alpha=1)}]$ 值，与表 6-1 比较，确定氮氧化物
排放等级。

6.1.2　欧盟标准 EN 26:2015 的要求与试验方法

条款号：6.9.3，附录 K。

欧盟标准《家用燃气快速热水器》(EN 26:2015)中对热水器燃烧烟气中氮氧化物排放的
要求和试验方法如下。

1. 氮氧化物排放（见 6.9.3）

1）一般要求

按照 6.9.2.1 的要求安装热水器。

对于使用第二族燃气的热水器，使用基准燃气 G20 进行试验。

对于仅允许使用 G25 的热水器，使用基准燃气 G25 进行试验。

对于仅允许使用第三族燃气的热水器，使用基准燃气 G30 进行试验并且 NO_x 的限值必
须乘以系数 1.30。

对于仅使用丙烷的热水器，使用基准燃气 G31 进行试验并且 NO_x 的限值必须乘以系数
1.20。

除非另有说明，否则热水器须根据 CR 1404 中描述的详细条件，运行直至稳定之后再进
行 NO_x 测量。另外，按照 6.1.6 在燃烧产物排放的正常条件下，试验是有效的，但 B 型热水
器除外，它需要安装说明书规定的最大直径试验排烟管，并放置图 5-9 或图 5-10 所示的取样
器到距离试验排烟管顶部 100 mm 的位置。

试验过程中需注意：

① 进水温度需要控制在(10±2)℃，试验过程中出水温度的变化应不超过±0.5 ℃；

② 试验温升范围应为(30±2)K。

以低于额定热负荷 Q_n 的部分热负荷试验时，试验按上述规定进行。

不允许使用湿式流量计测量 NO_x。

热水器应安装在一个通风良好且无风的房间(风速不高于 0.5 m/s),同时还要满足以下的环境条件。

① 环境温度:20 ℃。

② 湿度:每千克空气中含水量为 10 g。

如果试验验条件与上述基准条件不同,则需要按照式 6-2 对 NO_x 的数值进行修正:

$$NO_{x,0} = NO_{x,m} + \frac{0.02NO_{x,m} - 0.34}{1 - 0.02(h_m - 10)}(h_m - 10) + 0.85(20 - T_m) \tag{6-2}$$

式中:$NO_{x,m}$——NO_x 在 h_m 和 T_m 条件下试验,其值为 50~300 mg/kW·h;

h_m——在 5~15 g/kg 范围内测量 NO_x 时的环境湿度;

T_m——在 15~25 ℃ 范围内测量 NO_x 时的环境温度;

$NO_{x,0}$——修正至基准条件的 NO_x 值,单位为 mg/kW·h。

在必要时,需要对测得的 NO_x 值进行加权计算。

有关 NO_x 转化的计算,详情见附录 K。

2)加权

(1)一般要求

对 NO_x 测量值的加权应基于表 6-2 中所示数值,再按照热输出固定的快速式热水器和热输出可调的快速式热水器所述规则进行计算。

表 6-2 权重因子

部分热负荷 Q_{pi} 占 Q_n 的百分比 a	Q_{min}	50	70
权重因子 F_{pi}	0.45	0.45	0.10

注:Q_{min} 是可调的最小热负荷,其单位为 kW;Q_n 是额定热负荷,其单位为 kW;Q_{pi} 是加权的部分热负荷,其数值以 Q_n 的百分比表示;F_{pi} 是对应于部分热负荷 Q_{pi} 的加权因子。

(2)热输出固定的快速式热水器

热输出固定的快速式热水器排放的 NO_x 浓度需要在热水器处于额定输出状态下按式(6-3)计算:

$$NO_{x,pond} = NO_{x,mes(Q_n)} \tag{6-3}$$

(3)热输出可调的快速式热水器

热输出可调的快速式热水器排放的 NO_x 浓度需要在表 6-2 规定的部分热负荷下按式(6-4)计算:

$$NO_{x,pond} = 0.45\,NO_{x,mes(Q_{min})} + 0.45\,NO_{x,mes(0.5Q_n)} + 0.10\,NO_{x,mes(0.7Q_n)}$$

如果最小热负荷 Q_{min} 的值大于 $0.5Q_n$,则应按式(6-5)计算:

$$NO_{x,pond} = 0.90\,NO_{x,mes(Q_{min})} + 0.10\,NO_{x,mes(0.7Q_n)} \tag{6-5}$$

(4)自动调节热输出的快速式热水器

自动调节热输出的快速式热水器排放的 NO_x 浓度需要在表 6-2 规定的部分热负荷按式(6-6)计算:

$$NO_{x,pond} = 0.45\,NO_{x,mes(Q_{min})} + 0.45\,NO_{x,mes(0.5Q_n)} + 0.10\,NO_{x,mes(0.7Q_n)} \tag{6-6}$$

$NO_{x,pond}$ 是 NO_x 浓度的加权值,其单位为 mg/kW·h;

$NO_{x,mes}$ 是测量值(可能经过校正)。

部分热负荷时:$NO_{x,mes(100)}$、$NO_{x,mes(80)}$、$NO_{x,mes(60)}$、$NO_{x,mes(35)}$;

最小热负荷时(调节热水器):$NO_{x,mes(Qmin)}$;

单一流量热负荷时:$NO_{x,mes}$。

2. NO_x 的转换计算(见附录 K)

NO_x 的转换计算见表 6-3、表 6-4 和表 6-5。

表 6-3　第一族燃气 NO_x 值的转换

1 ppm=2.054 mg/m³		G110	
(1 ppm=1 cm³/m³)		mg/kW·h	mg/MJ
$O_2=0\%$	1 ppm=	1.714	0.476
	1 mg/m³=	0.834	0.232
$O_2=3\%$	1 ppm=	2.000	0.556
	1 mg/m³=	0.974	0.270

表 6-4　第二族燃气 NO_x 值的转换

1 ppm=2.054 mg/m³		G20		G25	
(1 ppm=1 cm³/m³)		mg/kW·h	mg/MJ	mg/kW·h	mg/MJ
$O_2=0\%$	1 ppm=	1.764	0.490	1.797	0.499
	1 mg/m³=	0.859	0.239	0.875	0.243
$O_2=3\%$	1 ppm=	2.059	0.572	2.098	0.583
	1 mg/m³=	1.002	0.278	1.021	0.284

表 6-5　第三族燃气 NO_x 值的转换

1 ppm=2.054 mg/m³		G30		G31	
(1 ppm=1 cm³/m³)		mg/kW·h	mg/MJ	mg/kW·h	mg/MJ
$O_2=0\%$	1 ppm=	1.792	0.498	1.778	0.494
	1 mg/m³=	0.872	0.242	0.866	0.240
$O_2=3\%$	1 ppm=	2.091	0.581	2.075	0.576
	1 mg/m³=	1.018	0.283	1.010	0.281

6.1.3　中欧标准差异分析

中国标准和欧盟标准对于 NO_x 排放的要求与试验方法差异较大。从标准上看,中国标准中，NO_x 排放目前属于资料性附录，并未做强制性要求，且 NO_x 按排放分为 1～5 级。欧盟标准中，NO_x 排放属于正文部分，但未作分级要求。从试验方法看，中国标准中 NO_x 排放仅需在热水器的额定热负荷状态下测量，而欧盟标准中对于热输出可调节的热水器，NO_x 排放需要在多个部分热负荷状态下测量并加权计算。另外，中国标准 NO_x 排放的单位和欧盟标准也不一样，但欧盟标准的附录里给出了 NO_x 排放单位转换的系数。

6.2 热 效 率

6.2.1 中国标准 GB 20665—2015、GB 6932—2015 的要求与试验方法

1. 要求

条款号：GB 20665—2015 中 4.2、4.3、4.4。

中国标准《家用燃气快速热水器和燃气采暖热水炉能效限定值及能效等级》(GB 20665—2015)中对热水器热效率的要求如下。

1）能效等级

热水器能效等级分为 3 级，其中 1 级能效最高。各等级的热效率值不应低于表 6-6 的规定。表 6-6 中，η_1 为热水器额定热负荷和部分热负荷（热水状态为 50% 的额定热负荷，采暖状态为 30% 的额定热负荷）下两个热效率值中的较大值，η_2 为较小值。当 η_1 与 η_2 在同一等级界限范围内时判定该产品为相应的能效等级；如 η_1 与 η_2 不在同一等级界限范围内，则判定为较低的能效等级。

表 6-6 热水器能效等级

类型		热效率 $\eta/(\%)$		
		能效等级		
		1 级	2 级	3 级
热水器	η_1	98	89	86
	η_2	94	85	82

2）能效限定值

热水器能效限定值为表 6-6 中能效等级的 3 级。

3）节能评价值

热水器节能评价值为表 6-6 中能效等级的 2 级。

2. 试验方法

条款号：GB 6932—2015 中 7.17。

中国标准《家用燃气快速热水器》(GB 6932—2015)中对热水器热效率试验方法的规定见表 6-7。

表 6-7　热效率试验

项目	热水器状态、试验条件及方法
热效率 （按低热值）	（1）额定热负荷热效率 a）试验条件及热水器状态按表 7-2。 b）试验方法：热水器运行 15 min，当出热水温度稳定后，测定在燃气流量计上的指针转动一周以上的整数时出热水量。热效率按式（6-7）计算。 $$\eta_{t}=\frac{MC(t_{w2}-t_{w1})}{VQ_1}\times\frac{(273+t_g)}{288}\times\frac{101.3}{(P_a+P_g-S)}\times100\%\qquad(6\text{-}7)$$ 式中：η_t——产热水温升 $\Delta t=(t_{w2}-t_{w1})$ 时的热效率； 　　　C ——水的比热，4.19×10^{-3} MJ/(kg·K)； 　　　M ——出热水量，单位为千克每分钟（kg/min）； 　　　t_{w2} ——出热水温度，单位为摄氏度（℃）； 　　　t_{w1} ——进水温度，单位为摄氏度（℃）； 　　　Q_1 ——实测燃气低热值，单位为兆焦每立方米（MJ/m³）； 　　　V ——实测燃气流量，单位为立方米每分钟（m³/min）； 　　　t_g ——试验时燃气流量计内的燃气温度，单位为摄氏度（℃）； 　　　P_a ——试验时的大气压力，单位为千帕（kPa）； 　　　P_g ——试验时燃气流量计内燃气压力，单位为千帕（kPa）； 　　　S ——温度为 t_g 时饱和蒸气压力，单位为千帕（kPa），（当使用干式流量计测量时，S 值应乘以试验燃气的相对湿度进行修正
	（2）小于等于 50% 额定热负荷热效率（有需要时进行） a）试验条件及试验方法同上； b）在低于 50% 额定热负荷条件下测定效率
	（3）同一条件下做两次以上检测，连续两次热效率的差值在平均值 5% 以内时，取平均值为实测热效率，否则应重新试验，直到满足差值在平均值 5% 以内时为止

6.2.2　欧盟标准 EN 26：2015 的要求与试验方法

条款号：7。

欧盟标准《家用燃气快速热水器》（EN 26：2015）中对热水器热效率的要求和试验方法如下。

1. 一般要求（见 7.1）

6.1 的通用条件适用。

2. 点火燃烧器的热负荷（见 7.2）

1）要求

常明火和点火燃烧器的热负荷不应超过 0.17 kW。

2）试验方法

器具应连续供给其产品目录的基准气，并调节至相应的额定燃气压力。

仅在点火燃烧器点燃并达到稳定状态时验证是否符合要求。

3. 热效率（见 7.3）

1）要求

额定热输入的效率不得低于：

① 对于额定热输入超过 10 kW 的热水器，热效率至少要达到 84％；

② 对于额定热输入没有超过 10 kW 的热水器，热效率至少要达到 82％。

如果正常试验条件下，B 型热水器的热效率超过 89％，安装说明书应说明目的国强制性的安装规定，以避免排烟管中水蒸气冷凝的风险。

2）试验方法

效率 η_u 由下列公式计算得到：

$$\eta_u = \frac{m \times c_p \times \Delta T}{V_\eta \times H_i} \times 100\% \tag{6-7}$$

或者

$$\eta_u = \frac{m \times c_p \times \Delta T}{M_\eta \times H_i} \times 100\% \tag{6-8}$$

式中：m——试验过程中水的质量，单位为千克（kg）；

c_p——水的比热，取值为 4.186×10^{-3} MJ/(kg·K)；

ΔT——水的温升，单位为 K；

V_η——热水器在试验过程中使用的干燃气（第一、第二和第三族燃气）的体积，并修正至条件（见 3.2.1），单位为立方米（m³）；

M_η——热水器在试验过程中使用的燃气质量（第三族燃气），单位为 kg；

H_i——干燃气的低热值，以体积为单位，单位为兆焦每立方米（MJ/m³）；以质量为单位，单位为兆焦每千克（MJ/kg）。

在热水器的进水口之前和出水口之后立即测量温度，并采取一切措施确保测量设备不会产生任何热损失。

热效率的确定条件：热水器供给基准燃气，并根据 6.1.6.6.2 的 a)进行调整；另外，试验过程中的进水温度范围应控制在(10±2)℃。

按照 6.1.6.3 在燃烧产物排放的正常条件下，试验是有效的，但 B 型热水器除外，它需要安装说明书规定的最大直径试验排烟管，并放置图 5-9 或图 5-10 所示的取样器到距离试验排烟管顶部 100 mm 的位置。

为了符合 8.5.2.2 的目标，需要按照 6.1.6.6.2 的 a')的条件重复试验。

如果安装说明书说明了冷凝液的化学成分，则试验根据需要按照 6.1.6.6.2 调节热水器，以收集足够的冷凝液进行分析。

6.2.3　中欧标准差异分析

中国标准和欧盟标准中，热水器热效率的试验方法基本相同，但中国标准中在热效率试验时,进水温度范围为(20±2)℃,而欧盟标准为(10±2)℃。

另外,中国的能效标准 GB 20665—2015 对热水器额定热负荷状态和 50% 额定热负荷状态下热效率的最低要求为 86% 和 82%,而欧盟标准 EN26:2015 对热水器额定热负荷状态下的热效率最低要求为 84% 或 82%,中国标准的要求高于欧盟标准。

第7章 性能要求

7.1 热负荷准确度及热负荷限制

7.1.1 中国标准 GB 6932—2015 的要求与试验方法

1. 要求

条款号:6.1。

中国标准《家用燃气快速热水器》(GB 6932—2015)中对热水器热负荷准确度及热负荷限制的要求见表 7-1。

表 7-1　热负荷准确度及热负荷限制要求

项目	性能要求	试验方法	适用机型				
			D	Q	P	G	W
热负荷准确度	实测折算热负荷与额定热负荷偏差应不大于 10%	7.6	○	○	○	○	○
热负荷限制	实测折算热负荷不大于 16 kW						

注:"○"表示适用。

2. 试验方法

条款号:7.6。

中国标准《家用燃气快速热水器》(GB 6932—2015)中对热水器热负荷准确度及热负荷限制试验的规定见表 7-2。

表 7-2　热负荷准确度及热负荷限制试验

项目	热水器状态、试验条件及方法
实测折算热负荷	(1)试验条件及状态 a)燃气条件:0-2;供水压力:0.1 MPa。 b)设置状态:按说明书要求,管路连接按图 3-1。 c)电源:使用交流电源的,将电源电压设定在额定工作电压。 d)水温调节:燃气阀开至最大位置,调节出水温度比进水温度高(40±1)℃,当不能调节至此温度时,在热水温度可调范围内,调至最接近的温度;具有自动恒温功能的应将温度设定在最高状态,或采用增加进水压力方式使热水器在最大热负荷状态下工作

项目	热水器状态、试验条件及方法
实测折算 热负荷	（2）试验方法 热水器点燃 15 min 后用气体流量计测定燃气流量。统计气体流量计指针走动一周以上的整圈数，且测定时间应不少于 1 min。 实测折算热负荷按式(7-1)计算： $$\Phi = \frac{1}{3.6} \times Q_1 \times V \times \frac{P_a + P_m}{P_a + P_g} \times \sqrt{\frac{101.3 + P_g}{101.3} \times \frac{P_a + P_g}{101.3} \times \frac{288}{273 + t_g} \times \frac{d}{d_r}} \qquad (7\text{-}1)$$ 式中：Φ——15 ℃、大气压 101.3 kPa、燃气干燥状态下的实测折算热负荷，单位为千瓦（kW）； Q_1——15 ℃、大气压 101.3 kPa 基准气低热值，单位为兆焦每立方米（MJ/Nm³）； V——实测燃气流量计流量，单位为立方米每小时（m³/h）； P_a——试验时的大气压力，单位为千帕（kPa）； P_m——实测燃气流量计内通过的燃气压力，单位为千帕（kPa）； P_g——实测热水器前的燃气压力，单位为千帕（kPa）； t_g——测定时燃气流量计内通过的燃气温度，单位为摄氏度（℃）； d——干试验气的相对密度； d_r——基准气的相对密度； 使用湿式流量计时，用湿试验气的相对密度 d_h 代替式(7-1)中的 d，d_h 按式(7-2)计算： $$d_h = \frac{d(P_a + P_m - P_s) + 0.622 P_s}{P_a + P_g} \qquad (7\text{-}2)$$ 式中：d_h——湿试验气的相对密度； d——干试验气的相对密度； P_a——试验时的大气压力，单位为千帕（kPa）； P_m——实测燃气流量计内通过的燃气压力，单位为千帕（kPa）； P_s——在温度为 t_g 时饱和水蒸气的压力，单位为千帕（kPa）； P_g——实测热水器前的燃气压力，单位为千帕（kPa）； 0.622——理想状态下的水蒸气相对密度值。 饱和蒸气压力 P_s 与温度 t_g 的对应值见 GB/T 12206—2006 表 B1。 热负荷准确度按式(7-3)计算。 $$\Phi_r = \frac{\Phi - \Phi'}{\Phi'} \times 100\% \qquad (7\text{-}3)$$ 式中：Φ_r——热负荷准确度； Φ——实测折算热负荷，单位为千瓦（kW）； Φ'——额定热负荷，单位为千瓦（kW）
热负荷限制	按本表中实测折算热负荷进行

7.1.2 欧盟标准 EN 26:2015 的要求与试验方法

条款号:6.3.1、6.3.2。

欧盟标准《家用燃气快速热水器》(EN 26:2015)中对热水器热负荷的要求和试验方法的规定如下。

1. 一般要求(见 6.3.1)

1)获得热负荷

试验中得到的热负荷由式(7-4)或式(7-5)计算得出:

① 如果测量体积流量:

$$Q = 0.278V_r \times H_i \tag{7-4}$$

② 如果测量质量流量:

$$Q = 0.278M \times H_i \tag{7-5}$$

式中:Q——得到热负荷,单位是千瓦(kW);

V_r——在标准条件(15 ℃,1013.25 mbar)下测得的体积流量,单位是立方米每小时(m³/h);

M——测得的燃气流量,单位是千克每小时(kg/h);

H_i——在标准条件(干燃气,15 ℃,1013.25 mbar)下试验中使用燃气的低热值,以体积为基准,单位是兆焦每立方米(MJ/m³);以质量为基准,单位是兆焦每千克(MJ/kg)。

2)折算热负荷

在证实热负荷的试验中,如果试验是在标准试验条件(干燃气,15 ℃,1013.25 mbar)下进行,则按照式(7-6)或式(7-7),以及式(7-8)或式(7-9)计算可以得到修正热负荷。

① 如果测量体积燃气流量 V:

$$Q_c = H_i \times \frac{1}{3.6} \times V \sqrt{\frac{1013.25 + P_g}{1013.25} \times \frac{P_a + P_g}{1013.25} \times \frac{288.15}{273.15 + t_g} \times \frac{d}{d_r}} \tag{7-6}$$

或

$$Q_c = \frac{H_i V}{214.9} \sqrt{\frac{(1013.25 + P_g)(P_a + P_g)}{273.15 + t_g} \times \frac{d}{d_r}} \tag{7-7}$$

② 如果测量质量燃气流量 M:

$$Q_c = H_i \times \frac{1}{3.6} \times M \sqrt{\frac{1013.25 + P_g}{P_a + P_g} \times \frac{273.15 + t_g}{288.15} \times \frac{d_r}{d}} \tag{7-8}$$

或

$$Q_c = \frac{H_i M}{61.1} \sqrt{\frac{(1013.25 + P_g)(273.15 + t_g)}{P_a + P_g} \times \frac{d_r}{d}} \tag{7-9}$$

式中:Q_c——修正热负荷,单位是千瓦(kW);

V——测得的体积燃气流量,其湿度、温度和压力在测量计处测得,单位是立方米每小时(m³/h);

M——测得的质量燃气流量,单位是千克每小时(kg/h);

H_i——标准干燃气的低热值,以体积为基准,单位是兆焦每立方米(MJ/m³);以质量

为基准,单位是兆焦每千克(MJ/kg);

t_g——测量计处的燃气温度,单位是摄氏度(℃);

d——试验气的相对密度;

d_r——标准气的相对密度;

如果使用湿式流量计测量体积流量,需要对燃气密度作修正以考虑其湿度。修正后的试验气的相对密度d_h按式(7-10)计算:

$$d_h = \frac{d(P_a + P_g - P_s) + 0.622 P_s}{P_a + P_g}$$ (7-10)

式中:P_s——温度t_g时的饱和蒸气压,单位是mbar。

P_g——测量计处的燃气压力,单位是mbar;

P_a——试验时的大气压力,单位是mbar。

在试验中应注意:

① 水量按7.1.5.5.2的b)或b′)调节,另外,在整个试验中水温变化不应超过±0.5 ℃;

② 测量计处的压力应和热水器进口压力近似相等。

2. 额定热负荷(见**6.3.2**)

1) 没有预设调节器的热水器

(1) 要求

对于没有预设调节器的热水器,修正热负荷和设计热负荷的误差不超过5%。

(2) 试验方法

试验在正常试验压力和标准气下进行。

2) 带有预设调节器的热水器

(1) 要求

对于带有预设调节器的热水器,要试验其额定热负荷。

(2) 试验方法

试验在正常试验压力下进行。经检查,在操作预先设定的调节器后,可以得到6.3.1.2所确定的气体流量。

3) 热负荷调节说明

(1) 要求

当安装说明书规定能够得到设计热负荷的下游压力值时,根据该说明书得到的修正热负荷和规定的设计热负荷的值的误差应不超过5%。

(2) 试验方法

每种适当的基准气在正常试验压力的条件下进行试验。

预设燃气流量调节器设置在安装说明书标明的燃烧器压力处,根据6.3.1.2的条款,在下游压力试验点测得。

7.1.3 中欧标准差异分析

中国标准和欧盟标准在热负荷的计算方法上大同小异,但对热负荷偏差要求有点差异。中国标准对热负荷偏差的要求为不大于10%,欧盟标准对热负荷偏差的要求为不大于5%,

欧盟标准要求更高。另外，中国标准对自然排气式热水器的热负荷有限制（不大于 16 kW），但欧盟标准无此要求。

7.2 热水产率

7.2.1 中国标准 GB 6932—2015 的要求与试验方法

1. 要求

条款号：6.1。

中国标准《家用燃气快速热水器》（GB 6932—2015）中对热水器热水产率的要求见表 7-3。

表 7-3 热水产率要求

项目	性能要求	试验方法	适用机型				
			D	Q	P	G	W
热水产率	不小于额定产热水能力的 90%。	7.17	○	○	○	○	○

注：“○”表示适用。

2. 试验方法

条款号：7.17。

中国标准《家用燃气快速热水器》（GB 6932—2015）中对热水器热水产率试验的规定见表 7-4。

表 7-4 热水产率试验

项目	热水器状态、试验条件及方法
热水产率	（1）产热水能力根据表 12 求出折算热负荷及本表求出的热效率值，按式（7-11）计算 $$M_t = \frac{\Phi}{C \times \Delta t \times 1\,000} \times \frac{\eta_t}{100} \times 60 \qquad (7\text{-}11)$$ 式中：M_t——产热水温升 $\Delta t = t_{w2} - t_{w1}$ 时的产热水能力，单位为千克每分钟（kg/min）； Φ——产热水温升 $\Delta t = t_{w2} - t_{w1}$ 时的热负荷，单位为千瓦（kW）； η_t——产热水温升 $\Delta t = t_{w2} - t_{w1}$ 时的热效率，单位为%； C——水的比热，4.19×10^{-3} MJ/(kg·K)； Δt——产热水温升（$\Delta t = t_{w2} - t_{w1} = 25$K），单位为开（K）
	（2）热水产率按式（7-12）计算 $$R_c = \frac{M_t}{M_{th}} \times 100\% \qquad (7\text{-}12)$$ 式中：R_c——热水产率，%； M_t——产热水温升 Δt 时的产热水能力，单位为千克每分钟（kg/min）； M_{th}——产热水温升 Δt 时的额定产热水能力，单位为千克每分钟（kg/min）

7.2.2　欧盟标准 EN 26:2015 的要求与试验方法

条款号:8.5.8。

欧盟标准《家用燃气快速热水器》(EN 26:2015)中对热水器热水产率的要求如下。

如果安装说明书中规定了具体的热水产率 D,则测量的值不应比铭牌额定值低 5％以上。该热水产率根据 EN 13203-1 测量。

7.2.3　中欧标准差异分析

中国标准是通过实测折算热负荷和实测热效率值在 25 K 温升状态下计算产热水能力,欧盟标准则是通过调节至最小 30 K 温升的状态下实测出热水流量后,再折算为 30 K 的产热水能力(详见 EN 13203-1:2015 中 5.2.1),两个试验计算方法不同,折算的产热水温升值也不同。另外,中国标准要求热水产率不低于标称热水产率的 90％,欧盟标准要求热水产率不低于标称热水产率的 95％,欧盟标准要求更高。

7.3　热水温升

7.3.1　中国标准 GB 6932—2015 的要求与试验方法

1. 要求

条款号:6.1。

中国标准《家用燃气快速热水器》(GB 6932—2015)中对热水器热水温升的要求见表 7-15。

表 7-5　热水温升要求

项目	性能要求	试验方法	适用机型				
			D	Q	P	G	W
热水温升	不大于 60 K(不适合具有自动恒温功能)	7.17	○	○	○	○	○

注:"○"表示适用。

2. 试验方法

条款号:7.17。

中国标准《家用燃气快速热水器》(GB 6932—2015)中对热水器热水温升试验的规定见表 7-6。

表 7-6　热水温升试验

项目	热水器状态、试验条件及方法
热水温升	(1)试验条件 燃气条件:0-2;供水压力:0.1 MPa;电压:额定电压;进水温度:(20±2) ℃

项目	热水器状态、试验条件及方法
热水温升	（2）试验方法 将热水器燃气阀开至最大位置，调温阀调至最高水温位置，待稳定运行后测定最高热水温升（具有自动恒温功能的可逐渐降低水流量测量）

7.3.2 欧盟标准 EN 26：2015 的要求与试验方法

条款号：6.8.7、8.5.6.2.1、8.5.6.2.2。

欧盟标准《家用燃气快速热水器》（EN 26：2015）中对热水器热水温升的要求和试验方法的规定如下。

1. 水流量的调节——最高水温（所有热水器）（见 6.8.7）

1）要求

对水流量的所有调节，热水温升不应超过 75 K。

2）试验方法

热水器供给相应的基准气并按照 6.1.6.6.2 的 b）调节，进水温度为（20±2）℃。

逐渐减小水流量，然后获得最高热水温升。

2. 水流量的调节——水温（见 8.5.6）

1）固定输出或可调输出的热水器（见 8.5.6.1）

（1）专门配有预设水流量调节器的常水压和高水压热水器

① 要求。

在试验方法中的条件下，可以将热水器水温调到相应的不少于 50 K 的温升。

② 试验方法。

试验的供水压力为 6 bar，使用其中一种设计热负荷下的基准气。调节水量调节器以得到设计热负荷下的最大水温。

（2）带有水流量控制器和温度选择开关的常水压和高水压热水器

① 要求。

如果带有温度选择开关或夏、冬转换开关，调节它们以得到最高温度和 0.5 bar 的水压，计算得到的折算热负荷（见 6.3.1.2）在没有预设燃气流量调节器的情况下应不小于 6.3.2.1 得到的热负荷的 95％，或在具有预设燃气流量调节器时，应不小于额定热负荷。

在 0.6～6 bar 的压力范围内，水量应保持低于 50 K 温升时相对应的水量。

调节水温选择开关以得到最小水温，当压力从 2 bar 变化到 6 bar 时，水流量应保持等于或高于安装说明书中规定的相应温升。

另外，表 7-7 给出了水流量相对于平均流量的最大允许偏差。

表 7-7　和平均流量相关的水量的最大允许偏差

试验	调节温度选择开关以得到	水压变化 /bar	从水量得到的值	水流量的 最大允许偏差[a]
No. 1	最大水温	0.6～6	最小值和最大值的 平均值	±10％
No. 2	最大水温	6～10	最小值和最大值的 平均值	±20％
No. 3	和在 2 bar 压力下,温升 为 30 K 相对应的水流量	2～6	最小值和最大值的 平均值	±10％
No. 4	和在 2 bar 压力下,温升 为 30 K 相对应的水量	6～10	最小值和最大值的 平均值	±20％

注:a 每次试验的最大偏差是通过取试验期间观察到的最小值和最大值之间的差值,以及通过取最小值和最大值的算术平均值计算出的平均值来获得的。这些偏差以平均值的百分比表示。

② 试验方法。

试验在相应的正常压力下使用其中一种基准气进行。水温调节和水压变化见表 7-7。

（3）低水压热水器

① 要求。

在技术说明中规定的最小和最大水压下验证 8.5.6.1.1 或 8.5.6.1.2 的条件。

② 试验方法。

试验是在相应正常试验压力下的其中一种基准气下进行。

2）自动输出变化的热水器(见 8.5.6.2)

（1）常水压和高水压热水器

① 比例型热水器。

a. 要求。

具有温度选择开关或手动夏、冬转换开关的比例型热水器应允许:

——至少在额定热负荷的(52±2)％和(100±5)％的输出范围内的一个点,水温温升不小于 50 K；

——相同范围内的其余点最小温升为 45 K。

对于具有自动夏、冬转换开关的热水器:

——至少在额定热负荷的(52±2)％和(100±5)％的输出范围内的一个点,出水温度应不小于 55 ℃；

——相同范围内的其余点,出水温度应不小于 50 ℃。

b. 试验方法。

热水器应首先供给其中一种基准气,并且在足以使燃气阀完全打开的水流量下工作约 20 min。

水温选择开关或夏、冬转换开关如果是手动的话,将其设置在可获得最大温度处,进水压力保持在 1.2 bar。

只进行以下试验。

降低水流量，使热水器在自动输出变化范围内的条件下连续运行，该范围对应于额定热负荷的(100±5)％，然后是额定热负荷的(52±2)％。

验证在这两个工作点，热水温升是否会小于 45 K。

如果在这两个工作点的其中一个点上热水温升无法达到 50 K，需要进行补充试验。在上述(52±2)％～(100±5)％的范围内取安装说明书中规定的点，验证能否有效得到不小于 50 K 的温升。

当夏、冬转换开关为自动时，热水器进水温度保持在(5±2)℃，然后进行上述试验，验证获得的温度为 50 ℃和 55 ℃，而不是规定的分别为 45 K 和 50 K 的温升。记录获得的相应温升。

在进水压力保持在 6 bar 时重复进行以上试验。

② 恒温热水器。

a. 要求。

——额定热负荷在(52±2)％～(100±5)％的范围时，至少应有一个点出水温度不小于 55 ℃；在相同范围内的其余点，出水温度应不小于 50 ℃。

——对于进水温度分别为(5±2)℃和(15±2)℃而测得的出水温度 T_1 和 T_2，两者的差别不应超过 5 ℃。

b. 试验方法。

首先热水器应供给其种类相关的其中一种基准气，并且在足以使燃气阀完全打开的水流量下工作约 20 min。

温控器如可调，设置在能提供最大温度的位置，供水压力保持在 1.2 bar，进水温度为(15±2)℃。

只进行下列试验。

降低水量，使热水器在自动输出变化范围内的条件下连续运行，该范围对应于额定热负荷的(100±5)％，然后是额定热负荷的(52±2)％。

验证在这两个工作点，出水温度是否会小于 50 ℃。

如果在这两个工作点的其中一个点上，热水温度无法达到 55 ℃，需要在安装说明书规定的自动输出变化范围中的一个点上进行补充试验，以验证能否有效得到不小于 55 ℃的出水温度。如果必要，可以在此范围内的其他点进行试验。

在进水压力保持在 6 bar 时重复进行以上试验。

进水温度为(5±2)℃，调节水量以得到热负荷为额定热负荷的(95±5)％。

在稳定状态下测得出水温度 T_1，不改变热水器的设置，使进水温度升到(15±2)℃，在稳定状态下测得出水温度 T_2。

③ 所有热水器。

a. 要求。

当有夏、冬转换开关或水温选择开关时，在额定热负荷为(52±2)％和(100±5)％之间时的整个输出范围内，可得到用户说明书声称的温升的降低。

b.试验方法。

首先热水器应供给与其种类相关的其中一种基准气,并且在足以使燃气阀完全打开的水流量下工作约 20 min。

在 8.5.6.2.1.1 和 8.5.6.2.1.2 的试验后,温度选择开关或夏、冬转换开关,如果是手动的话,设置在可以给出最小温度的位置。通过与上述两个相应试验期间测得的温升或温度的相关性进行验证。

当热水器具有自动夏、冬转换开关时,保持进水温度在(20±2)℃,通过 8.5.6.2.1.1 和 8.5.6.2.1.2 的两个试验期间测得的温升或温度的相关性进行验证。

(2)低水压热水器

① 要求。

低水压热水器应满足 8.5.6.2.1 的规定。

② 试验方法

对于低水压热水器,将 1.2 bar 的供水压力替换成安装说明书中的最小水压,将 6 bar 的供水压力替换成最大水压,在 8.5.6.2.1 的试验条件下验证 8.5.6.2.1 的规定。

7.3.3　中欧标准差异分析

中国标准和欧盟标准对热水温升的要求不同,且中国标准仅对非恒温式热水器有热水温升的要求,而欧盟标准是对所有类型热水器均有热水温升要求。

7.4　停水温升

7.4.1　中国标准 GB 6932—2015 的要求与试验方法

1. 要求

条款号:6.1。

中国标准《家用燃气快速热水器》(GB 6932—2015)中对热水器停水温升的要求见表 7-8。

表 7-8　停水温升要求

项目	性能要求	试验方法	适用机型				
			D	Q	P	G	W
停水温升	不大于 18 K	7.17	○	○	○	○	○

注:"○"表示适用。

2. 试验方法

条款号:7.17。

中国标准《家用燃气快速热水器》(GB 6932—2015)中对热水器停水温升试验的规定见表 7-9。

表 7-9 停水温升试验

项目	热水器状态、试验条件及方法
停水温升	(1)试验条件 燃气条件：0-2；供水压力：0.1 MPa；电压：额定电压
	(2)试验方法 燃气阀开至最大位置，调定热水器出水温度比进水温度高(40±5) K，运行 10 min 后停止进水(设有点火燃烧器的，点火燃烧器仍在工作)，1 min 后再次运行，测定出热水的最高温度。 将所测定的出热水最高温度值减去调定的热水温度值，即为停水温升值

7.4.2 欧盟标准 EN 26：2015 的要求与试验方法

条款号：6.8.8。

欧盟标准《家用燃气快速热水器》(EN 26：2015)中对热水器停水温升的要求和试验方法的规定如下。

1. 要求（见 **6.8.8.1**）

热水过热时的温度不应超过稳定状态时温度的 20 K。

如果有过热保护装置的话，在试验期间其不应工作。

2. 试验方法（见 **6.8.8.2**）

热水器供给相应基准气并且根据 6.1.6.6.2 的 b)调节，进水温度为(20±2) ℃。

热水器在稳定状态条件下工作，快速关闭热水排水阀，10 s 后，快速打开排水阀，在尽可能接近热水器的出口用快速反应温度计在水流中心处测得最大温度。

热水器重新工作直到达到稳定状态。

间隔时间每次增加 10 s，进行相同的测试，直到得到最高出水温度。

7.4.3 中欧标准差异分析

中国标准和欧盟标准对于停水温升项目的试验方法有差异。中国标准是关闭进水阀 1 min 后再重新打开，测量此时的出热水最高温度。欧盟标准是关闭出水阀，10 s 后快速打开，测量此时的出热水最高温度；如此重复，关闭间隔时间每次增加 10 s，直到获得最高出热水温度。另外，中国标准要求停水温升不大于 18 K，而欧盟标准要求停水温升不大于 20 K。

7.5 加 热 时 间

7.5.1 中国标准 GB 6932—2015 的要求与试验方法

1. 要求

条款号：6.1。

中国标准《家用燃气快速热水器》(GB 6932—2015)中对热水器加热时间的要求见表 7-10。

表 7-10　加热时间要求

项目	性能要求	试验方法	适用机型				
			D	Q	P	G	W
加热时间(不适合供暖、两用热水器)	不大于 35 s	7.17	○	○	○	○	○

注:"○"表示适用。

2. 试验方法

条款号:7.17。

中国标准《家用燃气快速热水器》(GB 6932—2015)中对热水器加热时间试验的规定见表 7-11。

表 7-11　加热时间试验

项目	热水器状态、试验条件及方法
加热时间	(1)试验条件 燃气条件:0-2;供水压力:0.1 MPa;电压:额定电压;进水温度:(20±2) ℃
	(2)试验方法 燃气阀开至最大位置,把热水器出热水温度设定成比进水温度高(40±1) K 的温度,出热水 5 min 后停止供燃气,直到出、入水温相等后再重新启动,测出热水温度达到比进水温度高(40±1) K 时所需的时间。对于自动恒温式,测量到达比出水温度低 5 ℃ 的时间(出水温度要求高于 50 ℃)

7.5.2　欧盟标准 EN 26:2015 的要求与试验方法

条款号:8.5.7。

欧盟标准《家用燃气快速热水器》(EN 26:2015)中对热水器加热时间的要求和试验方法的规定如下。

1. 要求(见 8.5.7.1)

对于额定有效输出不超过 17 kW 的热水器,加热时间应小于 25 s;对于额定有效输出超过 17 kW 的热水器,加热时间应小于 35 s。

2. 试验方法(见 8.5.7.2)

热水器供给相应的基准气并调节至额定热负荷。

出水温度应通过快速反应温度计测量。

环境温度应比进水温度高。

进水温度应是(15±2) ℃。

在可能的情况下,根据热水器的控制模式,调整水流量和温度调节方式,以在额定热负荷和稳态条件下,给出表 7-12 中的水温条件。

在稳态条件建立后,在不改变水流量的情况下切断对燃烧器的燃气供应。一旦出水温度在进水温度的 1K 范围内,点燃燃烧器的燃气。

测量从燃气恢复的时刻到出水温度达到表 7-12 中的值所需时间。

表 7-12 由热水器的控制型号而得到的水温条件

热水器的控制模式	稳定状态下的温升(ΔT_r)或出水温度(T_r)	定义加热时间的温度条件
固定和可调输出	$\Delta T_r = 50\ K$	$\Delta T = 0.9\Delta T_r$,单位为 K
比例调节	$\Delta T_r = 45\ K$	$\Delta T = 0.9\Delta T_r$,单位为 K
恒温	$T_r > 50\ ℃$	$T = T_r - 5$,单位为 ℃

7.5.3 中欧标准差异分析

中国标准和欧盟标准对加热时间的要求略有差异。中国标准对所有热水器的加热时间要求都是不大于 35 s。欧盟标准的要求是,对不大于 17 kW 的热水器,加热时间不大于 25 s;对大于 17 kW 的热水器,加热时间不大于 35 s。另外,中国标准仅规定了非恒温和自动恒温两类热水器的试验方法,而欧盟标准则规定了固定和可调输出、比例调节和自动恒温三类热水器的试验方法。

7.6 最小热负荷

7.6.1 中国标准 GB 6932—2015 的要求与试验方法

1. 要求

条款号:6.1。

中国标准《家用燃气快速热水器》(GB 6932—2015)中对热水器最小热负荷的要求见表 7-13。

表 7-13 最小热负荷要求

项目	性能要求	试验方法	适用机型				
			D	Q	P	G	W
最小热负荷	不大于额定热负荷的 35%	7.17	○	○	○	○	○

注:"○"表示适用。

2. 试验方法

条款号:7.17。

中国标准《家用燃气快速热水器》(GB 6932—2015)中对热水器最小热负荷试验的规定见表 7-14。

表 7-14　最小热负荷试验

项目	热水器状态、试验条件及方法
最小热负荷	(1)试验条件 燃气条件:0-2;供水压力:0.1 MPa;电压:额定电压
	(2)试验方法 将热水器燃气阀开至最小位置测定。具有自动恒温功能的应将温度设定在最小状态,当仍调不到最小状态时也可采用减小进水压力的方法,在最小热负荷状态下工作。热负荷按式(7-1)计算

7.6.2　欧盟标准 EN 26:2015 的要求与试验方法

条款号:6.3.3、8.5.1。

欧盟标准《家用燃气快速热水器》(EN 26:2015)中对热水器最小热负荷的要求和试验方法的规定如下。

1. 要求(见 **6.3.3.1 和 8.5.1.1**)

对于有手动或自动燃气流量控制的热水器,其最小热负荷不应大于安装说明书中规定的最小热负荷。对于具有自动输出变化的热水器,最小热负荷不应大于额定热负荷的 52%。

2. 试验方法(见 **6.3.3.2**)

使用相应基准气进行试验。

7.6.3　中欧标准差异分析

中国标准和欧盟标准对热水器的最小热负荷要求有差异。中国标准要求最小热负荷不大于额定热负荷的 35%,欧盟标准要求最小热负荷不大于额定最小热负荷和额定热负荷的 52%。

7.7　热水温度稳定时间、水温超调和水温波动

7.7.1　中国标准 GB 6932—2015 的要求与试验方法

1. 要求

条款号:6.1。

中国标准《家用燃气快速热水器》(GB 6932—2015)中对热水器热水温度稳定时间、水温超调幅度、水温波动的要求见表 7-15。

表 7-15　热水温度稳定时间、水温超调幅度、水温波动要求

项目	性能要求	试验方法	适用机型				
			D	Q	P	G	W
热水温度稳定时间(不适合供暖、两用热水器)	不大于 60 s(适用于具有自动恒温功能)						
水温超调幅度(不适合供暖、两用热水器)	±5 ℃(适用于具有自动恒温功能)	7.17	○	○	○	○	○
水温波动	±3 ℃(适用于具有自动恒温功能)						

注:"○"表示适用。

2. 试验方法

条款号:7.17。

中国标准《家用燃气快速热水器》(GB 6932—2015)中对热水器热水温度稳定时间、水温超调幅度、水温波动试验的规定见表 7-16。

表 7-16　热水温度稳定时间、水温超调幅度、水温波动试验

项目	热水器状态、试验条件及方法
热水温度稳定时间	(1)试验条件 燃气条件:0-2;供水压力:0.1 MPa;电压:额定电压;进水温度:(20±2) ℃ (2)试验方法 a) 将热水器出水温度值设定在比进水温度高(30±2) K,当温度稳定后,用增加水压的方式调整水流量,使燃气阀门开至最大(即热负荷最大)为最大水流量 Q_{max} 逐渐降低水流量至 $0.8Q_{max}$,温度稳定后记录温度值 t_r。在 2 s 内将水流量降低至 $0.6Q_{max}$,同时开始测量出水温度达到(t_r±2) ℃的时间;再将水流量迅速从 $0.6Q_{max}$ 升高至 $0.8Q_{max}$,测量出水温度达到(t_r±2) ℃的时间,取降低和升高两次时间的平均值。 b) 重复一次试验,取两次试验所测时间的平均值
水温超调幅度	(1)试验条件 燃气条件:0-2;供水压力:0.1 MPa;电压:额定电压;进水温度:(20±2) ℃ (2)试验方法 a) 按照热水温度稳定时间的试验方法,记录热水器水流量从 $0.8Q_{max}$ 降低至 $0.6Q_{max}$ 时出水温度的最大值和水流量从 $0.6Q_{max}$ 升高至 $0.8Q_{max}$ 时出水温度的最小值,其与 t_r 值的最大水温偏差。 b) 重复一次试验,取两次试验所测水温偏差的平均值
水温波动	(1)试验条件 燃气条件:0-2;进水温度:(20±2) ℃;进水压力:0.1 MPa (2)试验方法 将热水器温度调节至于 35~48 ℃中一温度,恒定水流量和进水温度,稳定后运行 5 min,连续在出水口测量出水温度,10 min 内测定出水温度的最大值和最小值,偏差应符合表 7-15 的规定

7.7.2　欧盟标准 EN 26:2015 的要求与试验方法

条款号:8.5.6.2.3、8.5.6.2.4。

欧盟标准《家用燃气快速热水器》(EN 26:2015)中对热水器水温变化、水温波动的要求和试验方法的规定如下。

1. 根据水流量的温度变化(高水压、常水压和低水压热水器)(见 8.5.6.2.3)

1)要求

输出需求变化导致的出水口平均温度变化(T_1-T_2的绝对值)不应超过 10 K。

2)试验方法

热水器供给相应的基准气。

在热水器进水口处测得的水压,对于常压热水器和高压热水器是 2~6 bar,对于低压热水器是安装说明书中声明的最小压力和最大压力之间的值。

调节水流量使热水器的热负荷达到额定热负荷的(52±2)%,此时测量出水温度 T_1,然后调节水量以得到 95% 的额定热负荷,此时测量出水温度 T_2。

2. 温度波动(高水压、常水压和低水压热水器)(见 8.5.6.2.4)

1)要求

在打开排水阀的 60 s 后,出水口的温度波动不应超过 5 K。

2)试验方法

热水器供给每种基准气。

在热水器进水口测得的水压,对于常压热水器和高压热水器是 2~6 bar,对于低压热水器是安装说明书声明的最小压力和最大压力之间的值。

试验包括以下三个阶段。

第 1 阶段:试验从冷态开始,在可得到额定热负荷的最小水流量下,等待 60 s,然后记录热水温度 10 min。

第 2 阶段:减少水流量到第一阶段试验的 3/4,等待 60 s,然后记录热水温度 10 min。

第 3 阶段:减少水流量到第一阶段试验的 55%,等待 60 s,然后记录热水温度 10 min。

在以上三个阶段中的每一个阶段,都要验证是否符合要求。

7.7.3　中欧标准差异分析

中国标准和欧盟标准中关于水温变化、水温波动的试验方法差异较大,具体可见各标准条款。

7.8　噪　声

7.8.1　中国标准 GB 6932—2015 的要求与试验方法

1. 要求

条款号:6.1。

中国标准《家用燃气快速热水器》(GB 6932—2015)中对热水器噪声的要求见表 7-17。

表 7-17 噪声要求

项目	性能要求	试验方法	适用机型				
			D	Q	P	G	W
燃烧噪声	≤65 dB	7.7	○	○	○	○	○
熄火噪声	≤85 dB						

注："○"表示适用。

2. 试验方法

条款号:7.7。

中国标准《家用燃气快速热水器》(GB 6932—2015)中对热水器噪声试验的规定见表 7-17。

表 7-18 噪声试验

项目	热水器状态、试验条件及方法
试验条件及状态	供水压力:0.1 MPa。 燃烧工况试验条件按表 7-19 规定
燃烧噪声	a) 点燃全部燃烧器,按图 7-1 所示三点进行试验; b) 使用声级计,按 A 计权、快速档进行测定,环境本底噪声应小于 40 dB 或比实测热水器噪声低 10 dB 以上,否则按表 7-20 噪声修正值修正
熄火噪声	a) 运行 15 min 后,迅速关闭燃气阀门,按图 7-2 所示三点进行试验; b) 使用声级计,按 A 计权、快速档进行测定,环境本底噪声应小于 40 dB 或比实测热水器噪声低 10 dB 以上,否则按表 7-20 噪声修正值修正。 c) 测定的最大噪声值应加 5 dB 作为熄火噪声

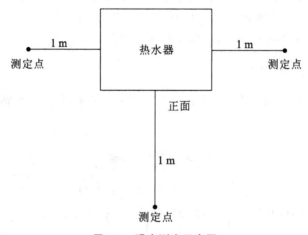

图 7-1 噪声测定示意图

表 7-19　燃烧工况试验条件

序号	项目	热水器状态				试验条件	
		强制排气式排烟管长度	强制给排气式给排气管长度	燃气调节方式		电压条件/(%)	试验气条件
				燃气量调节方式	燃气量切换方式		
1	燃烧噪声	短	短	大	大	100	2-1
2	熄火噪声	短	短	大	大	90 及 110	2-1

自然排气式热水器排烟管按照图 5-3,高度 0.5 m,排烟管排气口敞开;自然给排气式热水器给排气管按照图 5-4,墙体厚度小于 1 m 的长度安装;室外型热水器按照图 5-5 设置。

注1:"燃气量调节方式"指在调节燃气流量时,可调节的燃气量,"大"指燃气量最大状态,"小"指燃气量最小状态。

2:"燃气量切换方式"指调节燃烧器工作的方式,其中"大"指点燃全部燃烧器,"小"指点燃最少量燃烧器,"全"指逐档点燃每个燃烧器的状态。

3:"长"和"短"指在安装或使用说明书规定的排烟管或给排气管的最大长度和最小长度的安装状态。

表 7-20　噪声修正值

实测噪声与环境噪声之差/dB	修正值/dB
<6	测量无效
6	−1.0
7	−1.0
8	−1.0
9	−0.5
10	−0.5
>10	0

7.8.2　欧盟标准 EN 26:2015、EN 15036-1:2006 的要求与试验方法

条款号:EN 26:2015 的 11.2.4,EN 15036-1:2006 的 4。

欧盟标准《家用燃气快速热水器》(EN 26:2015)和《采暖锅炉、发热体产生的空气噪声的试验程序 第 1 部分:发热体产生的空气噪声》(EN 15036−1:2006)中对热水器噪声的要求和试验方法的规定如下。

1. 声功率级(L_{WA})(见 EN 26:2015 的 11.2.4)

现有法规中定义的声功率级应根据以下内容确定。

按照安装说明书安装和调节热水器。

热水器供给相应的基准气或实际使用气,调节至额定热负荷和正常水温(见 6.1.6.6.2,(40±1) K 温升)。

当热水器处于稳态条件下（见 6.1.6.7 时），根据 EN 15036-1:2006 第 4.2 条的试验方法记录 A 计权声功率级。

使用的测试方法可以是精确度等级中的第 1 级（精密级）或第 2 级（工程级）。

2. 声功率的确定（见 EN 15036-1:2006 的 4）

1）一般数据

噪声源的声功率 W 是该噪声源每秒辐射的总声能，单位为瓦特（W）。声功率 W 通常与基准声功率 W_0 相关，并表示为以分贝（dB）为单位的声功率级 L_W：

$$L_W = 10 \cdot \lg \frac{W}{W_0} \tag{7-13}$$

其中，W_0 表示 1 pW（$= 10^{-12}$ W）的基准声功率级。

为了标记噪声发射，确定声功率级选择的主要标准是：

① 声功率级应提供对噪声发射的充分描述，并且与环境因素无关；

② 应能够从相对简单的声学测试中确定一定精度的声功率级，该声学测试可以在定义的声学条件下进行。

这些测试方法描述了确定空气传播声功率级 L_W 的客观程序。

可以确定以下声功率级别：

① A 计权声功率级 L_{WA}；

② 倍频带的声功率级 L_{WOct}，应在至少覆盖 125～4 000 Hz 倍频带的频带上进行试验；

③ 第三波段的声功率级 L_{WThird}，应在至少覆盖 100～5 000 Hz 的第三倍频带的频带上进行试验。

实际使用中，L_{WA} 的测量值应足以计算 A 计权的声功率水平。

2）试验方法

（1）基本方法

确定声音功率级有三种基本方法，分别是：

① 将测量到的声压级转换成混响场的声功率级。这种方法在 EN ISO 3741、EN ISO 3743-1 和 EN ISO 3743-2 中有所描述。

② 根据 EN ISO 3744、EN ISO 3745 和 EN ISO 3746，将测量到的声压级转换为自由场（或近似为自由场）。

③ 将器具周围发出的强度场转换为声功率级。这种方法在 EN ISO 9614-1、EN ISO 9614-2 和 EN ISO 9614-3 中都有描述。

（2）测试不确定度

三种基本方法中的每一种都根据特定标准描述了不同的方法，以便在最终结果上达到不同程度的准确性。这些精确级别如下（从最佳到最差的准确度）：

① 第 1 级，精密级；

② 第 2 级，工程级；

③ 第 3 级，简易级。

注 1：例如，使用自由场方法，三个相关标准为 EN ISO 3745（第 1 级）、EN ISO 3744（第 2 级）和 EN ISO 3746（第 3 级）。如果试验方法相似（测量包括器具在内的虚构区域的平均声压级），则测试要求因目标精度水平（点数、背景和设备噪声之间的差异，测试环境校正等）

的差异而不同。

2：根据准确度等级的不同，可用的信息也不同。简易级方法不提供频谱数据。

根据准确级别，A 计权标准差如表 7-21 所示。

表 7-21　根据标准精确度级别的 A 计权总声功率级的标准偏差

	精密级	工程级	简易级
标准偏差/dB	1	1.5	4

这些标准偏差与相对平坦的频谱有关。

在有音调噪声的情况下，简易级测量方法的标准偏差增加 1 dB。

在声功率水平值正态分布的假设中，器具声功率级的正确值落在 $\pm 1.645\,\sigma_R$ 范围内的概率为 90%。此外，器具声功率级的正确值落在 $\pm 1.96\,\sigma_R$ 范围内的概率为 95%。

3：精密级和工程级标准提供了标准频谱偏差，因此，可以确定 A 加权总体水平的相关标准偏差。

制造商应声称使用的精确度级别。建议使用第 2 级，但如果由于背景噪声、环境条件、器具的尺寸等，无法使用第 2 级，也可以使用第 3 级。

（3）试验方法选择

表 7-22 总结了可用于确定声功率级类别的主要要求。

表 7-22　可用于确定声功率级类别的主要要求

项目	声压法				声强法	
	EN ISO 3743-1	EN ISO 3743-2	EN ISO 3744	EN ISO 3746	EN ISO 9614-1	EN ISO 9614-2
	比较程序	直接程序			直接程序	
精确度等级	2	2	2	3	1、2 或 3	2 或 3
测试环境	有混响墙的房间	特别混响墙的房间	在反射平面上的主要自由声场中	无特别测试环境	无特别测试环境	无特别测试环境
测量设备 a)麦克风 b)一体式的噪声计 c)带通滤波器 d)校准器 e)声强探头 f)参考声源	EN ISO 3743-1:1995 的条款 5 a)、b)、c)、d)、f)	EN ISO 3743-2:1996 的条款 5 a)、b)、c)、d)	EN ISO 3744:1995 的条款 5 a)、b)、c)、d)	EN ISO 3746:1995 的条款 5 a)、b)、c)、d)	EN ISO 9614-1:1995 的条款 6d)、e)	EN ISO 9614-2:1996 的条款 6d)、e)
可获得的声功率级	A 计权、倍频	A 计权、倍频	A 计权、倍频、第三波段	A 计权	A 计权、倍频、第三波段、频带有限的	A 计权、倍频、第三波段、频带有限的
测试	按照附录 B	按照附录 B	按照附录 A	按照附录 A	按照附录 C	按照附录 C

（4）操作

根据试验设施和操作人员的知识,实验班将按照下列条件之一进行。

根据第 2 类精确级别,每种方法的使用在下列附录中有简要描述:

① 附录 A,自由场法;

② 附录 B,混响室法;

③ 附录 C,声强法。

7.8.3　中欧标准差异分析

中国标准和欧盟标准对噪声的试验方法不同。中国标准测试的是热水器的声压值,欧盟标准测试的是热水器的声功率值。

7.9　欧盟标准 EN 26:2015 特有的性能要求

条款号:6.8.2、6.15、8.5.2～8.5.5。

欧盟标准《家用燃气快速热水器》(EN 26:2015)中特有的性能要求如下。

7.9.1　控制装置(见 6.8.2)

1. 旋钮

1) 要求

操作旋钮的力矩不应超过 0.6 N·m 或单位旋钮直接为 0.017 N·m/mm。

2) 试验方法

使用适当的扭矩计,在打开和关闭位置之间的整个范围内验证操作的可能性。打开和关闭操作以大约 5 转/min 的恒定速度进行。

2. 按键

1) 要求

打开或保持打开或关闭闭合构件所需的力不得超过 45 N 或按钮单位面积的 0.5 N/mm^2。

2) 试验方法

试验需要使用合适的拉力计进行验证。

7.9.2　待机热损失的测量(见 6.15)

待机热损失是可以忽略不计的,等于 0。

7.9.3　额定和最小有效输出(见 8.5.2)

1. 要求

额定有效输出与根据下列试验确定的有效输出的偏差不应超过 5%。

最小有效输出应与下列试验确定的有效输出相同,并且与额定有效输出的偏差不应超过 5%。

2. 试验方法

额定有效输出和最小有效输出是通过将根据 7.3.2 所述测试在燃烧产物正常排放条件下测量的相应效率乘以额定热输入和最小热输入来确定的。

7.9.4　通过火花发生器点火的常明火点火燃烧器(见 8.5.3)

1. 要求

10 次点火中至少一半能使点火燃烧器正确点火。

2. 试验方法

试验在环境温度下供给相应基准气,使用正常试验压力进行。

在每次连续的点火间应至少有 1.5 s 的延迟。

试验在点火燃烧器燃气供给管路吹扫后进行。

7.9.5　点火开阀时间(t_{IA})(见 8.5.4)

1. 要求

装有热电式火焰监视装置的热水器的点火开阀时间(t_{IA})不应超过 20 s。然而,如果在这期间不需要手动干预,则时间限制可增加到 60 s。

2. 试验方法

试验供给相应基准气,使用正常试验压力进行。

热水器处于冷态,激活火焰监控装置,点燃点火燃烧器,验证点火燃烧器在 8.5.4.1 中规定的点火开阀时间(t_{IA})的最后仍保持点燃。

7.9.6　水气联动阀(见 8.5.5)

1. 常水压热水器和高水压热水器

1)要求

对于固定输出和可调输出的热水器,进水口的最小水压为 0.5 bar;对于自动输出变化的热水器,进水口的最小水压为 1 bar。当没有预设燃气流量调节器时,折算热负荷应至少达到按6.3.2.1获得的热负荷的 95%;当有预设燃气流量调节器时,折算热负荷应达到额定热负荷。

对于自动输出变化的热水器,水压为 0.5 bar 时,折算热负荷(见 6.3.2.1)不应小于最小热负荷。

2)试验方法

试验供给相应基准气,使用正常试验压力进行,热水器按照 6.1.6.6.2 的 b)调节。

预设水流量调节器设置在可获得最高温度的位置,然后水压降到下列值:

① 对于固定输出或可调输出的热水器为 0.5 bar;

② 对于自动输出变化的热水器开始为 1 bar,然后为 0.5 bar。

2. 低水压热水器

1)要求

在安装说明书中规定的最小水压,预设水流量调节器设置在可获得最高温度的位置。

当没有预设燃气流量调节器时,折算热负荷(见 6.3.1.2)应至少为 6.3.2.1 中得到的热负荷的 95％;当有预设燃气流量调节器时,折算热负荷应达到额定热负荷。阀门的操作应保持正确直至压力达到 2.5 bar。

2）试验方法

试验供给相应的基准气,使用正常试验压力进行;水压为安装说明书规定的最小水压。试验在水压为 2.5 bar 时重复进行。

7.10　欧盟标准 EN 13203-1:2015 对热水器产热水性能评价的规定

条款号:4、5、附录 A、附录 B。

欧盟标准《燃气热水器 第 1 部分:热水性能评价》(EN 13203-1:2015)对热水器产热水性能评价的要求和试验方法的规定如下。

7.10.1　一般试验条件

1. 基准条件（见 **4.1**）

除非另有说明,否则应当按照以下条件进行试验。

① 冷水温度:10 ℃。试验期间的冷水温度最大平均变化:±2 K。

② 冷水压力:(2±0.1)bar。

③ 环境温度:20 ℃。试验期间的温度最大平均变化:±1 K;试验期间的温度最大变化:±2 K;

④ 电压:(230±2)V(单相)。

2. 测量不确定度（见 **4.2**）

除非特定条款另有说明,否则测量值的不确定度应当不超过以下规定的值(计算这些标准差时应考虑造成各种不确定度的原因,包括仪器、重现性、校准、环境条件等)。

① 水流量:±1％。

② 燃气流量:±1％。

③ 时间:±0.2s。

④ 温度。环境温度:±1 K;水温:±0.5 K;燃气温度:±0.5 K。

⑤ 质量:±0.5％。

⑥ 燃气压力:±1％。

⑦ 燃气热值:±1％。

⑧ 燃气密度:±0.5％。

⑨ 电能:±2％。

上述测量不确定度对应于单一被测量量。对于包含多个被测量量的情况,可能要求单一被测量量具有更小的不确定度,以保证总体不确定度在±2％以内。

这些不确定度对应于 2 倍的标准偏差(即 2σ)。

3. 试验条件（见 **4.3**）

1）一般要求

除非另有规定,否则按照以下的条件进行试验。

2）实验室

器具应当安装在一个通风良好、无对流（即空气流速小于 0.5 m/s）的房间。

器具应当避免受到阳光直接照射以及热发生器的辐射影响。

3）供水

对于该试验,生活水压力是指在动态条件下,在尽可能靠近器具进口处测得的静水压力;生活热水的入口温度和出口温度的测量点,应当尽可能靠近器具并处于水流中心。

应当在进水口连接的上游处实时测量进水温度。除非另有规定,否则在出水口连接的下游处实时测量出水温度,或在器具带花洒的情况下,借助浸没式温度测量装置测量出水温度,例如安装在管道出口的 U 形管,该管道的长度应与器具花洒的最小长度相同。

水温应当使用快速响应温度传感器来测量。快速响应温度传感器是一种对响应时间有要求的测量装置:将传感器插入静止的水中,在 1 s 内获得从 15 ℃ 到 100 ℃ 最终温升的 90%。

4）稳定状态

当该器具工作了足够长的时间后达到了热稳定,且出水温度的变化不超过 ±0.5 K 时,可以认为该器具建立了的稳定工作状态。

注:该条件可以使用不同于规定的试验燃气实现,但前提是该要求确认满足前,向器具供应规定的试验燃气至少 5 min。

5）器具的初始调节

应当按照安装说明对器具进行安装。

应当将热负荷调至生活热水额定热负荷的 ±2% 之内。

在器具出口处的供热水温度应当达到以下条件（见图 7-2 和图 7-3）。

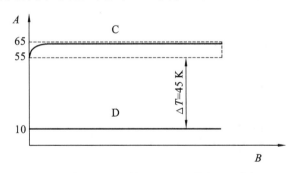

A—温度（℃）;B—时间（min）;C—热水;D—冷水

图 7-2　容积式器具的初始条件

① 对于温度可调的器具:应当在水温不超过 65 ℃ 的条件下进行试验,且进水与出水之间的最小温升不小于 45 K。

② 对于温度固定的器具:应当在制造商规定的温度下进行该试验,且进水与出水之间的最小温升不小于 45 K。

所有试验均应使用器具文件中声明的相同的初始调节条件。

这些试验条件应包括在试验报告中。

（6）初始状态条件

进行本标准所有试验之前,须按以下要求建立初始状态条件（见图 7-4 和图 7-5）。

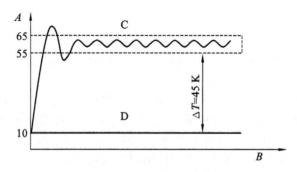

A—温度(℃)；B—时间(min)；C—热水；D—冷水

图7-3　快速式器具的初始条件

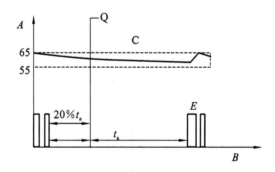

A—温度(℃)；B—时间(min)；C—热水；E—燃气流量；
Q—为达到本标准的所有测试，器具在水龙头打开时的初始状态

图7-4　考虑控制周期建立的初始状态

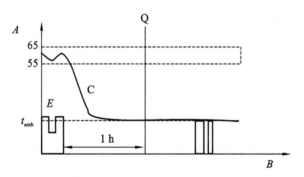

A—温度(℃)；B—时间(min)；C—热水；E—燃气流量；
Q—为达到本标准的所有测试，器具在水龙头打开时的初始状态

图7-5　不考虑控制周期建立的初始状态

① 如不需考虑控制周期：在完成上一个排水之后至少1 h。

② 如需考虑控制周期：在对应于燃烧器"关闭"时间的20%（但不超过1 h）之后。该时间取决于控制循环中燃烧器关闭的时间。

应当按照同一初始状态条件来进行所有试验，这些试验条件应包括在试验报告中。

对于具有供暖功能的器具，应当在夏季模式下进行试验。

（7）供电（电源）

应当为器具供应安装说明书中规定的额定电压，或者额定电压范围内的某个电压。

7.10.2　器具生活热水功能的特性

1. 一般要求（见 5.1）

生活用水功能必须通过两个不同方式来表明其特点：

① 根据生活热水的额定热水产率、出水量和相应用途（见 5.2）；

② 根据生活热水的质量（见 5.3）和性能表现获得相对应的星级。

2. 根据生活热水流量描述特性（见 5.2）

1）产热水能力

（1）要求

产热水能力的试验值不能低于器具说明书规定值的 95%。

（2）试验方法

该试验要求器具调整到安装说明书中规定的热水量。

通过器具的压损不能超过 2 bar。

产热水能力的试验过程中，最小温升必须大于或等于 30 K。

开始试验前，器具必须按照 4.3.5 的要求调节好。第一次排水应进行 10 min，随后的 20 min停止排水，然后进行第二次 10 min 的排水（见图 7-6 和 7-7）。

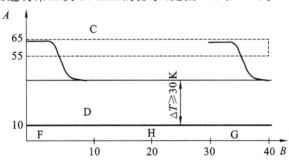

A—温度（℃）；B—时间（min）；C—热水；D—冷水；
F—第 1 次排水；G—第 2 次排水；H—停止

图 7-6　容积式器具维持温度下特定比率的分级程序

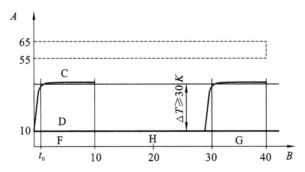

A—温度（℃）；B—时间（min）；C—热水；D—冷水；
F—第 1 次排水；G—第 2 次排水；H—停止

图 7-7　快速式器具维持温度下特定比率的分级程序

必须在不超过 2 s 间隔时间内测量并记录温度和流速。绘制温度与时间的关系图,以获得每次排水期间的平均热水温升。

对于每次排水,应使用式(7-14)计算:

$$D_i = \frac{m_{i(10)}}{10} \times \frac{\Delta T}{30} \tag{7-14}$$

式中: D_i ——每次计算的排水量, D_1 和 D_2 分别由第一次和第二次排水确定,单位为升每分钟(L/min);

$m_{i(10)}$ ——第一次或第二次排水过程中收集的最小温升为 30 K 的水量,单位为升(L);

ΔT ——第一次和第二次排水期间收集的水的平均温升,单位为开(K)。

如果 D_1 和 D_2 之间的差值在数值上不超过其平均值的 10%,则按照式(7-15)计算:

$$D = \frac{D_1 + D_2}{2} \tag{7-15}$$

式中: D ——确定的产热水能力。

如果 D_1 和 D_2 之间的差值在数值上超过其平均值的 10%, D 取较小值。

厨房产热水能力(D_c)按照式(7-16)计算:

$$D_c = D \times \frac{30}{45} \tag{7-16}$$

注:当水温可调时,产热水能力额外试验的排水温度可在器具说明书中规定。

2)产热水量

(1)要求

设备应能够以器具说明书中规定的流量连续排水,且在标准时间 10 min 内,温升不低于 30 K。根据器具说明书要求,也可以增加 5 min 和 20 min 的流量试验时间。

器具应能向用户提供与这些时间段对应的产热水量。

测量的产热水量不应低于器具说明书规定值的 5% 以上。

(2)试验方法

本试验过程中器具应调整到按照器具说明书规定的流量和温度供水。

通过器具的压损不得超过 2 bar。

在开始本试验之前,设备应处于 4.3.5 和 4.3.6 中规定的初始状态条件和初始调整条件。每隔不超过 2 s 时间记录一次水流的流量和温度,计算生活热水平均温度。

产热水量应在标准时间 10 min 内连续测量(还有额外选项为 5 min 和 20 min)。

对于非连续排水的试验,应在标准时间内进行试验,误差范围为 ±30 s。试验过程中,温升不得低于 30 K(见图 7-8 和图 7-9)。

产热水量通过式(7-17)计算:

$$R = R_s \times \frac{\Delta T_a}{30} \times \frac{t}{t_t} \tag{7-17}$$

式中: t ——试验过程中记录的时间,单位为分钟(min);

t_t ——标准化的时间,单位为分钟(min);

ΔT_a ——平均水温升高值,单位为摄氏度(℃);

R ——器具说明书中规定的产热水量,单位为升(L);

R_{s1} ——测试过程中的平均流量,单位为升每分钟(L/min)。

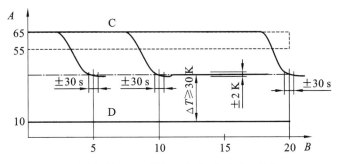

A—温度(℃);*B*—时间(min);C—热水;D—冷水

图 7-8 容积式器具维持温度下的出水量

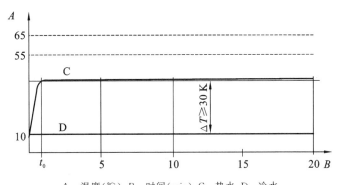

A—温度(℃);*B*—时间(min);C—热水;D—冷水

图 7-9 快速式器具维持温度下的出水量

t 必须在 $(t_t \pm 30)$ s 范围内。

对于连续排水的试验,应在标准化时间 10 min 的产热水量试验后测量水流量。在器具不停机的情况下,应将排水流量调整为器具安装说明书中规定的值(见图 7-8 和 7-9)。产热水量应通过式(7-18)计算:

$$R = R_s \times \frac{\Delta T_a}{30} \tag{7-18}$$

燃烧器需一直保持点燃状态,水温升的变化不能超过 ± 2 K。

3)根据可用生活热水量分级

根据测试所得值,使用 10 min 内的产热水量对可用的生活热水量进行分级,10 min 产热水量的值如下。

① $R < 10$ L/min,标志:1 个水龙头。

② 10 L/min $\leqslant R < 15$ L/min,标志:2 个水龙头。

③ 15 L/min $\leqslant R < 20$ L/min,标志:3 个水龙头。

④ $R \geqslant 20$ L/min,标志:4 个水龙头。

3. 生活热水品质分级(见 5.3)

1)分级程序

器具根据生活热水供应性能进行分级,其中考虑了一系列特定性能指标,相关指标要求如下。

① 加热时间，t_m；

② 不同流量的温度变化值，ΔT_1；

③ 水流量恒定时的温度波动，ΔT_2；

④ 水流量变化时的温度稳定时间，t_s；

⑤ 最小额定水流量，D_m；

⑥ 连续供水期间的停水温升，ΔT_3。

根据试验所获得结果，各特定性能指标将会给出 0～3 的得分，并称为"特定品质因子"f_i。

此外，每个准则还根据其重要度关联了一个权重系数 a_i。

然后计算综合品质因子 F，以量化与生活热水供应相关的性能。

综合品质因子 F 等于特定品质因子与权重系数的乘积之和。

表 7-23 中给出了与特定品质性能指标对应的特定品质因子和权重系数。

表 7-23　特定品质因子和权重系数的符号

特定品质准则	符号	特定品质因子 f_i				权重系数 a_i
		0	1	2	3	
加热时间	t_m	>60 s	≤60 s	≤35 s	≤5 s	4
不同流量的温度变化值	ΔT_1	>10 K	≤10 K	≤5 K	≤2 K	3
水流量恒定时的温度波动	ΔT_2	>5 K	≤5 K	≤3 K	≤2 K	3
水流量变化时的温度稳定时间	t_s	>60 s	≤60 s	≤30 s	≤10 s	2
最小额定水流量	D_m	>6 L/min	≤6 L/min	≤4 L/min	≤2 L/min	1
连续供水期间的停水温升	ΔT_3	>20 K	≤20 K	≤10 K	≤5 K	1

通过式(7-19)计算综合品质因子 F：

$$F = \sum_{i=1}^{n} a_i \times f_i \qquad (7\text{-}19)$$

根据所得值，使用综合品质因子 F 对生活热水供应品质进行分级，如表 7-24 所示。

表 7-24　根据综合品质因子 F 进行分级

等级	综合品质因子 F 得分
— — —	<14 分
* _ _	(14～27)分
* * _	(28～39)分
* * *	≥40(相乘特殊因子≥2)

举例如下。

① 加热时间小于 35 s：⇒$f_i=2$，⇒$a_i \cdot f_i=8$ 分。

② 不同流量的温度变化值小于等于 2 K：⇒$f_i=3$，⇒$a_i \cdot f_i=8$ 分。

③ 水流量恒定时的温度波动小于等于 2 K：⇒$f_i=3$，⇒$a_i \cdot f_i=9$ 分。

④ 水流量变化时的温度稳定时间小于 30 s：$\Rightarrow f_i = 2$，$\Rightarrow a_i \cdot f_i = 4$ 分。

⑤ 最小额定水流量小于等于 3.5 L/min：$\Rightarrow f_i = 2$，$\Rightarrow a_i \cdot f_i = 2$ 分。

⑥ 连续供水期间的停水温升小于等于 10 K：$\Rightarrow f_i = 2$，$\Rightarrow a_i \cdot f_i = 2$ 分。

通过计算 f_i 与 a_i 乘积之和，可得 $F = 34$ 分，对应等级为 $**$。

2）生活热水品质分级试验

（1）一般要求

应当按照条款 4.3.5 和条款 4.3.6 的要求对器具进行调节，使之处于初始调节状态和初始状态条件。

器具应调节至一定的水流量，该水流量应对应于获得厨房产热水能力时的热输出，且不超过 7 L/min。

（2）加热时间

从水龙头打开时开始测量（生活热水温升）达到 45 K 的 90%（即 40.5 K），且随后下降到 34 K 所需时间（见图 7-10 和图 7-11）。

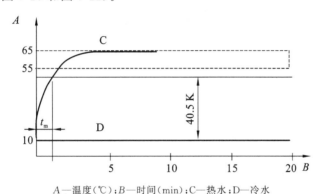

A—温度（℃）；B—时间（min）；C—热水；D—冷水

图 7-10　测量容积式器具的加热时间

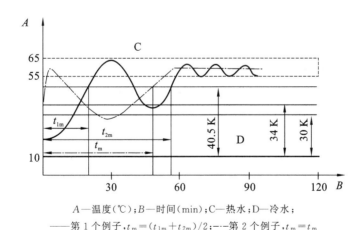

A—温度（℃）；B—时间（min）；C—热水；D—冷水；

——第 1 个例子，$t_m = (t_{1m} + t_{2m})/2$；--- 第 2 个例子，$t_m = t_m$

图 7-11　测量快速式器具的加热时间

当温度上升到 45 K，但随后下降到 34 K 以下但不低于 30 K，计算第一次达到 40.5 K 的所需的时间与上升到 40.5 K 并持续保持在该温度值或以上所需时间的平均值。

当水温在升到 45 K 随后又降到 30 K 以下时，计算加热时间为上升到 40.5 K 且持续保持或高于此数值所需时间。

将计算值与表 7-23 的特定品质要求进行比较。

（3）不同流量的温度变化值

应当对器具的热水流量进行调节，使之等于条款 5.3.2.1 规定值的 70%；在经过安装说明书规定的延迟时间（在 0～2 min）之后，记录随后 2 min 内所获得平均温度 T_{1m}。

在 1 min 之后，应当再对热水流量进行调节，使之等于条款 5.3.2.1 规定值的 95%，记录随后 2 min 内所获得平均温度 T_{2m}（参见图 7-12 和图 7-13）。

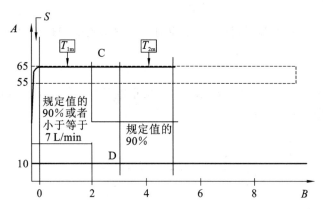

A—温度（℃）；B—时间（min）；C—热水；D—冷水；

S—安装说明书规定的延迟时间，0～2 min

图 7-12 容积式器具在不同流量下的温度变化值

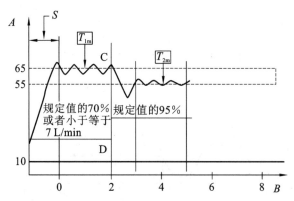

A—温度（℃）；B—时间（min）；C—热水；D—冷水；

S—安装说明书规定的延迟时间，0～2 min

图 7-13 快速式器具在不同流量下的温度变化值

将 $T_{2m}-T_{1m}$ 的绝对值与表 7-23 的特定品质要求进行比较。

（4）水流量恒定时的温度波动

按以下两个试验进行。

试验一：对器具进行调节，使生活热水流量等于条款 5.3.2.1 规定值的 95%；在经过安装说明书规定的延迟时间（在 0～2 min）之后，记录获得一次与淋浴对应的能耗（1.820 kW·h）所需时间内的热水温度（参见表 7-25，以及图 7-14 和图 7-15）。

表 7-25　两次试验的流量要求

安装说明书声称值		试验条件	
$D_m/(L/min)$	$D_c/(L/min)$	第一次试验流量	第二次试验流量
$D_m \leqslant 5$	$D_c \leqslant 5$	$95\% D_c$	D_m
$D_m \leqslant 5$	$5 < D_c < 7$	$95\% D_c$	5
$D_m \leqslant 5$	$D_c > 7$	$95\% D_c$	5
$D_m > 5$	$5 < D_c < 7$	$95\% D_c$	D_m
$D_m > 5$	$D_c > 7$	$95\% D_c$	D_m

注:D_m表示最小流量,D_c表示厨房产热水量。

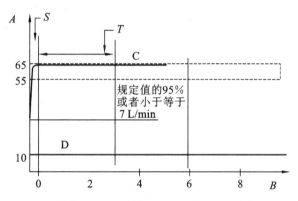

A—温度(℃);B—时间(min);C—热水;D—冷水;

S—安装说明书规定的延迟时间,0~2 min;T—回收 1.820 kW·h 能量所必需的时间

图 7-14　容积式器具在恒定流量下的温度波动

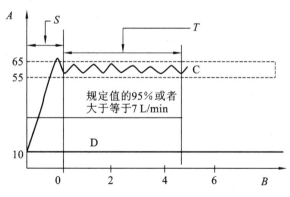

A—温度(℃);B—时间(min);C—热水;D—冷水;

S—安装说明书规定的延迟时间,0~2 min;T—回收 1.820 kW·h 能量所必需的时间

图 7-15　快速式器具在恒定流量下的温度波动

　　试验二:将器具的供热水流量调节到 5 L/min;或如果无法获得 5 L/min 流量,则调节至器具的最小水流量且最低温升为 45 K。在经过安装说明书规定的延迟时间(在 0~

2 min)之后,记录获得一次与淋浴对应的能耗(1.820 kW·h)所需时间内的热水温度(参见表 7-25,以及图 7-14 和图 7-15)。

记录这两个试验过程中观察到的最大温度波动。

将测得的值与表 7-23 的特定品质要求进行比较。

在器具只有一个供水流量能满足 45 K 温升条件的情况下,仅需进行第一个试验。

仅当上述流量相差超过 1 L/min 时,才需进行第二个试验。

(5)水流量变化时的温度稳定时间

按照条款 4.3.5 和条款 4.3.6 的要求对器具进行调节,使之处于初始调节状态和初始状态条件,然后进行以下试验。

该试验包括了 3 个阶段。

第 1 阶段:使生活热水流量等于条款 5.3.2.1 规定值的 95%,然后开始试验;在经过安装说明书规定的延迟时间(在 0~2 min)之后,检查水温波动后的 2 min 内 ΔT 是否超过 5 K。

第 2 阶段:使生活热水流量降至条款 5.3.2.1 规定值的 70%,测量温度波动等于或小于 $\Delta T = 5$ K 所需的时间。

第 3 阶段:重新建立第 1 阶段的生活热水流量,测量温度波动等于或小于 $\Delta T = 5$ K 所需的时间。

取第 2 阶段和第 3 阶段所测得时间的较大者作为稳定时间(参见图 7-16 和图 7-17)。当没有发生温度波动时,t_s 取为零。

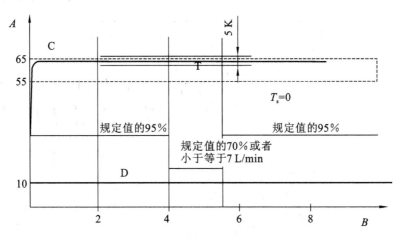

A—温度(℃);*B*—时间(min);*C*—热水;*D*—冷水

图 7-16　容积式器具在流量变化时的温度稳定时间

(6)最小额定水流量

将器具的供热水温度调节至生活热水测试温度,以及调节至获得表 7-23 规定的最小流量的热输出和所要求性能对应的水流量。

在最小水流量下开始试验。在经过安装说明书规定的延迟时间(0~2 min)之后,根据条款 4.3.5 的要求,验证在随后的 7 min 内的水流量水温变化相对于安装说明书规定的温度不得超过5 K(见图 7-18 和图 7-19)。

(7)连续供水期间的停水温升

器具调节至 5.3.2.1 规定的供水流量,当达到稳态条件时,快速关闭热水出水龙头。在

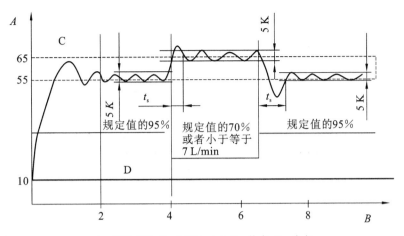

A—温度(℃);B—时间(min);C—热水;D—冷水

图 7-17　快速式器具在流量变化时的温度稳定时间

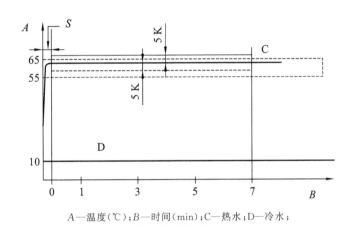

A—温度(℃);B—时间(min);C—热水;D—冷水;

S—安装说明书规定的延迟时间,0～2 min

图 7-18　容积式器具的最小额定流量

10 s 后快速开启水龙头,通过布置在器具出口处的快速响应温度传感器来测量水流中心的最高温度。

让器具恢复到稳定状态条件。进行相同试验,间隔时间每次增加 10 s,直至停水温升增量小于 1 K(见图 7-20 和图 7-21)。

将测得值与表 7-23 的特定品质要求进行比较。

7.10.3　试验台和测量装置的示例

1. 一般要求(见 B.1)

图 7-22 为试验台的示意图。

2. 压力测量(见 B.2)

压力测量装置如图 7-23 所示。压力测量装置上游和下游的管道长度分别为 15D 和 5D,D 是管道的直径。

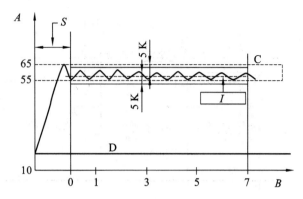

A—温度（℃）；B—时间（min）；C—热水；D—冷水；I—平均时间（min）；

S—安装说明书规定的延迟时间，$0\sim2$ min

图 7-19　快速式器具的最小额定流量

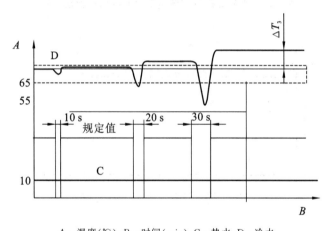

A—温度（℃）；B—时间（min）；C—热水；D—冷水

图 7-20　容积式器具在两个连续供水周期的温度波动

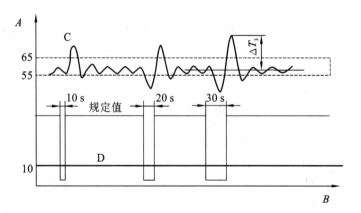

A—温度（℃）；B—时间（min）；C—热水；D—冷水

图 7-21　快速式器具在两个连续供水周期的温度波动

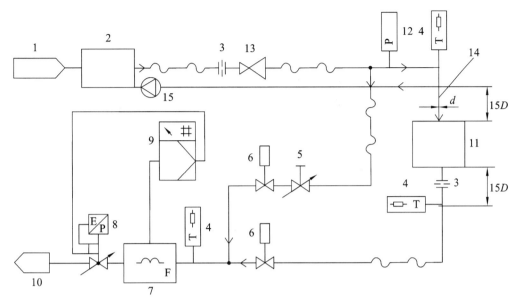

1—进水；2—10 ℃水制备器；3—隔膜，使整个管径的温度和压力分布均匀；4—温度测量装置；
5—平衡阀；6—电动阀；7—流量计；8—控制阀；9—流量控制；10—排水；11—待测器具；
12—压力测量装置；13—压力控制器；14—不锈钢制冷水连接部分；15—冷水回路循环装置

图 7-22　试验台示例

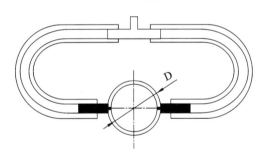

图 7-23　压力测量装置

3. 温度测量（见 B.3）

试验台中使用的温度传感器如下：

① T 形 1 级热电偶，直径 0.5 mm；

② 低惯性 Pt100 探针，直径 2 mm。

温度测量装置可配备以下配件：

① 3 个热电偶＋1 个 Pt100 探针，直径 2 mm；

② 4 个热电偶＋1 个 Pt100 探针，直径 2 mm。

温度测量装置如图 7-24 所示。

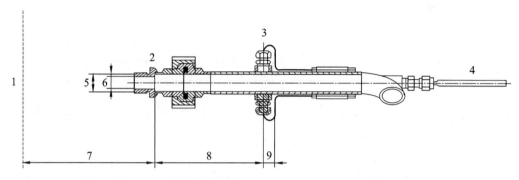

1—待测器具的出口(管道直径 D);2—隔膜,使整个管径的温度和压力分布均匀;3—热电偶;
4—铂探针;5—管道直径 D;6—0.7D;7—小于 10D;8—5D;9—大于 0.5D 且小于 D

图 7-24　温度测量装置

热电偶的位置(三个或四个热电偶,其中一个热电偶位于流量中心)如图 7-25 所示。

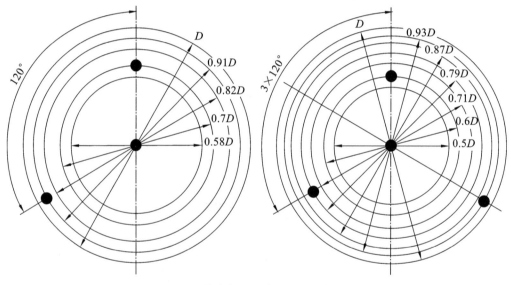

图 7-25　热电偶位置的示例——表面法

●—热电偶

如果可以获得标准中要求的结果,则可以使用其他测量仪器。

第8章 生 态 设 计

8.1 生态设计概述

为提升耗能产品的环境绩效,控制生态环境污染,欧盟于 2009 年 10 月 21 日正式发布了能源相关产品的生态要求指令 2009/125/EC,即 ErP(Energy-related Products)指令《为能源相关产品生态设计要求建立框架的指令》,它是 EuP(Energy-using Products)指令(2005/32/EC)的改写指令,于 2009 年 11 月 10 日开始生效。

ErP 指令与 EuP 指令相比,最主要的变化就是将 EuP 指令中的耗能产品(energy-using products)扩展为能源相关产品(energy-related products),扩大了 EuP 指令的范围。能源相关产品是指当其投放欧盟市场或投入使用时,会影响到能源消耗的产品;或其环境性能可独立地予以评定的拟装配到该指令所涵盖的产品上的零件。

ErP 指令并不是针对产品要求的指令,而只是一个框架指令。欧盟按照这一指令中的相关规定,进一步制定有关某类耗能产品需符合的生态设计要求的指令,称作"实施细则"(implementing measures,简称 IM)。ErP 指令涵盖的产品种类很多,包括电视机、洗衣机、洗碗机等,每一类产品都有具体的实施措施法规。目前已颁布实施的与燃气具相关的实施细则如下。

① 空间加热器(锅炉),实施措施法规编号是(EU)No 813/2013,发布日期为 2013 年 9 月 6 日。

② 热水器,实施措施法规编号是(EU)No 814/2013,发布日期为 2013 年 9 月 6 日。

③ 家用烤箱、灶具、抽油烟机(厨房器具),实施措施法规编号是(EU)No 66/2014,发布日期为 2014 年 1 月 23 日。

对于家用燃气快速热水器,适用的具体实施措施法规是(EU)No 814/2013(生态设计法规,Eco-design Regulation)。为体现该项法规的具体技术要求,欧洲标准化委员会在 2015 年发布了修订的《家用燃气快速热水器标准》(EN 26:2015)。新修订的标准增加了与生态设计相关的技术要求。而与生态设计相关的热水器的热水加热能源效率,则在《燃气热水器第 2 部分:能源消耗评价》(EN 13203-2:2022)中体现。

8.2 欧盟标准 EN 26:2015 中与生态设计(ecodesign)相关的要求

条款号:10,附录 ZB。

欧盟标准 EN 26:2015 中与生态设计(ecodesign)相关的要求如下。

8.2.1 生态设计数据

1. 热水加热能源效率(η_{wh})**(见 10.1)**

热水器的热水加热能源效率应根据标准 EN 13203-2:2002 进行试验并计算。

热水器的热水加热能源效率取决于循环水路。

热水器的热水加热能源效率不应低于现行法规的限定值。

2. 氮氧化物排放(见 10.2)

按照 6.9.3 的试验方法进行 NO_x 排放的试验和计算。

NO_x 排放基于高热值(GCV)的计算式如下:

$$NO_{x,pond,Hs} = \frac{H_i}{H_s} \times NO_{x,pond} \tag{8-1}$$

式中:$NO_{x,pond,Hs}$——在高热值(GCV)下的氮氧化物排放的加权值,单位 mg/kW·h;

H_i/H_s——相应燃气族的低热值和高热值的比值。

热水器的 NO_x 排放值不得超过现行法规的限定值。

3. 附加产品信息(见 10.3)

附加产品信息应包含现行法规列出的数值。

8.2.2 欧盟标准和第 814/2013 号欧盟委员会法规要求间的关系

欧盟标准 EN 26:2015 是由欧盟委员会和欧洲自由贸易协会授权欧洲标准化委员会编制的,旨在提供一种符合欧盟委员会(EU)2013 年 8 月 2 日第 814/2013 号法规和贯彻欧洲议会和理事会 2009/125/EC 的规定的标准,以满足热水器和储水式热水器生态设计要求。

一旦欧盟标准 EN 26:2015 根据欧盟委员会条例在欧盟官方公报中引用,在该标准范围内,符合该标准表 8-1 中给出的条款,即推定符合该法规和相关 EFTA 法规的相应要求。

表 8-1 欧盟标准和欧盟委员会(EU)法规第 814/2013 号间的相关性

欧盟标准中条款	欧盟委员会(EU)法规第 814/2013 号	备注/注释
10.1	附录Ⅱ,1.1a),b),c) 热水加热能源效率的要求	
10.2	附录Ⅱ,1.5 氮氧化物排放要求	
10.3	附录Ⅱ,1.6 与热水器相关产品信息的要求	适用的话

8.3 欧盟法规(第 814/2013 号)与生态设计(ecodesign)相关的要求

条款号:附录Ⅱ。

欧盟法规(第 814/2013 号)与热水器生态设计(ecodesign)相关的要求如下。

8.3.1 热水器的能源效率要求

① 从 2015 年 9 月 26 日起,热水器的能源效率要求不应低于表 8-2 中的数值。

表 8-2 热水器的能源效率要求(2015)

声称的负载配置	3XS	XXS	XS	S	M	L	XL	XXL	3XL	4XL
热水加热能源效率	22%	23%	26%	26%	30%	30%	30%	32%	32%	32%
另外,对于热水器智能值声称为"1"的,热水加热能源效率计算时,智能值按"0"计算,并在声称的负载曲线下试验	19%	20%	23%	23%	27%	27%	27%	28%	28%	28%

② 从 2017 年 9 月 26 日起,热水器的能源效率要求不应低于表 8-3 中的数值。

表 8-3 热水器的能源效率要求(2017)

声称的负载配置	3XS	XXS	XS	S	M	L	XL	XXL	3XL	4XL
热水加热能源效率	32%	32%	32%	32%	36%	37%	37%	37%	37%	38%
另外,对于热水器智能值声称为"1"的,热水加热能源效率计算时,智能值按"0"计算,并在声称的负载曲线下试验	29%	29%	29%	29%	33%	34%	35%	36%	36%	36%

③ 从 2018 年 9 月 26 日起,热水器的能源效率要求不应低于不应低于表 8-4 中的数值。

表 8-4 热水器的能源效率要求(2018)

声称的负载配置	XXL	3XL	4XL
热水加热能源效率	60%	64%	64%

8.3.2 氮氧化物排放要求

从 2018 年 9 月 26 日起,热水器的氮氧化物排放,按二氧化氮表示,不应超过以下值。
① 使用气体燃料的常规热水器:基于高热值(GCV)的气体燃料输入,56 mg/kW·h。
② 使用液体燃料的常规热水器:基于高热值(GCV)的气体燃料输入,120 mg/kW·h。
③ 配有使用气体燃料燃烧的外部热水器和使用气体燃料的太阳能热水器的热泵热水器:基于高热值(GCV)的气体燃料输入,70 mg/kW·h。
④ 配有使用液体燃料燃烧的外部热水器和使用液体燃料的太阳能热水器的热泵热水器:基于高热值(GCV)的气体燃料输入,70 mg/kW·h;
⑤ 内部配有使用气体燃料燃烧发动机的热泵热水器:基于高热值(GCV)的气体燃料输入,240 mg/kW·h;
⑥ 内部配有使用液体燃料燃烧发动机的热泵热水器:基于高热值(GCV)的气体燃料输

入,240mg/kW·h。

8.3.3 与热水器相关产品信息的要求

从 2015 年 9 月 26 日起,安装者和最终用户的说明书手册、免费访问的制造商网页、其授权代理商和进口商,以及根据第 4 条进行符合性评估的技术文件,应包含以下信息元素。

① 识别型号的信息,包括与同等型号相关的信息。

② 附录Ⅲ第 6 点规定的技术参数的测量结果。

③ 附录Ⅳ第 2 点规定的技术参数的测量结果。

④ 组装、安装或维护热水器时应采取的任何具体预防措施。

⑤ 对于设计用于热水器的热发生器和配备此类热发生器的热水器外壳,其特征、装配应确保符合热水器的生态设计要求,以及制造商建议的组合列表(如适用)。

⑥ 与拆卸、回收或报废处置相关的信息。

8.4 欧盟标准 EN 13203-2:2022 对热水器能源消耗评价的规定

条款号:4、5、6、7、附录 A、附录 B、附录 C。

欧盟标准《燃气热水器 第 2 部分:能源消耗评价》(EN 13203-2:2022)对热水器能源消耗评价的规定如下。

8.4.1 一般试验条件

1. 基准条件(见 4.1)

除非特定条款另有说明,否则应当按照以下条件进行试验。

① 冷水温度:10 ℃。测试期间的温度范围:8~12 ℃。

② 冷水压力:2 bar;

③ 环境温度:20 ℃。测试期间的温度范围:18~22 ℃。

④ 电压:(230±2) V(单相)。

2. 测量不确定度(见 4.2)

除非特定条款另有说明,否则测量值的不确定度应不超过以下规定的值(计算这些标准差时应考虑造成各种不确定度的原因,包括仪器、重现性、校准、环境条件等)。

① 水流量:±1%。

② 燃气流量:±1%。

③ 时间:±0.2 s。

④ 温度。环境温度:±1 K;水温:±0.5 K;燃气温度:±0.5 K。

⑤ 燃气压力:±1%。

⑥ 燃气热值:±1%。

⑦ 燃气密度:±0.5%。

⑧ 电能:±2%。

上述测量不确定度对应于单一被测量量。对于包含多个被测量量的情况,可能要求单一被测量量具有更小的不确定度,以保证总体不确定度在±2%以内。

这些不确定度对应于 2 倍的标准偏差(即 2σ)。

稳态工作条件被认为是器具工作的时间足够长并达到热平衡状态。

要达到稳定状态,器具出口的水温变化不应大于±0.5 K。

注:该条件可以使用非基准气实现,但前提是该要求确认满足前,向器具供应基准气至少 5 min。

3. 试验条件(见 4.3)

1) 一般要求

除非另有规定,否则按照以下条件进行试验。

对于两用型燃气采暖炉,试验仅在夏季模式下进行,且器具应设置在夏季模式。

对于该标准规定的所有试验,应对器具保持相同的调节。

用于试验的负荷配置应依据器具的技术说明(参见附录 C)声明进行。

试验应按设备交付(开箱即用模式)和安装说明书中规定的设置进行。

若有临时用户设置(24 h 自动复位),则这些设置不应激活。

附录 A 给出了不同试验条件下的测试循环例子。

2) 实验室

器具应当安装在一个通风良好、无对流(即空气流速小于 0.5 m/s)的房间。

器具应当避免受到阳光直接照射以及热源的辐射影响。

附录 B 给出了试验设备和测量装置的示意。

3) 供水

对于该试验,生活水压力是指在动态条件下,在尽可能靠近器具进口处测得的静水压力;生活热水的入口和出口的温度,应在水流的中心测量并尽可能靠近器具,且始终处于电动阀(水龙头)的上游。

应当在进水口连接的上游处实时测量该进水温度。除非另有规定,否则在出水口连接的下游处实时测量该出水温度,或在器具带花洒的情况下,借助于浸没式温度测量装置测量出水温度,例如安装在管道出口的 U 形管,该管道的长度应与器具花洒的最小长度相同。

水温应当使用快速响应的温度传感器来测量。

4) 器具的初始调节

应当按照安装说明书对器具进行安装。

应当将热负荷调至生活热水额定热负荷的±2%之内。

器具水温(T_d)的初始调节应按照以下条件(图 8-1、图 8-2)进行。

① 温度可调的器具:试验应在不大于 65 ℃的温度下进行,且相对于进水温度的温升应大于或等于 45 K。对于负载配置为 XS 的器具,最低温度设置应大于或等于 35 ℃(高于进水温度的 $\Delta T=25$ K)。

② 温度不可调的器具:试验应在安装说明书中规定的温度下进行,且相对于进水温度的温升应大于或等于 45 K。对于负载配置为 XS 的器具,最低温度设置应大于或等于 35 ℃(高于进水温度的 $\Delta T=25$ K)。

注:4.3.1 中的试验条件适用。

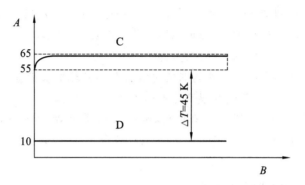

A—温度(℃);*B*—时间(min);C—热水;D—冷水

图 8-1　带储水罐器具保持温度的初始调节

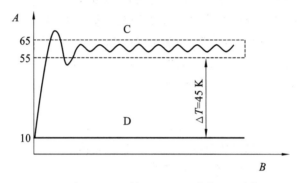

A—温度(℃);*B*—时间(min);C—热水;D—冷水

图 8-2　不带储水罐器具保持温度的初始调节

所有试验均应使用安装说明书中声明的相同的初始调节条件。

这些试验条件应包括在试验报告中。

5)确定最大负载配置的条件

生活热水效率的试验应在最大负载配置或略低于此负载配置的条件下进行:

① 快速式器具应设置为铭牌上规定的额定热负荷。如果用户说明书规定可以调节出水温度,该温度应设置为最大值但不超过 65 ℃。

② 储水式器具应设置为铭牌上规定的额定热负荷。如果用户说明书规定可以选择不同的模式,应选择使用在 24 h 内能储存最多热量和供应最多热水的模式。

如果声称最大负载配置为 3XL 或 4XL,则试验负载配置应为 XXL。

家用热水性能的负荷配置应在用户说明书中声明。

6)电源

器具应供应安装说明书声明的额定电压。

8.4.2　器具能源消耗的确定

1. 一般条件(见 5.1)

本条款规定了器具能耗的试验方法。

2. 负载配置(见 5.2)

所有模式都定义了一个 24 h 的测量周期,在该周期内定义了每次排水的起始时间和总能量(相当于热水的千瓦时)。

此外,排水可以用两种方式来描述,即"盆式"型排水和"连续流动"型排水。

"盆式"型排水的目的是达到盆所需的平均温度,所以供应的所有能量从排水开始(最小有用温升是 0)都认为是有用的。排水过程需要达到的温升(ΔT_p),对于地板清洁和洗浴时是 30 K,对于洗碗碟时是 45 K。

"连续流动"型排水的目的是当水达到或高于某个固定的有用温升(ΔT_m)时才用水。对于淋浴、家居清洁和大用量排水,在计算有用能量前,温升需达到 30 K。对于小用量排水,温升(ΔT_m)须达到 15 K。

注 1:上述基于 10 ℃进水温的温升(K)等效于 No 811/2013、No 812/2013、No 813/2013 和 No 814/2013 法规中负载配置表格给出的温度(℃)。表 8-5~表 8-12 规定了 8 个负载配置中每个不同排水的流量。

在负载配置中,水流量和温度的要求是基于热水和冷水混合后在水龙头的输送。在初始调节的条件下,器具本身产生的热水最小温升可达到 45 K。对于负载配置为 XS 的器具,最低温度设置应等于或大于 35 ℃(高于进水温度的 $\Delta T=25$ K)。

为实现表 8-5~表 8-12 的要求,在水龙头中混合器具产生的热水和 10 ℃的冷水是允许的,实现方式可以使用混合装置或按照式(8-2)重新计算器具的流量(D_{min}):

$$D_{min} = D_{useful} \frac{\Delta T_{useful}}{\Delta T_d} \tag{8-2}$$

式中:D_{min}——试验装置为实现器具在每个单独排水对应于 ΔT_d 温升时的最小流量设置,单位为 L/min;

　　D_{useful}——表 8-5~表 8-12 中的有用水流量,单位为 L/min;

　　ΔT_d——器具热水温升,单位为 K,至少为 30 K;

　　ΔT_{useful}——需要达到的温升和表 8-5~表 8-12 中规定的计算有用能量的最小温升之间的较高值,单位为 K。

如果器具达不到流量要求(例如装有限流装置),应检查按照 D_{min} 在排水后是否满足要求。

如果器具设计装有限流装置,试验应在装有限流装置下进行。

试验应使用表 8-5~表 8-12 规定的有用水流量进行。

表 8-5　负载配置 XS

排水序号	开始时间	能量/(kW·h)	排水类型	水龙头的有用水流量/(L/min)	排水时需要达到的温升 ΔT_p/K	计算有用能量的最小温升 ΔT_m/K
1	07:30	0.525	中量	3		25
2	12:45	0.525	中量	3		25
3	20:30	1.050	大量	3		25
Q_{ref}		2.100				

注:等效于 60 ℃的热水升数:36。

表 8-6　负载配置 S

排水序号	开始时间	能量/(kW·h)	排水类型	水龙头的有用水流量/(L/min)	排水时需要达到的温升 ΔT_p/K	计算有用能量的最小温升 ΔT_m/K
1	07:00	0.105	小量	3		15
2	07:30	0.105	小量	3		15
3	08:30	0.105	小量	3		15
4	09:30	0.105	小量	3		15
5	11:30	0.105	小量	3		15
6	11:45	0.105	小量	3		15
7	12:45	0.315	洗碗 1	4	45	0
8	18:00	0.105	小量	3		15
9	18:15	0.105	家居清洁	3		30
10	20:30	0.420	洗碗 2	4	45	0
11	21:30	0.525	大量	5		35
Q_{ref}		2.100				

注:等效于 60 ℃ 的热水升数:36。

表 8-7　负载配置 M

排水序号	开始时间	能量/(kW·h)	排水类型	水龙头的有用水流量/(L/min)	排水时需要达到的温升 ΔT_p/K	计算有用能量的最小温升 ΔT_m/K
1	07:00	0.105	小量	3		15
2	07:05	1.400	淋浴 1	6		30
3	07:30	0.105	小量	3		15
4	08:01	0.105	小量	3		15
5	08:15	0.105	小量	3		15
6	08:30	0.105	小量	3		15
7	08:45	0.105	小量	3		15
8	09:00	0.105	小量	3		15
9	09:30	0.105	小量	3		15
10	10:30	0.105	地面清洁	3	30	0
11	11:30	0.105	小量	3		15
12	11:45	0.105	小量	3		15
13	12:45	0.315	洗碗 1	4	45	0
14	14:30	0.105	小量	3		15
15	15:30	0.105	小量	3		15
16	16:30	0.105	小量	3		15
17	18:00	0.105	小量	3		15

续表

排水序号	开始时间	能量/(kW·h)	排水类型	水龙头的有用水流量/(L/min)	排水时需要达到的温升 ΔT_p/K	计算有用能量的最小温升 ΔT_m/K
18	18:15	0.105	家居清洁	3		30
19	18:30	0.105	家具清洁	3		30
20	19:00	0.105	小量	3		15
21	20:30	0.735	洗碗 3	4	45	0
22	21:15	0.105	小量	3		15
23	21:30	1.400	淋浴 1	6		30
Q_{ref}		5.845				

注：等效于 60 ℃的热水升数：100.2。

表 8-8　负载配置 L

排水序号	开始时间	能量/(kW·h)	排水类型	水龙头的有用水流量/(L/min)	排水时需要达到的温升 ΔT_p/K	计算有用能量的最小温升 ΔT_m/K
1	07:00	0.105	小量	3		15
2	07:05	1.400	淋浴 1	6		30
3	07:30	0.105	小量	3		15
4	07:45	0.105	小量	3		15
5	08:05	3.605	泡浴 1	10	30	0
6	08:25	0.105	小量	3		15
7	08:30	0.105	小量	3		15
8	08:45	0.105	小量	3		15
9	09:00	0.105	小量	3		15
10	09:30	0.105	小量	3		15
11	10:30	0.105	地面清洁	3	30	0
12	11:30	0.105	小量	3		15
13	11:45	0.105	小量	3		15
14	12:45	0.315	洗碗 1	4	45	0
15	14:30	0.105	小量	3		15
16	15:30	0.105	小量	3		15
17	16:30	0.105	小量	3		15
18	18:00	0.105	小量	3		15
19	18:15	0.105	家居清洁	3		30
20	18:30	0.105	家居清洁	3		30
21	19:00	0.105	小量	3		15
22	20:30	0.735	洗碗 3	4	45	0
23	21:00	3.605	洗浴 1	10	30	0

续表

排水序号	开始时间	能量/(kW·h)	排水类型	水龙头的有用水流量/(L/min)	排水时需要达到的温升 ΔT_p/K	计算有用能量的最小温升 ΔT_m/K
24	21:30	0.105	小量	3		15
Q_{ref}		11.655				

注:等效于 60 ℃ 的热水升数:199.8。

表 8-9 负载配置 XL

排水序号	开始时间	能量/(kW·h)	排水类型	水龙头的有用水流量/(L/min)	排水时需要达到的温升 ΔT_p/K	计算有用能量的最小温升 ΔT_m/K
1	07:00	0.105	小量	3		15
2	07:15	1.820	淋浴 2	6		30
3	07:26	0.105	小量	3		15
4	07:45	4.420	泡浴 2	10	30	0
5	08:01	0.105	小量	3		15
6	08:15	0.105	小量	3		15
7	08:30	0.105	小量	3		15
8	08:45	0.105	小量	3		15
9	09:00	0.105	小量	3		15
10	09:30	0.105	小量	3		15
11	10:00	0.105	小量	3		15
12	10:30	0.105	地板清洁	3	30	0
13	11:00	0.105	小量	3		15
14	11:30	0.105	小量	3		15
15	11:45	0.105	小量	3		15
16	12:45	0.735	洗碗 3	4	45	0
17	14:30	0.105	小量	3		15
18	15:00	0.105	小量	3		15
19	15:30	0.105	小量	3		15
20	16:00	0.105	小量	3		15
21	16:30	0.105	小量	3		15
22	17:00	0.105	小量	3		15
23	18:00	0.105	小量	3		15
24	18:15	0.105	家居清洁	3		30
25	18:30	0.105	家居清洁	3		30
26	19:00	0.105	小量	3		15
27	20:30	0.735	洗碗 3	4	45	0
28	20:46	4.420	泡浴 2	10	30	0

排水序号	开始时间	能量/(kW·h)	排水类型	水龙头的有用水流量/(L/min)	排水时需要达到的温升 ΔT_p/K	计算有用能量的最小温升 ΔT_m/K
29	21:15	0.105	小量	3		15
30	21:30	4.420	泡浴 2	10	30	0
Q_{ref}		19.070				

注：等效于 60 ℃的热水升数：325。

表 8-10　负载配置 XXL

排水序号	开始时间	能量/(kW·h)	排水类型	水龙头的有用水流量/(L/min)	排水时需要达到的温升 ΔT_p/K	计算有用能量的最小温升 ΔT_m/K
1	07:00	0.105	小量	3		15
2	07:15	1.820	淋浴 2	6		30
3	07:26	0.105	小量	3		15
4	07:45	6.240	淋浴＋泡浴	16	30	0
5	08:01	0.105	小量	3		15
6	08:15	0.105	小量	3		15
7	08:30	0.105	小量	3		15
8	08:45	0.105	小量	3		15
9	09:00	0.105	小量	3		15
10	09:30	0.105	小量	3		15
11	10:00	0.105	小量	3		15
12	10:30	0.105	地面清洁	3	30	0
13	11:00	0.105	小量	3		15
14	11:30	0.105	小量	3		15
15	11:45	0.105	小量	3		15
16	12:45	0.735	洗碗 3	4	45	0
17	14:30	0.105	小量	3		15
18	15:00	0.105	小量	3		15
19	15:30	0.105	小量	3		15
20	16:00	0.105	小量	3		15
21	16:30	0.105	小量	3		15
22	17:00	0.105	小量	3		15
23	18:00	0.105	小量	3		15
24	18:15	0.105	家居清洁	3		30
25	18:30	0.105	家居清洁	3		30
26	19:00	0.105	小量	3		15
27	20:30	0.735	洗碗 3	4	45	0

续表

排水序号	开始时间	能量/(kW·h)	排水类型	水龙头的有用水流量/(L/min)	排水时需要达到的温升 ΔT_p/K	计算有用能量的最小温升 ΔT_m/K
28	20:46	6.240	淋浴＋泡浴	16	30	0
29	21:15	0.105	小量	3		15
30	21:30	6.240	淋浴＋泡浴	16	30	0
Q_{ref}		24.530				

注:等效于 60 ℃的热水升数:420。

表 8-11 负载配置 3XL

排水序号	开始时间	能量/(kW·h)	排水类型	水龙头的有用水流量/(L/min)	排水时需要达到的温升 ΔT_p/K	计算有用能量的最小温升 ΔT_m/K
1	07:00	11.2	一般使用 3	48		30
2	08:01	5.04	一般使用 8	24		15
3	09:00	1.68	一般使用 9	24		15
4	10:30	0.84	一般使用 10	24	30	0
5	11:45	1.68	一般使用 9	24		15
6	12:45	2.52	一般使用 11a	32	45	0
7	15:30	2.52	一般使用 11	24		15
8	18:30	3.36	一般使用 12	24		15
9	20:30	5.88	一般使用 13	32	45	0
10	21:30	12.04	一般使用 5	48		30
Q_{ref}		46.76				

注:等效于 60 ℃的热水升数:800。

表 8-12 负载配置 4XL

排水序号	开始时间	能量/(kW·h)	排水类型	水龙头的有用水流量/(L/min)	排水时需要达到的温升 ΔT_p/K	计算有用能量的最小温升 ΔT_m/K
1	07:00	22.4	一般使用 6	96		30
2	08:01	10.08	一般使用 2	48		15
3	09:00	3.36	一般使用 12a	48		15
4	10:30	1.68	一般使用 9a	48	30	0
5	11:45	3.36	一般使用 12a	48		15
6	12:45	5.04	一般使用 8b	64	45	0
7	15:30	5.04	一般使用 8a	48		15
8	18:30	6.72	一般使用 1	48		15
9	20:30	11.76	一般使用 4	64	45	0

续表

排水序号	开始时间	能量/(kW·h)	排水类型	水龙头的有用水流量/(L/min)	排水时需要达到的温升 ΔT_p/K	计算有用能量的最小温升 ΔT_m/K
10	21:30	24.08	一般使用 7	96		30
Q_ref		93.52				

注:等效于 60 ℃的热水升数:1 600。

根据能量的含量,有 8 种不同的负载配置。

每种能量的含量,其负载配置分别基于表 8-5～表 8-12 的配置要求。负载配置中每个单独的排水均应完成,这意味着在开始接下来的排水前,阀门都要关闭,并延迟至少 1 min。

负载配置的开始和结束遵循以下两点要求。

① 对于每次排水之间没有能源(燃气或电的)消耗的器具(图 8-3),测试程序从 7:00 开始,且器具开始时处于室温状态;在 21:30 排水后以燃烧器的熄灭作为试验的结束。

② 对于每次排水之间有能源(燃气或电的)消耗的器具(图 8-4),试验程序从 21:30 的排水开始。试验周期以 21:30 排水后燃烧器熄灭的时间作为开始,以次日 21:30 排水后燃烧器熄灭的时间作为结束。对于储水式热水器,试验应在一个 24 h 周期的初步负载配置后进行,以确保热稳定性;另外,该试验应重复测量直到最后试验的结果与之前试验结果的误差在±5% 以内。

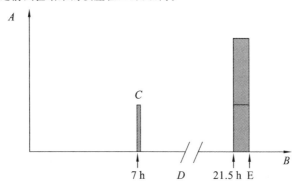

A—交付的能量(kW·h);B—时间(h);C—燃气流量;

D—测量程序开始;E—测量程序结束

图 8-3　负载配置:对于每次排水之间没有能源消耗的器具,试验其能耗的试验周期

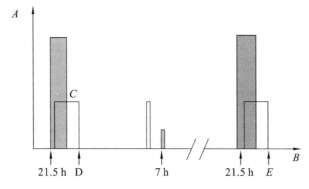

A—交付的能量(kW·h);B—时间(h);C—燃气流量;

D—测量程序开始;E—测量程序结束

图 8-4　负载配置:对于每次排水之间有能源消耗的器具,试验其能耗的试验周期

应确保试验开始和结束时的能量含量相同。

2：上述试验条件确保试验结果与法规 No.811/2013、No.812/2013、No.813/2013 和 No.814/2013 规定的测量条件等效。

3：未直接用于水加热的能量（例如待机状态、小火燃烧器火焰等）将被视为能耗。

3. 有用水回收能量的确定（见 5.3）

器具应在初始状态和 4.3.4 定义的初始调节条件下安装和调节。

由水回收的有用能量 Q_{H_2O}（kW·h）根据式（8-3）计算：

$$Q_{H_2O} = c_w \sum_{i=1}^{n} \int_0^{t_i} D_i \times \Delta T_i(t) \mathrm{d}t \qquad (8\text{-}3)$$

式中：n——排水的序号；

D_i——水龙头排水的水流量，单位为 L/min；

$\Delta T_i(t)$——排水过程中的即时温升，单位为 K；

t_i——有用水的排放时间，单位为 min；

c_w——水的比热容（1.163×10^{-3} kW·h/L·K）。

每次排水回收的有用能量应按表 8-5～表 8-12 中给出的值设置。

每次单独的排水，有用水回收能量值的精度应为 ± 0.01 kW·h 或规定的单次排水能量含量的 $\pm 2\%$。

4. 燃气能量的计算（见 5.4）

1）夏季模式下日燃气能源消耗的计算

夏季模式下，日燃气能源消耗按式（8-4）计算：

$$Q_{gas,S} = \frac{V_g \times K \times NCV \times Q_{ref}}{Q_{H_2O}} \qquad (8\text{-}4)$$

式中：$Q_{gas,S}$——使用低热值（NCV）计算的夏季模式下的日燃气能源消耗，单位为 kW·h；

V_g——负载配置试验过程中实测的燃气消耗量，单位为 m³；

NCV——燃气低热值（15 ℃和 1013.25 mbar），单位为 kW·h/m³；

Q_{H_2O}——按 5.3 实测由水回收的能量，单位为 kW·h；

Q_{ref}——负载配置输送的总能量，值按表 8-5～表 8-12 取用，单位为 kW·h。

$$K = \frac{P_a + P_g - P_s}{1013.25} \times \frac{288.15}{T_g + 273.15} \qquad (8\text{-}5)$$

$$P_s = \exp\left(21.094 - \frac{5262}{273.15 + T_g}\right) \qquad (8\text{-}6)$$

式中：P_a——大气压力，单位为 mbar；

P_g——燃气压力，单位为 mbar；

P_s——T_g 时水的饱和蒸汽压力，单位 mbar，如果使用干式流量计测量体积，P_s 的值为 0；

T_g——燃气温度，单位为 ℃。

2）冬季模式下日燃气能源消耗的计算

对于所有热水器，$Q_{gas,W} = Q_{gas,S}$。

对于热负荷在 70 kW 以上的两用型采暖炉，$Q_{gas,w} = Q_{gas,S}$。

对于容量在 500 L 以上的两用型采暖炉，$Q_{gas,w} = Q_{gas,S}$。

对于负荷在 70 kW 以下、容量在 500 L 以下的两用型采暖炉，冬季模式下的日燃气能源消耗量按式(8-7)计算：

$$Q_{gas,w} = \frac{Q_{gas,S}}{1 + 0.5 \times \left[\dfrac{\eta_{CH\text{-}nom} \times Q_{gas,S}}{Q_{ref}} - 1\right]} \tag{8-7}$$

式中：$Q_{gas,w}$——使用低热值(NCV)计算的冬季模式下的日燃气能源消耗，单位为 kW·h；

　　　$Q_{gas,S}$——按 5.4.1 使用低热值(NCV)计算的夏季模式下的日燃气能源消耗，单位为 kW·h；

　　　$\eta_{CH\text{-}nom}$——在空间加热功能时平均温度为 70 ℃下，额定热负荷状态时的热效率；

　　　Q_{ref}——所用负载配置输送的总能量，值按表 8-5～表 8-12 取用，单位为 kW·h。

注：与热水器不同，两用型采暖炉在冬季模式下有供暖和供热水两种功能。采暖炉在供暖和供热水功能之间切换，以满足控制系统的需求。

在夏季模式下，两用型采暖炉 24 h 处于供热水模式或待机模式下。

在冬季模式下，两用型采暖炉大部分时间处于供暖状态，没有任何夜间(或白天)的缓冲期(需要较低的室温，因此需要供暖负荷)。

当两用型采暖炉从供暖切换到供热水模式，再回到采暖模式时，通常在供热水模式产生的待机热损失不会损失，反而可全部用在供暖模式下。

这意味着两用型采暖炉在冬季模式下的热水热量损失低于夏季模式。

应该考虑两用型采暖炉的这些节能优点。

3) 日燃气能源消耗的季节权重

考虑夏季模式和冬季模式，日燃气能源消耗的加权计算式如下：

$$Q_{gas,p} = Q_{gas,w} \times \frac{D_w}{D_w + D_s} + Q_{gas,S} \times \frac{D_s}{D_w + D_s} \tag{8-8}$$

式中：$Q_{gas,p}$——使用低热值(NCV)计算的加权后的日燃气能源消耗，单位为 kW·h；

　　　$Q_{gas,w}$——使用低热值(NCV)计算的冬季模式下的日燃气能源消耗，单位为 kW·h；

　　　$Q_{gas,S}$——使用低热值(NCV)计算的夏季模式下的日燃气能源消耗，单位为 kW·h；

　　　D_w——冬季模式下的日数，等于 200；

　　　D_s——夏季模式下的日数，等于 166。

5. 日电能消耗的计算(见 5.5)

对于实现安装说明书中描述的负载配置的所有必需的电气辅助设备的日电能消耗均必须测量，即使这些辅助设备并没有和器具整合在一起。

如果对于输送热水是必需的电气辅助设备(例如：水泵)没有包含作为器具整体的一部分，那么该部件的核心特性必须在安装说明书中作出规定。试验程序中应使用合适的部件。

电能消耗的测量应与燃气消耗的测量同时开始和同时结束。

试验值应按式(8-9)修正：

$$E_{elecco} = E_{elecmes} \times \frac{Q_{ref}}{Q_{H_2O}} \tag{8-9}$$

式中：E_{elecco}——修正后的总电能，单位为 kW·h；

  $E_{elecmes}$——实测的总电能，单位为 kW·h；

  Q_{H_2O}——按 5.3 输送至水的能量，单位为 kW·h；

  Q_{ref}——负载配置输送的总能量，其值按表 8-5～表 8-12 取用，单位为 kW·h。

6. 待机模式能源消耗的测量（见 5.6）

1）一般要求

除非有规定，否则待机模式下消耗的能量应在 24 h 的周期内在不排水的情况下测量。
但是：

① 对于没有控制循环的器具，燃气和辅助能源消耗的测量时间可以是 1 h；

② 对于在 24 h 内有重复控制循环的器具，如果器具以有规律的方式工作（图 8-5），燃气和辅助能源消耗的测量时间可以是一个或几个控制循环的一段时间（t_a）。

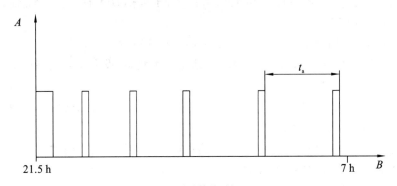

t_a—试验持续时间

图 8-5　具有控制周期的待机模式

2）待机模式下日燃气能源消耗的计算

待机模式下日燃气能源消耗按式（8-10）计算：

$$Q_{gas,stb} = V_g \cdot K \cdot NCV \cdot \frac{24}{t_a} \tag{8-10}$$

式中：$Q_{gas,stb}$——使用低热值（NCV）计算的待机模式下的日燃气能源消耗，单位为 kW·h；

  V_g——测试时消耗的燃气，单位为 m^3；

  NCV——燃气低热值（15 ℃和 1013.25 mbar），单位为 kW·h/m^3；

  t_a——试验持续时间，单位 h（对于无控制循环的器具，t_a＝1 h）；

$$K = \frac{P_a + P_g - P_s}{1013.25} \times \frac{288.15}{T_g + 273.15} \tag{8-11}$$

$$P_s = \exp\left(21.094 - \frac{5262}{273.15 + T_g}\right) \tag{8-12}$$

式中：P_a——大气压力，单位为 mbar；

  P_g——燃气压力，单位为 mbar；

  P_s——T_g 时水的饱和蒸汽压力，单位 mbar；如果使用干式流量计测量体积，P_s 的值为 0；

T_g——燃气温度,单位为℃。

(3)待机模式下日辅助电能消耗的计算

待机模式下日辅助电能消耗按式(8-13)计算:

$$E_{elecco,stb} = E_{elecmes,stb} \times \frac{24}{t_a} \qquad (8-13)$$

式中:$E_{elecco,stb}$——待机模式下日消耗辅助电能,单位为 kW·h;

$E_{elecmes,stb}$——待机模式下试验过程中实测的辅助电能,单位为 kW·h;

t_a——试验持续时间,单位为小时(对于无控制循环的器具,$t_a=1$ h)。

7)关机模式下日辅助电能消耗的计算

关机模式下日辅助电能消耗的试验时间为 1 h。

关机模式下日辅助电能消耗按式(8-14)计算:

$$E_{elecco,off} = E_{elecmes,off} \times 24 \qquad (8-14)$$

式中:$E_{elecco,off}$——关机模式下日消耗辅助电能,单位为 kW·h;

$E_{elecmes,off}$——关机模式下试验过程中实测的辅助电能,单位为 kW·h。

8.4.3 浪费水量与总水量比例的确定

有用水量(V_u)等于 5.2 声称负载配置的有用水量,其计算式如下:

$$V_u = \sum_{i=1}^{n} \int_0^{t_{u,i}} d_i(t)\,dt \qquad (8-15)$$

式中:V_u——总的有用水量,单位为 L;

$d_i(t)$——以输送时间为函数的水流量,单位为 L/min;

$t_{u,i}$——排放有用水的时间,单位为 min;

i——5.2 中负载配置排水的序号;

n——5.2 中负载配置最后的排水序号。

浪费水量(V_w)等于 5.2 声称负载配置中排水浪费水量的总和,其计算式如下:

$$V_w = \sum_{i=1}^{n} \int_0^{t_{w,i}} d_i(t)\,dt \qquad (8-16)$$

式中:V_w——总的浪费水量,单位为 L;

$d_i(t)$——以输送时间为函数的水流量,单位为 L/min;

$t_{w,i}$——排放有浪费水的时间,单位为 min;

i——5.2 中负载配置排水的序号;

n——5.2 中负载配置最后的排水序号。

浪费水量与总水量之比由式(8-17)给出:

$$R = \left(\frac{V_w}{V_u + V_w}\right) \times 100 \qquad (8-17)$$

式中:V_w——总的浪费水量,单位为 L;

V_u——总的有用水量,单位为 L;

R——浪费水量的比率。

8.4.4 与生态设计相关的产品数据

1. 热水加热能源效率（见 **7.1**）

基于高热值（GCV）和包括一次能源电能的热水加热能源效率（η_{wh}），按下式计算：

① 对于没有智能控制的器具：

$$\eta_{wh} = \frac{Q_{ref}}{(Q_{fuel} + CC \cdot E_{elecco}) + Q_{cor}} \cdot 100 \tag{8-18}$$

② 对于装有智能控制的器具：

$$\eta_{wh} = \frac{Q_{ref}}{(Q_{fuel} + CC \cdot E_{elecco}) \cdot (1 - SCF \cdot smart) + Q_{cor}} \cdot 100 \tag{8-19}$$

式中：Q_{ref}——所使用负载配置输送的总能量，值按表 8-5～表 8-12，单位为 kW·h；

CC——转换系数，反映欧洲议会和欧盟委员会第 2006/32/EC 号指令提及的对欧盟发电厂平均发电效率的估算，该转换系数的值是 2.5；

Q_{cor}——环境修正项，负载配置为 XXL～4XL 的器具，该值为 0；负载配置为 XS～XL 的器具，该值按式(8-21)计算，单位为 kW·h；

Q_{fuel}——按声称的负载配置模式连续工作 24 h，供热水模式下的日燃料消耗，按高热值（GCV）计算，该值按式(8-20)计算，单位为 kW·h；

SCF——智能控制系数，表示由于使用智能器控制获得的热水加热能源效率（见法规 No 812/2013，附录Ⅷ，第 5 条(a)、(b)）；

$smart$——智能控制系数，没有智能控制器时等于 0，有智能控制器时等于 1。

$$Q_{fuel} = Q_{gas,S} \cdot \frac{GCV}{NCV} \tag{8-20}$$

式中：$Q_{gas,S}$——按 5.4.1 使用低热值（NCV）计算的夏季模式下的日燃气能源消耗，单位为 kW·h；

NCV——燃气低热值（15 ℃和 1013.25 mbar），单位为 kW·h/m³；

GCV——燃气高热值（15 ℃和 1013.25 mbar），单位为 kW·h/m³。

$$Q_{cor} = -0.23 \cdot (Q_{fuel} \cdot (1 - SCF \cdot smart) - Q_{ref}) \tag{8-21}$$

2. 智能控制系数和智能（见 **7.2**）

智能控制系数按式(8-22)计算：

$$SCF = 1 - \frac{Q_{fuel,week,smart} + CC \cdot Q_{elec,week,smart}}{Q_{fuel,week} + CC \cdot Q_{elec,week}} \tag{8-22}$$

式中：$Q_{fuel,week,smart}$——有智能控制器时每周消耗的燃料能源，按高热值（GCV）计算，单位为 kW·h，四舍五入取小数点后 3 位；

$Q_{elec,week,smart}$——有智能控制器时每周消耗的电能，单位为 kW·h，四舍五入取小数点后 3 位；

$Q_{fuel,week}$——没有智能控制器时每周消耗的燃料能源，按高热值（GCV）计算，单位为 kW·h，四舍五入取小数点后 3 位；

$Q_{elec,week}$——没有智能控制器时每周消耗的电能，单位为 kW·h，四舍五入取小数点后

3 位。

CC——转换系数,反映欧洲议会和欧盟委员会第 2006/32/EC 号指令提及的对欧盟发
电厂平均发电效率的估算,该转换系数的值是 2.5。

如果 SCF≥0.07,smart 的值应为 1,其他的情况 smart 的值应为 0。

3. 年度燃料消耗(见 7.3)

基于高热值(GCV)的年度燃料消耗 AFC(单位为 GJ)按式(8-23)计算:

$$AFC=0.6(D_w+D_S) \cdot [Q_{fuel} \cdot (1-SCF \cdot smart)+Q_{cor}] \times \frac{3.6}{1\ 000} \tag{8-23}$$

式中:D_w——冬季模式下的日数,等于 200;

D_S——夏季模式下的日数,等于 166。

SCF——智能控制系数,表示由于使用智能控制器获得的热水加热能源效率(见法规
No 812/2013,附录Ⅷ,第 5 条(a)、(b));

smart——智能控制系数,没有智能控制器时等于 0,有智能控制器时等于 1。

Q_{fuel}——按声称的负载配置模式连续工作 24 h,供热水模式下的日燃料消耗,按高热
值(GCV)计算,该值按式(8-20)计算,单位为 kW·h;

Q_{cor}——环境修正项,负载配置为 XXL~4XL 的器具,该值为 0;负载配置为 XS~XL
的器具。

注:系数 0.6 表示用户全年的热水需求份额。

4. 年度电能消耗(见 7.4)

年度电能消耗 AEC(单位为 kW·h)按式(8-24)计算:

① 对于两用型采暖炉:

$$AEC=E_{elecco} \times 0.6 \times (D_w+D_S) \tag{8-24}$$

② 对于热水器:

$$AEC=0.6(D_w+D_S) \cdot \left[E_{elecco} \cdot (1-SCF \cdot smart)+\frac{Q_{cor}}{CC}\right] \tag{8-25}$$

式中:D_w——冬季模式下的日数,等于 200;

D_S——夏季模式下的日数,等于 166;

SCF——智能控制系数,表示由于使用智能控制器获得的热水加热能源效率(见法规
No 812/2013,附录Ⅷ,第 5 条(a)、(b));

smart——智能控制系数,没有智能控制器时等于 0,有智能控制器时等于 1;

Q_{cor}——环境修正项,负载配置为 XXL~4XL 的器具,该值为 0;负载配置为 XS~XL
的器具;

CC——转换系数,反映欧洲议会和欧盟委员会第 2006/32/EC 号指令提及的对欧盟发
电厂平均发电效率的估算,该转换系数的值是 2.5。

E_{elecco}——在声称的负载配置模式下连续 24 h 供热水的最终电能消耗,单位为 kW·h,
见 5.5。

注:系数 0.6 表示用户全年的热水需求份额。

日电能消耗 $Q_{elec}=E_{elecco}$。

8.4.5 试验台和测量装置的示例

试验台和测量装置的相关内容见 7.10.3 小节。

8.4.6 最大负载配置的声明

为了确定最大负载配置，可以使用表 8-13。表 8-13 仅考虑额定值。在已经确定了最大负载配置后，可以声明在最大负载配置之下的负载配置。

表 8-13　负载配置的特性和要求

负载配置	基准能量 Q_{ref} /(kW·h)	等效于 60℃ 的热水升数/L	有用水流量 /(L/min)	快速式热水器最小热输出/kW	储水式热水器最大容积/L
XS	2.1	36	3	6.3	15
S	2.1	36	5	10.5	36
M	5.85	100	6	12.6	
L	11.66	200	10	20.9	
XL	19.1	325	10	20.9	
XXL	24.5	420	16	33.5	
3XL	46.76	800	48	100.5	
4XL	93.52	1 600	96	200.9	

第9章 标志、包装和说明书

9.1 标　志

9.1.1 中国标准 GB 6932—2015 的规定

条款号:9.1。

中国标准《家用燃气快速热水器》(GB 6932—2015)中对热水器标志的规定如下。

1. 铭牌

每台热水器均应在适当的位置设有规范的铭牌,铭牌应包含以下内容。

① 名称和型号(型号应符合 4.2 的规定)。

② 燃气种类或代号。

③ 额定燃气压力,单位 Pa。

④ 额定热负荷(适用于供热水热水器),单位 kW。

⑤ 额定热输入(适用于供暖热水器、两用热水器),单位 kW。

⑥ 适用水压,单位 MPa。

⑦ 供暖适用水压(适用于供暖热水器、两用热水器),单位 MPa。

⑧ 额定产热水能力,单位 kg/min。

⑨ 额定电压及电源性质的符号(适用于使用交流电源的热水器),单位 V。

⑩ 额定电功率(适用于使用交流电源的热水器),单位 W。

⑪ 制造商名称。

2. 安全注意事项

每台热水器均应在适当的位置设有安全注意事项,安全注意事项应包含以下内容。

① 不得使用规定外其他燃气的警示。

② 通风换气的注意事项。

③ 使用交流电源的热水器应有接地的要求(采用Ⅱ类、Ⅲ类控制器的热水器除外)。

④ 用户使用前应详细阅读使用说明。

⑤ 指出防冻功能工作的条件,提示用户为了避免管路冻坏,在冬季长期停机时,应将水路系统内的水排空。

9.1.2 欧盟标准 EN 26:2015 的规定

条款号:9.1(不包括 9.1.4)。

欧盟标准《家用燃气快速热水器》(EN 26:2015)中对热水器标志的规定如下。

243

1. 铭牌（见 9.1.1）

每台热水器均应在适当的位置安装铭牌，铭牌应清晰易读并持久耐用。铭牌应至少包含以下内容。

① 制造商的名称或其识别符号。

② 生产序列号或制造年份。

③ 热水器产品名称。

④ 热水器识别号。

⑤ 热水器上加贴 CE 标志年份的最后两位数字。

⑥ 根据 EN ISO 3166-1，作为直接和间接目的地的国家或地区。

⑦ 与直接目的地国家或地区相关的热水器燃气具目录。任何燃气具目录应按照 4.2 的规定。

⑧ 如果同一气体组可以使用几种正常压力，则供气压力以毫巴为单位。它们由数值和单位"mbar"表示。

⑨ 热水器类型。热水器类型应按照 4.3 的规定。

⑩ 额定有用输出，对于具有自动输出变化的热水器，还应有最小有用输出，以千瓦为单位，由符号 P 表示，后跟等号、数值和单位"kW"。

⑪ 额定热负荷，对于具有自动输出变化的热水器和输出可调的热水器，还应有最小热负荷，以千瓦为单位，由符号 Q 给出，后跟等号、数值和单位"kW"。

⑫ 最大水压，对于低压热水器，还应有热水器能使用的最小水压，以巴为单位，用符号 P_w 表示，后跟等号、数值和单位"bar"。

⑬ 如有必要，防护等级应符合 EN 60529 的要求。

⑭ 如适用，电源类型和电源电压，电压以伏特（V）为单位。与电气值有关的信息应符合 EN 60335-1 的要求。

标志的不可擦除性应按照 EN 60335-1:2012,7.14 规定的方法进行试验验证。

2. 附加标识（见 9.1.2）

在附加铭牌上，设备应带有与其调整状态相关的可见和不可擦除的信息。

① 符合 EN ISO 3166-1 的直接目的地国家或地区。

② 燃气组别或范围、燃气类型符号、供气压力或符合 EN 437 的双重压力。

③ 热水器调整后的供气压力或双重压力（适用的话）。

3. 安装在部分受保护的地方热水器的附加标识和说明书（见 9.1.3）

1）一般信息

对于那些计划安装在部分受保护地方的热水器，应标明最低安装温度和必要时的最高安装温度。

例如："该热水器能够在部分受保护的地方工作，环境使用温度为'最低环境温度'和'最高环境温度'"。

2）热水器和热水器包装上的警示信息

除 9.1.5 的已有要求外，还应添加"热水器可以安装在部分受保护的地方"的信息。

3）技术说明

除 9.2 的已有要求外,还应添加更多有关安装在部分受保护地方的相关信息。应规定正确安装位置的所有必要说明和要求,包括外部管道工程。

防冻系统(如有)应在技术说明中用一般术语描述。技术说明书应包括热水器安装过程中使用的材料,这些材料应在热水器的安装温度范围内保持其功能(见 9.1.3.1)。

该信息可载于铭牌上。

标志的不可擦除性应按照 EN 60335-1:2012,7.14 规定的方法进行试验验证。

4. 热水器和热水器包装上的警示信息(见 **9.1.5**)

1）一般要求

至少一个或多个标贴上应给出警示信息,警示信息应清晰易读。

热水器上的警示信息应能被用户看到。

2）适用于所有热水器

在所有热水器上应标注"在安装热水器前阅读技术说明"和"在启动热水器前阅读用户说明"。

对于仅安装在室内的热水器,还应标注"热水器只能安装在符合适当通风要求的房间内"。

对于仅打算安装在部分受保护地方或打算安装在室内的热水器,标识上还应包含"热水器只能安装在符合适当通风要求的房间或部分受保护的地方"这一信息。

3）对于 A_{AS} 型热水器

A_{AS} 型热水器上还应标注"热水器应装有大气感应装置",以及"重要信息:该热水器不得连接到烟道,该热水器仅能短时间使用"。

4）对于 B_{11}、B_{12} 和 B_{13} 型热水器

B_{11}、B_{12} 和 B_{13} 型热水器上还应标注"该热水器只能安装在室外或与有人居住的房间分开的房间内,该房间也应适当通风"。

5）对于 A_{AS}、B_{11BS}、B_{12BS} 和 B_{13BS} 型热水器

A_{AS}、B_{11BS}、B_{12BS} 和 B_{13BS} 型热水器还应标注"只有在房间满足适当的通风要求的情况下,该热水器才能安装室内"。

6）其他信息

如果其他信息可能与器具的实际调整状态、相应的一个或多个类别以及直接的一个或多个目的地国家产生混淆,则不得在该热水器或其包装上标出任何其他信息。

5. 其他信息(见 **9.1.6**)

如果设备或包装上的其他信息可能会对设备的实际调整状态、相应的燃气具目录和直接目的地国家造成混淆,则不得在设备或包装中携带其他信息。

9.1.3　中欧标准差异解析

中国标准和欧盟标准铭牌上规定的内容有所差异。中国标准多了对燃气种类或代号、供暖适用水压、额定产热水能力、额定电功率等的要求;欧盟标准则多了对生产序列号或制

造年份、CE 标志的年份、电器类别等的要求;由于地区差异,中国标准和欧盟标准的燃气压力、适用水压等部分物理量所采用的单位不同;相比中国标准,欧盟标准针对不同类别热水器要求的附加标识等信息要求得更详细完善,更有针对性。

9.2 包　装

9.2.1　中国标准 GB 6932—2015 的规定

条款号:9.4。

中国标准《家用燃气快速热水器》(GB 6932—2015)中对热水器包装的规定如下。

① 包装箱上应有热水器使用燃气种类或适用地区。

② 包装箱上应有如下标记:产品名称、商标、型号、质量(毛质量、净质量)、外形尺寸、生产日期、厂名、厂址、邮政编码、堆码、生产许可证号、怕湿、向上、小心轻放等标志,怕湿、向上、小心轻放等标志应符合 GB/T 191 规定。

③ 包装箱内的产品、合格证、使用安装说明、保修卡、装箱单、附件应与装箱单一致。

9.2.2　欧盟标准 EN 26:2015 的规定

条款号:9.1.4。

欧盟标准《家用燃气快速热水器》(EN 26:2015)中对热水器包装的规定如下。

包装上应标明类别、设备类型、附加铭牌上给出的信息(见 9.1.2)以及 9.1.5 中规定的警告。

9.2.3　中欧标准差异解析

相对于欧盟标准,中国标准对包装要求的内容更多。

9.3 说　明　书

9.3.1　中国标准 GB 6932—2015 的规定

条款号:9.3。

中国标准《家用燃气快速热水器》(GB 6932—2015)中对热水器说明书的规定如下。

1. 使用说明

每台热水器应有使用说明,使用说明应包括下列内容。

① 产品名称、型号、性能特点。

② 主要技术参数:燃气种类或代号,额定燃气压力,额定热负荷,额定最小热负荷,额定供暖热输入(适用于供暖热水器、两用热水器),适用水压,供暖适用水压(适用于供暖热水器、两用热水器),额定产热水能力,额定电压,额定电功率,自然排气式、强制排气和强制给排气式排烟管长度及弯头数量等。

③ 外形结构尺寸简图及主要零部件。

④ 使用方法。

⑤ 周围应留有空隙及防火安全注意事项。

⑥ 点火、熄火操作和调节方法。

⑦ 放出热水的操作和调节方法。

⑧ 注意事项：

a. 如何避免容易出现错误的使用方法或误操作；

b. 错误的使用方法或误操作可能造成的伤害；

c. 产品使用安全期限要求，应以安全警示方式标明安全使用期；

d. 不当的处理，造成对环境的污染；

e. 在使用时可能会出现的异常应采取的紧急措施（包括有关燃气、电气、热水、通风、防火和防止一氧化碳中毒等方面）；

f. 对特殊使用人群（如儿童、老人、残障人士等）应有安全警示，应在成人监督下使用；

g. 停电或移动热水器等非正常工作情况下的注意事项。

⑨ 清扫注意事项。

⑩ 故障排除及保养：

a. 故障种类和处理方法；

b. 允许使用者进行维护和保养的项目以及必须由专业人员拆卸、维护的内容；

c. 保养和维护方面的注意事项；

d. 产品售后服务事项。

⑪ 排水防冻的操作方法。

⑫ 冷凝水的排放方法，不能堵塞冷凝水的排放口（适用于冷凝式特殊要求）。

⑬ 冷凝水不可用于洗手、饮用、洗涤等生活用水（适用于冷凝式特殊要求）。

⑭ 应有冷凝水中和系统的清洁和维护说明（适用于冷凝式特殊要求）。

⑮ 制造商名称和地址。

⑯ 产品执行标准。

⑰ 生产许可证和编号。

⑱ 在封面上宜标注"使用产品前请仔细阅读使用说明，并请妥善保管"等字样。

2. 安装说明

每台应配有用于安装的说明，说明中应包含以下内容。

① 满足附录 F 的热水器安装技术要求，热水器及其包装上符号的含义，附件名称、数量、规格。

② 有助于正确安装和使用的参考标准或特定的法规，提醒必须由专业人员安装。

③ 安装需要的资料：

a. 使用环境和安装的位置要求；

b. 距可燃物的最短距离；

c. 安装在不耐热墙壁，如木墙应采用隔热保护的措施；

d. 应保证安装的墙壁和热水器外侧热表面之间的最小间隙。

④ 对热水器的概括说明，需要拆除的主要零件及部件，应配有插图。

⑤ 电气安装：

a. 建筑物的配电系统应有接地线，接地线应牢固并可靠接地；插头、插座应通过认证；

b. 电气端子接线图（包括外部控制装置）；

c. Y、Z 型连接的，应写有"如果电源软线损坏，为避免危险，应由制造商或制造商指定的维修人员进行更换"。

⑥ 详细地说明烟气的排放方法。

⑦ 安装后，安装人员应向用户介绍热水器使用及其安全装置的使用方法。

⑧ 应对热水器维护时间间隔提出建议。

⑨ 燃气系统的安装说明：

a. 检查供气条件是否满足要求；

b. 对于可用多种燃气的热水器应有燃气转换操作说明，并强调此类转换和调节只能由制造商认可的专业人员进行，调整结束后应将调节器锁定，并加贴标识。

⑩ 烟管的安装方法：

a. 如果烟管附件必须装在墙壁或屋顶上，应提供安装说明；

b. 烟管对接附件接头应安装在长为 50 cm 的区间内；

c. 如加装烟气限温装置时，可以由制造商指定的安装人员配置，安装限温装置时应有详细的记录和存根，由安装人员和用户分别保存。

⑪ 详细规定排除烟气和烟管中冷凝水的方法，应注意避免烟道的水平布置，应指出这些管道的最小斜度和方向。

⑫ 应采取措施避免从烟管连续排出烟管中冷凝水。

⑬ 冷凝水排出管的安装位置及安装方法（冷凝式特殊要求）。

9.3.2 欧盟标准 EN 26:2015 的规定

条款号：9.2。

欧盟标准《家用燃气快速热水器》（EN 26:2015）中对热水器说明书的规定如下。

1. 安装说明（见 9.2.1）

1）概述

每台热水器都应附有供安装人员使用的安装说明。

2）一般要求

安装说明一般包含下列内容。

① 铭牌上的信息，序列号和制造年份除外。

② 根据 8.2.1 和 8.2.2，热水器及其包装上使用的符号的含义。

③ 如果某些欧洲标准或特定法规被证明是正确安装和使用热水器所必需的，则参考这些标准和特定法规。

④ 使用易燃材料的话，与易燃材料的最小距离。

⑤ 如有必要，应提供信息说明对热敏感的墙壁（例如使用木材的墙壁），应采用适当的隔热材料进行保护，以便观察安装热水器的墙壁与热水器外部热部件之间的间隙。

⑥ 热水器的一般说明,以及应拆除以纠正操作故障的主要部件(子组件)的图示说明。

⑦ 涉及电气安装方面的信息:

a. 对包含电源供电电气设备的接地装置的强制要求;

b. 带端子的电路图(包括用于外部控制的端子);

c. 清洁热水器的推荐方法;

d. 有关维修的必要信息;

e. 说明书还应规定燃烧所需的空气流量,说明该设备将按照现行法规安装在通风良好的房间内。

3) 燃气管路的安装和调节

燃气管路的安装和调节的说明如下。

① 检查 8.2.2 中关于铭牌或附加铭牌上给出的调整状态的信息是否与当地供气条件兼容。

② 可调热水器的调节说明,包括一个表格,其中说明了以立方米每小时(m^3/h)或千克每小时(kg/h)为单位的体积流量或质量流量,或根据燃气具目录与可能的调节数据相关的燃烧器压力。体积流量的基准条件为 15 ℃,1 013.25 mbar,干燃气。

③ 对于装有燃气/空气比例控制装置的热水器,应明确说明燃气/空气比例控制设置是否可由安装人员或维修人员调节。如果要调节燃气/空气比例控制装置,则应说明调节方法。信息应包括可指示在热水器上测量的实际燃气/空气比例的任何相关值,例如 CO_2 水平或 O_2 水平或压差。该值应附有 CO_2 或 O_2 值的可接受公差。此外,还应给出 CO 的最大允许值。

4) 对于生活热水的安装

生活热水的安装说明应包括下列内容。

① 热水器可以运行的最低水压。

② 具有自动输出变化的热水器的最低出水量。

③ 热水器的最大设计压力,说明即使有水膨胀的影响,热水器中的水压也不得超过该值。

5) 对于燃烧产物管路的安装

(1) A_{AS} 型热水器

A_{AS} 型热水器的安装说明应包括下列内容。

① 有关大气传感装置维护的必要信息,并解释可能更换的零件上出现的识别方法。

② 必要的设备维护操作,使其能够在这些设备运行后重新投入使用。

③ 如果该装置或其中一个部件被拆除,则之前使用在的密封件应重新制作。

④ 只能使用制造商的原装零件进行更换。

⑤ 安全装置不得停止工作。

⑥ 提请注意安全装置不当干扰的严重性。

(2) B_{11} 和 B_{11BS} 型热水器

B_{11} 和 B_{11BS} 型热水器的安装说明应包括下列内容。

① 根据表 A.2,可以使用的烟管直径,可能带有调节器。

② 对于烟道计算,燃烧产物的质量流量以 g/s 计算,其平均温度应在 6.2.2 条件下测得。

③ 应明确规定 B_{11} 型热水器只能安装在露天,或安装在与有人居住的房间分开并直接向外部提供适当通风的房间内。

(3) B_{11BS}、B_{12BS}、B_{13BS} 型热水器

B_{11BS}、B_{12BS}、B_{13BS} 型热水器的安装说明应包括下列内容。

① 燃烧产物排放安全装置的技术说明。

② 燃烧产物排放安全装置不得停用。

③ 提请注意不合时宜干扰燃烧产物排放安全装置的严重性。

④ 关于安装燃烧产物排放安全装置和更换有缺陷的零件的说明,规定只应使用制造商的原装零件,并描述维修后应进行的装置正确操作的试验。

⑤ 提请注意,在装置反复关闭的情况下,有必要采取适当措施处理排放故障。

⑥ 具有自动重置功能的设备的实际等待时间。

(4) C_{11} 和 C_{21} 型热水器

C_{11} 和 C_{21} 型热水器的安装说明应包括下列内容。

① 说明可安装这些热水器的空气供给和燃烧产物排放系统的特性。

② 给出终端防护装置的特性及其与终端相关的安装信息。

③ 说明要使用的最大弯管数以及空气供给和燃烧产物排放管道的最大长度。

(5) 带风机的 C 型热水器

带风机的 C 型热水器的安装说明应包括下列内容。

① 热水器被批准的安装类型信息。

② 热水器安装时所必要的附件(例如烟管、终端、烟管转接器)的说明,或热水器应使用的必要附件的规格。

③ 打算安装在热水器上的零件的安装说明。

④ 使用的最大弯管数和最大长度,如有必要,应说明最小送风长度和燃烧产物排出管道的最小长度。

⑤ 如有规定,应给出终端防护装置的特性,以及防护装置与终端相关的安装信息。

⑥ 如果空气供给与燃烧产物排出管道分开,若其密闭性不同,应注明管道的识别方式。

⑦ 对于 C_1 型热水器,安装说明应包括:

a. 终端是否可以安装在墙壁或屋顶上;

b. 分离管道的终端出口应可以安装在边长 50 cm 的正方形内。

⑧ 对于 C_2 型热水器,安装说明应包括:热水器可连接的公共烟道系统的特点。

⑨ 对于 C_3 型热水器,安装说明应包括:分离管道的终端出口应可以安装在边长 50 cm 的正方形内。

⑩ 对于 C_4 型热水器,安装说明应包括:

a. 空气供给和燃烧产物管道允许的最小压力损失和最大压力损失,或这些管道的最小长度和最大长度;

b. 必要时,在最大管道长度下,在最大热负荷和最小热负荷时的燃烧产物温度和质量

流量;

c. 热水器可连接的公共烟道系统的特点。

⑪ 对于 C_5 型热水器,安装说明应包括:用于供应助燃空气和用于排出燃烧产物的终端是否可以安装在建筑物墙壁的另一面上;这只能在点火、传火和火焰稳定性已经在燃烧产物排放管道过压条件下进行过试验的情况下实现(见 6.7.7.2)。

⑫ 对于 C_6 型热水器,安装说明应包括:

a. 空气供给和燃烧产物管道允许的最小压力损失和最大压力损失,或这些管道的最小长度和最大长度;

b. 在最大热负荷和最小热负荷时燃烧产物温度和质量流量;

c. 热水器将安装符合 EN 1856 和 EN 1859 要求的端子,并且其开口位于类似压力的区域;

d. 从温度和与 CO_2 含量相关的燃烧产物质量流量值开始计算空气供给和燃烧产物排放管道中的压力损失的方法;

⑬ 对于 C_7 型热水器,安装说明应包括:

a. 防倒风排气罩和进气口应安装在建筑物的屋顶空间;

b. 热水器不应安装在屋顶空间正在使用或将用作居住空间的情况。

⑭ 对于 C_8 型热水器,安装说明应包括热水器要连接到的烟囱的特性。

(6) 对于 B_2 型热水器

B_2 型热水器的安装说明应包括下列内容。

① 根据表 A.2,可以使用的烟管直径,可能带有调节器。

② 对于烟道计算,燃烧产物的质量流量信息,以 g/s 计算,其平均温度应在 7.3.2 条件下测得。

(7) B_4 和 B_5 型热水器

B_4 和 B_5 型热水器的安装说明应包括下列内容。

① 热水器被批准的安装类型的信息。

② 热水器安装附带的必要附件(如管道、端子、配件),或应安装的必要附件的规格。

③ 拟安装在热水器上的部件的安装说明。

④ 可使用的最大数量弯头和最大长度,如有必要,和最小长度的空气供给和燃烧产物排放管道。

⑤ 终端防护装置的特性,以及与终端相关的安装信息。

(8) 打算安装在部分受保护地方的热水器,

对于打算安装在部分受保护地方的热水器,应规定正确安装位置的所有必要说明和要求,包括外部管道工程。

防冻系统(如有)应在安装人员的技术说明中进行一般说明。安装人员的技术说明中应包括热水器安装中使用的材料应能在规定的安装温度范围内保持其功能(见 9.1.3.1)。

6) 对于冷凝式热水器的补充说明

冷凝式热水器的补充安装说明应包括以下信息。

① 燃烧产物和冷凝液排放方式的详细规定。应注意避免烟气管道和冷凝水排放管道

水平布置,另外,应指明这些管道的最小坡度。

② 对于 C 型热水器,应采取措施避免冷凝水从末端连续排出。

③ 当热水器符合 6.13.2.1 对燃烧产物温度的要求时,技术说明书应说明要使用的烟道及其附件,否则,技术说明书应说明热水器不可连接到可能受到热量影响的烟道(例如塑料管道或带有内部塑料涂层的管道)。

④ 冷凝水排放规定,特别是对于冷凝热水器安装时需要安装冷凝水中和装置的说明。

2. 用户使用说明(见 **9.2.2**)

1)概述

每台热水器都应附有用户使用说明。它们应包括有关使用和维护器具的必要信息。

2)一般要求

① 必要的话,应指出由安装人员安装和调节热水器。转换气源时应按照安装说明书,由合格的安装人员操作。

② 规定启动和停止热水器的操作方法。

③ 应说明热水器正常运行、清洁和日常维护所必需的操作。

④ 应说明采取任何必要的防冻措施。

⑤ 警示避免热水器的不正确使用。

⑥ 禁止对密封组件进行任何干扰。

⑦ 指出应由符合资格要求的人员定期检查和维护热水器。

⑧ 必要时,请用户注意因直接接触观察窗或其周围而导致的灼伤风险,或因接触 6.6.2 条件下可能达到温升 40 K 以上的其他部件导致的灼伤风险。

3)对于 A_{AS} 型热水器

A_{AS} 型热水器的用户使用说明应包括下列内容。

① 大气感应装置的作用。

② 热水器没有连接到烟管的正常使用条件,特别是要规定这种使用应是间歇性的。

③ 提请注意需要由专家定期维护此装置。

④ 在由大气感应装置引起关闭后,可以尝试使热水器重新投入使用的条件(特别应声明安装器具的房间在其后应保持通风)。

⑤ 如果热水器持续无法重新投入使用,则只有专家才能对其进行维修。

⑥ 如果反复锁定或难以将热水器重新投入使用,应检查通风情况并呼叫专家。

4)对于 B_{11BS}、B_{12BS}、B_{13BS} 型热水器

B_{11BS}、B_{12BS}、B_{13BS} 型热水器的用户使用说明应包括下列内容。

① 如果燃烧产物的排放受到干扰,该热水器会切断进入燃烧器的燃气。

② 热水器重启程序。

③ 如果热水器反复中断,建议呼叫专家。

5)对于 C 型热水器

C 型热水器的用户使用说明应包括下列内容。

① 对于手动点火的 C 型器具,用户使用说明应提及在进行新的点火尝试之前要采取的预防措施。

② C₇ 型热水器不可安装在屋顶空间正在使用或将用作居住空间的情况。

6）冷凝式热水器的补充使用和维护说明

说明书应说明不得修改或堵塞冷凝水出口，并应包括与任何冷凝水中和系统的清洁和维修相关的说明。

3. 转换说明

用于转换为另一个燃气族、另一个燃气组、另一个燃气范围或另一个供气压力的部件，应与提供给专家的转换说明一起提供。

转换说明应包括下列内容。

① 进行转换所需的零件及其识别方法。

② 在适当的情况下，明确指定更换零件和进行正确调整所需的操作方法。

③ 任何破损的密封件应重新制作或任何调节器应密封。

④ 对于有双重压力的热水器，任何调压器都应在正常压力范围内不工作，或者停止运行并密封在该位置。

⑤ 对于 A_{AS} 型热水器，说明针对失效感应装置要采取的措施。

将安装在热水器上的自粘标签应与零件和转换说明一起提供。9.1.2 中规定的补充标记，指示热水器转换的，应在标签上注明。

9.3.3　中欧标准差异解析

相比中国标准，欧盟标准针对不同类别热水器要求的安装说明等信息的要求更详细完善，更有针对性。中国标准则更简练，更有通用性。另外，欧盟标准单独提出了转换说明，中国标准无此要求。